Buddecke · Biochemische Grundlagen der Zahnmedizin

Eckhart Buddecke

Biochemische Grundlagen der Zahnmedizin

Walter de Gruyter · Berlin · New York 1981

Prof. Dr. med. Eckhart Buddecke
Direktor des Instituts für Physiologische Chemie
an der Universität Münster/Westfalen

Das Buch enthält 90 Abbildungen und
19 Tabellen

CIP-Kurztitelaufnahme der Deutschen Bibliothek

Buddecke, Eckhart:
Biochemische Grundlagen der Zahnmedizin / Eckhart Buddecke.
− Berlin ; New York : de Gruyter, 1981.
  ISBN 3-11-008738-3

Vorwort

Die Biochemie hat in vielen Bereichen der Medizin zu einer Synthese von Grundlagenforschung und klinischer Pathophysiologie beigetragen. Dabei hat der in den letzten Jahren gewonnene Informationszuwachs auch die Zahnheilkunde in steigendem Maße beeinflußt. Mit dem besseren Verständnis der chemischen Zusammensetzung und des Stoffwechsels der Zähne, des Zahnhalteapparates und der Mundhöhle sowie der speziellen Biochemie der oralen Mikroorganismen haben sich auch neue pathogenetische und präventive Aspekte für die beiden häufigsten Erkrankungen in der Odontologie – die Karies und die Parodontopathie – ergeben. Biochemie und Pathobiochemie haben damit dem zahnärztlichen Handeln neue Impulse und Motivation verliehen.

Das vorliegende Buch behandelt die Grundlagen der Biochemie in der Zahnmedizin. Die einleitenden Kapitel über die chemische Struktur, die Biosynthese und Topochemie der Zahnhartgewebe, über den Stoffwechsel des Fluorids, die Biochemie des Speichels und über die Keimbesiedlung der Mundhöhle bilden die Grundlage für die Darstellung der Pathogenese der Karies und der Parodontopathien. Eine Übersicht über die chemische Zusammensetzung und Wirkungsweise von Zahnpflegemitteln schließt sich an.

Die Gliederung des Stoffes in überschaubare Einzelkapitel dient der Systematik und notwendigen Begrenzung des Umfangs. Dabei wird das Verständnis des Textes, der Abbildungen und Tabellen nicht von speziellen Vorkenntnissen abhängig gemacht, doch erleichtert ein Basiswissen in Chemie und Biochemie einen umfassenderen Einblick in die Zusammenhänge.

Die dargestellten Themen tragen der Prüfungsordnung für Zahnärzte in der Fassung der Verordnung vom 19. Juli 1964 Rechnung. Danach sind im Rahmen der zahnärztlichen Vorprüfung die für einen Zahnarzt erforderlichen besonderen Kenntnisse der Physiologischen Chemie als Prüfungsgegenstand festgelegt. In der zahnärztlichen Prüfung werden eine Verwertung der biochemischen Grundlagen während des klinischen Studiums sowie die für einen Zahnarzt wichtigen Kenntnisse der medizinischen Mikrobiologie und Kariesprophylaxe unter besonderer Berücksichtigung der Kenntnisse des Zahnhalteapparates gefordert.

Mein Dank gilt Fachkollegen*, Mitarbeitern und dem Informationskreis Mundhygiene und Ernährungsverhalten/Frankfurt für wertvolle Hinweise und Hilfe bei der Recherche der Fachliteratur.

Dem Verlag Walter de Gruyter danke ich für die seit Jahren bewährte und vertrauensvolle Zusammenarbeit.

Münster, Juli 1981   E. Buddecke

---

* W. Büttner†/Münster, J. Höhling/Münster, J. Rauterberg/Münster, G. Siebert/Würzburg,
R. Thauer/Marburg

Inhaltsverzeichnis

Tabelle der Abkürzungen

1. Symbole für monomere Einheiten in Makromolekülen oder in phosphorylierten Verbindungen

Symbol	monomere Einheit
Ala	Alanin
Arg	Arginin
Asn	Asparagin
Asx	Asparagin oder Asparaginsäure
Cys	Cystein
dRib	2-Desoxyribose
Fru	Fructose
Fuc	L-Fucose
Gal	Galaktose
Glc	Glucose
GlcNAc	N-Acetylglucosamin
GlcUA	Glucuronsäure
Gln	Glutamin
Glx	Glutamin oder Glutaminsäure
Gly	Glycin (bzw. Glykokoll)
His	Histidin
Hyl	Hydroxylysin
Hyp	Hydroxyprolin
Ile	Isoleucin
Leu	Leucin
Lys	Lysin
Man	Mannose
Met	Methionin
MNAc	N-Acetylmuraminsäure
NeuAc	N-Acetylneuraminsäure
Ⓟ	anorganisches Phosphat
Ⓟ—	Phosphoryl-(Esterphosphat)
Phe	Phenylalanin
Pro	Prolin

Ser	Serin
Thr	Threonin
Tyr	Tyrosin
Val	Valin
Xyl	D-Xylose

2. Abkürzungen für halbsystematische oder Trivialnamen

ADP	Adenosin-5'-diphosphat
AMP	Adenosin-5'-phosphat
ATP	Adenosin-5'-triphosphat
CMP	Cytidin-5'-phosphat
-CoA	Coenzym A in Thioesterbindung (in Formeln)
DNA	Desoxyribonucleinsäure
GDP	Guanosin-5'-diphosphat
GTP	Guanosin-5'-triphosphat
Hb, HbCO, HbO_2	Hämoglobin, Kohlenmonoxid-Hämoglobin, O_2-Hämoglobin
IgA (IgG, IgM)	Immunglobulin Typ A (G, M)
MetHb	Methämoglobin
NAD	NAD^+, Nicotinamidadenindinucleotid
NADP	$NADP^+$, Nicotinamidadenindinucleotidphosphat
$NADPH_2$	$NADPH + H^+$, reduziertes NADP
RNA	Ribonucleinsäure
mRNA	Messenger RNA
SC	Sekretorische Komponente
UDP	Uridin-5'-diphosphat

3. Allgemeine Abkürzungen

Å	Angström-Einheit (1 Å = 0,1 nm)
Abb.	Abbildung
e	Elektron

Kap.	Kapitel
Min. (min)	Minute
Mol.-Gew.	Molekulargewicht, relative molare Masse
Std. (h)	Stunde
Stdn.	Stunden
Tab.	Tabelle
UV	Ultraviolett
z. T.	zum Teil
Ø	Durchmesser
>	größer als
<	kleiner als

Weitere Abkürzungen und Symbole im Text

I. Zahnmedizin und Biochemie

1. Physiologische und pathophysiologische Bedeutung der Zähne und des Zahnhalteapparates

Zähne sind von vitaler Bedeutung für nahezu alle Säugetiere. Der Verlust der Zähne kann die Unfähigkeit zur Aufnahme und Zerkleinerung der Nahrung zur Folge haben und ist bei vielen Tieren längerfristig nicht mehr mit dem Leben vereinbar. Bei zahlreichen Säugetieren ist die Lebenserwartung direkt korreliert mit dem Zeitraum, innerhalb dessen das Gebiß den Verschleißerscheinungen durch den Kaumechanismus Widerstand leisten kann.

Von dieser biologischen Gesetzmäßigkeit macht der Mensch eine Ausnahme. Im Verlauf der Evolution hat der Mensch durch die besondere Form seiner Nahrungszubereitung, die durch mechanische Vorzerkleinerung der natürlichen Nahrungsstoffe und teilweise Vorverdauung oder Aufbereitung durch Kochen, Backen und Braten gekennzeichnet ist, sich derart angepaßt, daß er nicht notwendigerweise auf den Gebrauch seiner Zähne angewiesen ist und die Zähne daher nicht länger von lebenswichtiger Bedeutung sind.

Allerdings ist der Mensch mit der Herstellung und Aufnahme einer verfeinerten Nahrung, zu der insbesondere raffinierte Kohlenhydrate zählen, anfällig gegen **Karies** und **periodontale Erkrankungen** geworden. Die vom Menschen aufbereitete Nahrung würde unter natürlichen Bedingungen vermutlich zahlreiche andere Spezies zum Aussterben bringen.

Die Sonderstellung des Menschen und vieler Säugetiere im Bau der Zähne und des Zahnhalteapparates zeigt sich in folgenden Merkmalen:

- Für den Menschen und fast alle Säugetiere ist der Zustand der **Diphyodontie**, d. h. die Ausbildung von zwei Zahngenerationen charakteristisch. Dagegen werden bei den nichtsäugenden Wirbeltieren die Zähne während der gesamten Lebensspanne ständig wiederersetzt – ein Zustand, der als **Polyphyodontie** bezeichnet wird. Dieses Phänomen ist vermutlich in engem Zusammenhang mit der Tatsache zu sehen, daß manche Nichtsäugetiere während ihres ganzen Lebens wachsen und daher der Zahnersatz sich der ständig zunehmenden Größe des Tieres anpassen muß. Das bedeutet, daß der Zahnersatz primär eine Folge des Wachstumsprozesses ist und erst sekundär mit der Erhaltung des Zahnapparates in Verbindung steht.

- Die Zähne des Menschen und der meisten Säugetiere sind mit einer sehr harten und relativ dicken prismatisch aufgebauten **Schmelzschicht** ausgestattet. Bei den Stoßzähnen der Elefanten und den Hauern des Walrosses ist der

Schmelzüberzug dagegen nur dünn. Bei verschiedenen Fischen fehlt der Schmelz vollständig.

• Beim Menschen und den Säugetieren sind die Zähne über einen elastischen Bandapparat mit dem Kieferknochen verankert. Die unabhängige **Aufhängung des Zahnapparates** gestattet leichte Bewegungen der Zähne, welche die beim Kauakt auftretenden erheblichen Kräfte elastisch auffangen und daher dem mechanischen Verschleiß der Zahnoberfläche entgegenwirken. Bei den Reptilien sind die Zähne dagegen fest mit dem Kieferknochen verankert (mit Ausnahme des Krokodils). Auch der **Zahnzement** bildet sich nur dann aus, wenn die Zähne über einen Bandapparat im Kiefer befestigt sind.

Da die Zähne das härteste und chemisch resistenteste Gewebe im menschlichen Körper darstellen, können sie für sehr lange Zeiträume nach dem Tode des Individuums gut erhalten bleiben. Die Zähne gehören daher zu denjenigen Geweben, an denen sich die Evolution des Menschen und die Beziehungen zwischen Ontogenese und Phylogenese besonders gut studieren lassen. Aufgrund individueller Merkmale der Zähne läßt sich auch die Identität eines Menschen trotz weitgehender Zerstörung des Körpers durch Feuer oder bakterielle Zersetzung feststellen.

2. Allgemeine Anatomie und Nomenklatur

Ein Longitudinalschnitt durch einen Zahn zeigt, daß seine Masse aus **Dentin** (Zahnbein, Substantia eburnea, Elfenbein) besteht, daß er im Bereich der Krone (Corona dentis) durch ein sehr hartes durchscheinendes, etwa 1,5 mm dickes Gewebe, den **Zahnschmelz** (Substantia adamantina, Enamelum) und im Bereich der Wurzel durch ein sehr viel dünneres gelbliches knochenartiges Gewebe, den **Zement** (Cementum dentis, Substantia ossea), bedeckt ist. Wurzel (Radix dentis) und Krone (Corona dentis) des Zahnes treffen sich am Zahnhals (Collum dentis). Das Dentin enthält einen zentralen Hohlraum, die **Pulpahöhle** (Cavum dentis), die mit dem Zahnmark (Pulpa dentis) ausgefüllt ist und in einen Wurzelkanal (Canalis radicis dentis) übergeht, der an der Wurzelspitze (Apix radicis dentis) mit einem apikalen Foramen (Foramen apicis dentis) endet. Die Pulpa enthält den Gefäßapparat und sensorische Nerven, die im Dentin enden.

Die Zähne sind in Vertiefungen des Kieferknochens – den Zahnfächern (Alveoli dentales) – verankert. Diese Art der Verankerung verleiht dem menschlichen Gebiß einen Thekodontcharakter (griechisch: ἡ θήκη = der Behälter, das Fach). Die an der Verankerung beteiligten Strukturen bezeichnet man als parodontales Gewebe oder **Parodontium,** zu dem der Zahnzement, die knöcherne Wand des Zahnfaches (Compacta alveolaris), das den etwa 0,2 mm weiten Wurzelspalt

SCHEMATISCHE DARSTELLUNG EINES BUCCO-LINGUALEN LONGITUDINALSCHNITTS
DURCH DEN UNTEREN ERSTEN PRÄMOLAREN

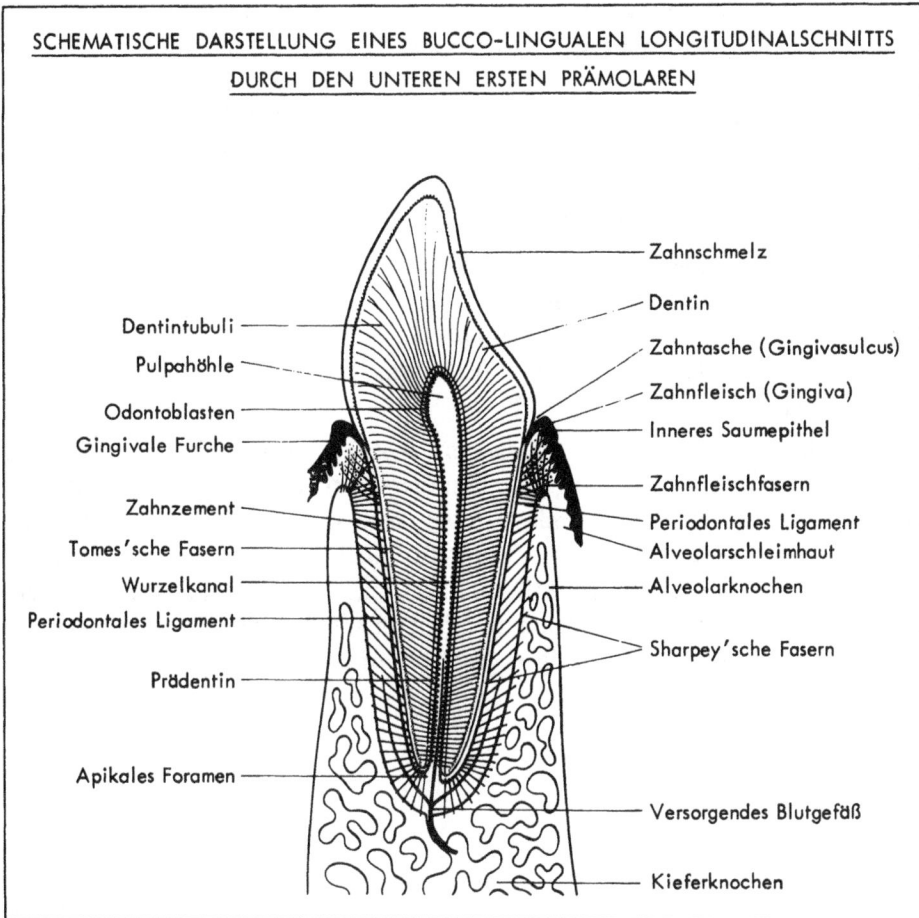

Zahnschmelz
Dentin
Zahntasche (Gingivasulcus)
Zahnfleisch (Gingiva)
Inneres Saumepithel
Zahnfleischfasern
Periodontales Ligament
Alveolarschleimhaut
Alveolarknochen
Sharpey'sche Fasern
Versorgendes Blutgefäß
Kieferknochen

Dentintubuli
Pulpahöhle
Odontoblasten
Gingivale Furche
Zahnzement
Tomes'sche Fasern
Wurzelkanal
Periodontales Ligament
Prädentin
Apikales Foramen

(Parodontalspalt) ausfüllende Gewebe (Desmodont) und das Zahnfleisch (Gingiva) gehören. Der Zahnhals ist bis an das periodontale Ligament von der **Gingiva** bedeckt, das eine blaßrote Farbe besitzt und kontinuierlich in die Mundschleimhaut übergeht.

3. Biochemie und Zahnmedizin

Der Zahn ist ein lebendes, stoffwechselaktives Gewebe, das den Rang eines Organs besitzt. Die Bezeichnung **Organon dentale** bringt zum Ausdruck, daß in den Zähnen und dem Zahnhalteapparat während des ganzen Lebens Stoffwechselprozesse ablaufen, die sich durch biochemische Reaktionen beschreiben lassen. Zahlreiche Gesetzmäßigkeiten und Reaktionsabläufe der allgemeinen Biochemie lassen sich auf die spezielle Biochemie und Pathobiochemie der Zähne und des Zahnhalteapparates anwenden.

Das Gleichgewicht zwischen anabolen und katabolen Stoffwechselreaktionen garantiert die Konstanz der morphologischen Organisation und der Funktion der Zähne und des Zahnhalteapparates über lange Zeiträume. Die Prozesse unterliegen einer Regulation durch Hormone, Wirkstoffe und das Nervensystem und machen die wechselseitige Beziehung zwischen Zähnen, Zahnhalteapparat und Gesamtorganismus deutlich. Ernährungszustand und Krankheiten des Gesamtorganismus können die Manifestation von Erkrankungen der Zähne begünstigen.

Die genaue Kenntnis des Stoffwechsels der Zähne und des Zahnhalteapparates und der dabei ablaufenden chemischen und molekularbiologischen Reaktionen ist nicht nur die Grundlage für das Verständnis der Pathogenese von Zahnerkrankungen, sondern bildet auch den Schlüssel für kausale prophylaktische bzw. therapeutische Maßnahmen.

Die naturwissenschaftlichen Grundlagen der Zahnmedizin reichen jedoch über die Biochemie hinaus bis in zahlreiche naturwissenschaftliche Nachbardisziplinen. So berühren z. B. die Biomineralisationsvorgänge viele Probleme der physikalischen Chemie und Kristallographie, die Pathogenese der Karies und Parodontopathie erfordert Kenntnisse der Mikrobiologie und Immunologie, die chemische Zusammensetzung von Zahnpflegemitteln fällt unter die Zuständigkeit der Lebensmittelchemie und der für sie gültigen gesetzlichen Bestimmungen.

II. Chemie der anorganischen und organischen Bestandteile der Zahnhartgewebe

1. Quantitative Analyse anorganischer und organischer Bestandteile

Die thermogravimetrische Analyse menschlicher Zähne bzw. der verschiedenen Hartgewebe liefert Basisinformationen über den Anteil an Wasser sowie den Gehalt an organischen und anorganischen (mineralischen) Substanzen.

Wassergehalt. Der Wassergehalt eines Gewebes wird im allgemeinen durch Trocknung bei 100 °C im Vakuum bis zur Gewichtskonstanz bestimmt und ergibt für menschliche Zähne bzw. pulverisierten Schmelz oder pulverisiertes Dentin

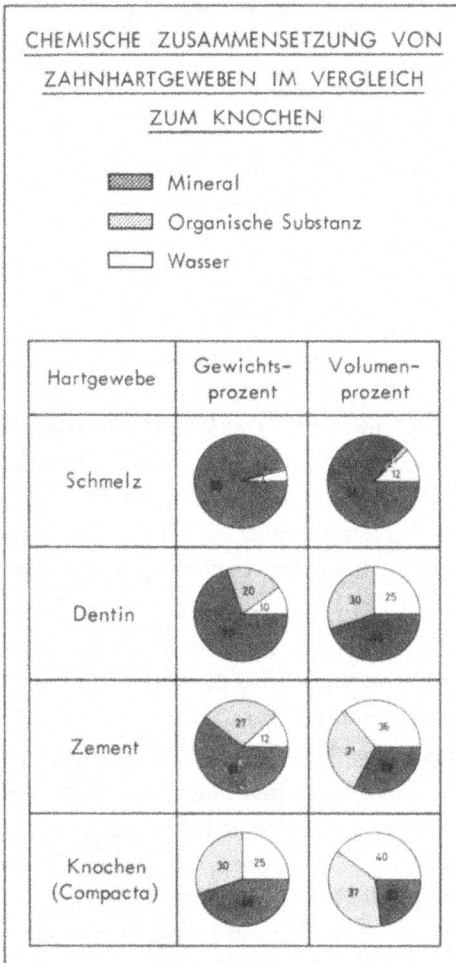

CHEMISCHE ZUSAMMENSETZUNG VON ZAHNHARTGEWEBEN IM VERGLEICH ZUM KNOCHEN

Mineral
Organische Substanz
Wasser

Hartgewebe	Gewichts-prozent	Volumen-prozent
Schmelz		12
Dentin	20 / 10	30 / 25
Zement	27 / 12	36 / 2?
Knochen (Compacta)	30 / 25	40 / 37

nach 24 Stunden konstante Werte. Bei diesem Verfahren wird das freie, d. h. gegen D_2O austauschbare Wasser entfernt. Das danach in den Zahnhartgeweben verbleibende Wasser ist vorwiegend als Kristallwasser an das Mineral gebunden und wird erst bei höheren Temperaturen freigesetzt.

Organische Bestandteile der extrazellulären Matrix im Zahnhartgewebe und Knochen

Hartgewebe	Organischer Matrixbestandteil	g/100 g Trockengewicht
Fetaler Schmerz	Amelogenin(e)	18–20
Ausgereifter Schmelz	unlösliche Matrixproteine Glycinreiche Polypeptide	0.1
Dentin	Kollagen	17–18
	Proteine und Glykoproteine	0.2
	Proteoglykane (Glykosaminoglykane)	0.2–0.6
	Citrat	0.8–0.9
Knochen (Zement)	Kollagen	20–22
	Proteine und Glykoproteine	0.2–0.4
	Peptide	0.15
	Proteoglykane (Glykosaminoglykane)	0.2–0.8
	Citrat	0.8–0.9

Da mit Ausnahme des zellfreien Schmelzes alle Hartgewebe zelluläre Elemente enthalten, entfällt ein kleiner Anteil der organischen Substanz der Hartgewebe auf Zellproteine, Zellkohlenhydrate und Zellipide. Unterschiede in der Zusammensetzung zwischen permanenten Zähnen, Milchzähnen und fetalen Zähnen sind bei allen Hartgeweben durch eine Abnahme von Wasser und organischer Substanz in der Reihenfolge: permanente Zähne < Milchzähne < fetale Zähne gekennzeichnet. Weitere Angaben über den Gehalt an organischen Substanzen s. Abschnitt 4 und 5.

Da das wasserfreie Zahnmineral ein hohes spezifisches Gewicht (d ≈ 3) aufweist, bestehen beträchtliche Unterschiede in den Zahlenangaben für Gewichtsprozente und Volumenprozente (Abb.).

Anorganische Bestandteile. Bei der trockenen Veraschung (900–1400 °C) unterliegen die organischen Bestandteile der Zahnhartgewebe einer thermischen Zersetzung und werden in Gegenwart von Luft-Sauerstoff in flüchtige Verbindungen (Kohlendioxid, Ammoniak, Wasser) überführt. Der danach verbleibende Rückstand stellt die **anorganischen Bestandteile** der Zahnhartgewebe dar, enthält das Mineral aber wegen des Verlustes an Kristallwasser und Entfernung des Carbonats als CO_2 nicht mehr in unveränderter Form.

Die in vorstehender Abb. zusammengestellten Daten sind Durchschnittswerte, die sich auf das permanente menschliche Gebiß beziehen. Die zwischen den einzelnen Zahnarten (Schneidezähne, Eckzähne, Mahlzähne) gefundenen Unterschiede sind nachweisbar, jedoch gering.

Die Werte der Abb. zeigen, daß ausgereifter Zahnschmelz das am stärksten mineralisierte (und härteste) Zellprodukt im menschlichen Körper ist und der Mineralisierungsgrad in der Reihenfolge Schmelz > Dentin > Zement > Knochen kontinuierlich abnimmt. Allerdings können auch innerhalb der einzelnen Hartgewebe in Abhängigkeit von der topographischen Lokalisation Unterschiede im Mineralgehalt bestehen.

Organische Bestandteile. Die organische Matrix der Hartgewebe besteht vorwiegend aus löslichen oder unlöslichen Proteinen und Kohlenhydrat-Proteinverbindungen, die gleichzeitig die Matrize für das extrazellulär abgelagerte Zahnmineral darstellen (Tab.).

2. Apatit als biogenes Mineral

Chemie und Kristallographie. Apatite lassen sich durch die allgemeine Summenformel $Ca_{10}(PO_4)_6X_2$ beschreiben, wobei X entweder ein Fluoridion (Fluorapatit) oder ein Hydroxylion (Hydroxylapatit), aber auch ein anderes Anion sein kann. Fluorapatit ist ein in der Natur außerordentlich verbreitetes Mineral und wird zu industriellen Zwecken genutzt (Herstellung von Düngemitteln u. a.). Hydroxylapatit ist dagegen ein seltenes Mineral, jedoch der wichtigste und quantitativ bedeutendste Bestandteil der Hartsubstanz von Knochen und Zähnen.

Apatite bilden äußerst stabile Ionengitter mit einem Schmelzpunkt von > 1600 °C, in dem sich die Ionen in engem Kontakt befinden und durch elektrostatische (heteropolare) Bindungskräfte zusammen gehalten werden, die ungerichtet sind, also in jeder Richtung wirksam werden können. Die Stärke der Bindung K hängt von der Ladung der Ionen (e) und ihrem Abstand voneinander (d) ab und wird durch das Coulomb-Gesetz

$$K = \frac{e_1 \cdot e_2}{d^2}$$

beschrieben. Jedes Kation wird versuchen, sich mit möglichst vielen Anionen zu umgeben. Die Anionen ziehen ihrerseits Kationen an. Die Ausbildung der Ionenstrukturen ist also ein Packungsproblem. Meist liegen unterschiedlich geladene Bausteine vor, die in der Regel auch unterschiedlich groß sind.

Ein Vergleich der Größe und der Form des Phosphat-, Calcium- und Hydroxyl-Ions zeigt, daß das Phosphat den weitaus größten Raumbedarf hat und deshalb in einer Ionenpackung den dominierenden Anteil an der Gesamtstruktur besitzt (Abb.).

Größe und Form von Phosphat-, Hydroxyl- und Calciumionen

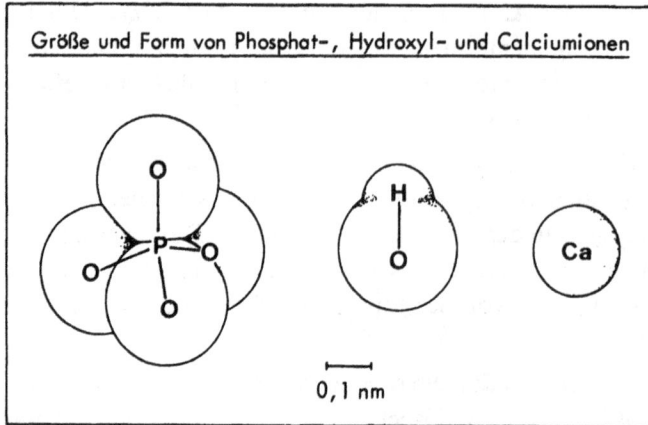

0,1 nm

Betrachtet man das Phosphation in erster Näherung als einen sphärischen Partikel (anstelle der eigentlich tetraedrischen Form), so ergibt sich eine dichte hexagonale Packungsmöglichkeit, die sich − vereinfacht − so beschreiben läßt, daß die in einer Ebene liegenden Phosphationen eine hexagonale Packung bilden, bei der jedes Phosphation 6 unmittelbare Nachbarn hat. Auf eine solche horizontale Lage von Phosphationen läßt sich etwas versetzt eine 2. und 3. weitere Lage aufschichten, die bei ebenfalls horizontaler Anordnung dazu führt, daß jedes Phosphation 12 unmittelbare Nachbarn hat, und zwar 6 von der Schicht, in der sich das Phosphation befindet und jeweils 3 von der darüber liegenden bzw. darunter liegenden Schicht. Die Abbildung zeigt, daß in solcher hexagonalen Kugelpackung

VEREINFACHTE SCHEMATISCHE DARSTELLUNG EINES HYDROXYLAPATIT-KRISTALLGITTERS ALS MEHRSCHICHTIGE HEXAGONALE KUGELPACKUNG

Die zwischen den Phosphationen liegenden Kanäle sind mit Calciumionen oder Hydroxylionen ausgefüllt. Größenverhältnisse und Stöchiometrie entsprechen nicht der Wirklichkeit.

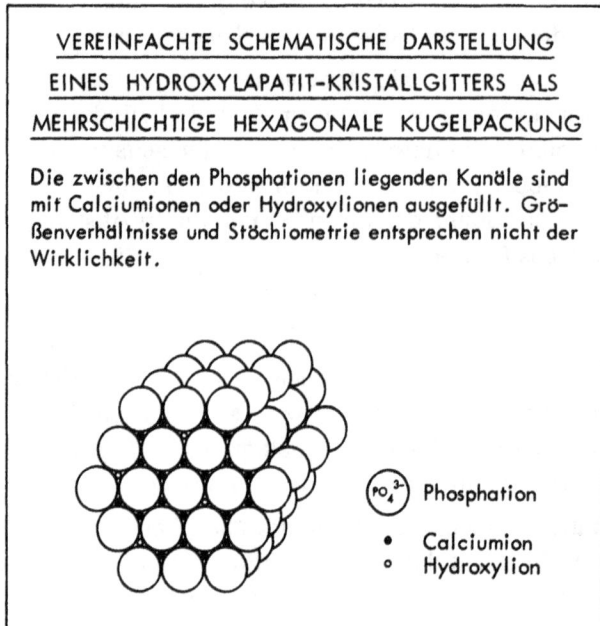

PO_4^{3-} Phosphation

• Calciumion
° Hydroxylion

Kanäle entstehen, die im Apatit mit Calciumionen bzw. Hydroxyl- oder Fluoridionen gefüllt sind.

Kristallographie des Apatits. Reiner (synthetischer) Hydroxylapatit kristallisiert
in hexagonalen Prismen, die ihrerseits wiederum aus Apatitkristall-**Elementarzellen** aufgebaut sind, die charakteristische Kristallachsen und Winkelmaße besitzen. Ein Hydroxylapatitkristall besteht aus etwa 2500 Elementarzellen. Er ist
in 3 Rhombussäulen unterteilt, von denen jede das Volumen einer Elementarzelle
repräsentiert.

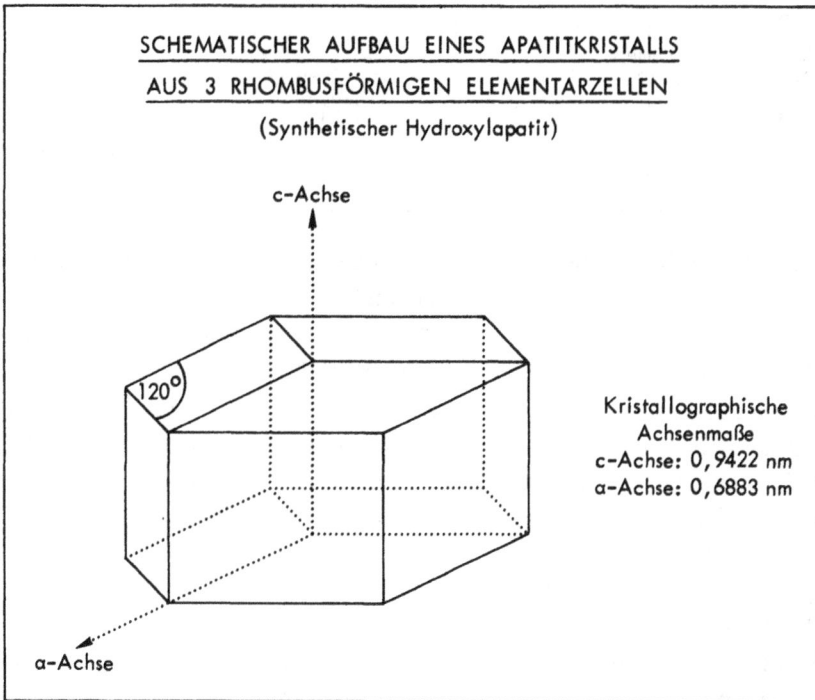

SCHEMATISCHER AUFBAU EINES APATITKRISTALLS

AUS 3 RHOMBUSFÖRMIGEN ELEMENTARZELLEN

(Synthetischer Hydroxylapatit)

c–Achse

120°

Kristallographische
Achsenmaße
c–Achse: 0,9422 nm
a–Achse: 0,6883 nm

a–Achse

Elementarzellen und Apatitkristalle aus dem Zahnschmelz bzw. Dentin zeigen
jedoch keine Übereinstimmung mit den Achsenmaßen des synthetischen Hydroxylapatits. Dies erklärt sich aus der Beimischung von Fluorid-, Carbonat- und
Chlorid-Ionen, die zu **Fehlern im Aufbau der Gitterstruktur** führen und daher
unter biologischen Bedingungen die Ausbildung formelechter Apatite verhindern.
Auch die Größenangaben für die sich aus Elementarzellen aufbauenden Apatitkristalle im Schmelz und Dentin variieren beträchtlich. Die Differenzen für die
Angaben der Größe von Schmelzapatitkristallen bzw. Dentinapatitkristallen liegen
einmal in der Schwierigkeit der Isolierung intakter Kristalle, zum anderen auch in
der Tatsache, daß die Größe der Schmelzapatitkristalle im fetalen und ausgereiften Schmelz und Dentin unterschiedlich ist. Das Volumen der Schmelzapatitkristalle ist ungefähr 200 mal größer als das der Dentinapatitkristalle.

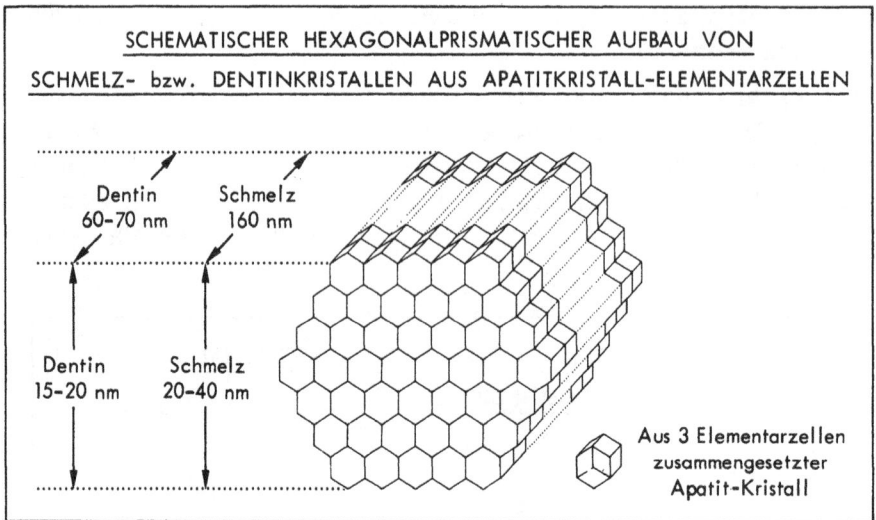

Ionenaustausch im Apatitkristallgitter. Ein partieller oder kompletter Austausch von Ionen in einem Kristallgitter durch andere Ionen ähnlicher Größe ist ein charakteristisches Merkmal von Ionenstrukturen. Apatit zeigt diese Eigenschaft in hohem Maße, und zwar bestehen folgende Austauschmöglichkeiten:

a) **Calcium** kann nicht nur durch andere Kationen aus der Gruppe der Erdalkalimetalle (Strontium, Barium, Blei und Radium), sondern auch durch Na^+, K^+ und in sehr begrenztem Umfang auch durch Mg^{2+} ersetzt werden.

b) Für das **Phosphat**-Ion bestehen Austauschmöglichkeiten gegen Arsenat (AsO_3^{2-}), Hydrogenphosphat (HPO_4^{2-}) oder Carbonat (CO_3^{2-}).

c) Für das **Hydroxyl**-Ion können Fluorid, Chlorid, Bromid und Jodid, ferner auch Wasser und Carbonat eintreten.

Entscheidend für die Möglichkeit und das Ausmaß eines solchen Ionenaustausches ist die relative Größe der beteiligten Ionen, während die Ladung nur sekundäre Bedeutung besitzt. Diese theoretisch möglichen Austauschprozesse treten teilweise auch im lebenden Organismus ein. Als „Fremdbausteine" des Apatitkristalls verursachen sie nicht nur Fehlordnungen der Kristallstruktur, sondern haben auch entscheidenden Einfluß auf das Kristallwachstum (S. 44).

3. Apatit und Spurenelemente in Hartgeweben

Röntgendiffraktionsmessungen hatten das Ergebnis, daß Calciumphosphat in einer Modifikation die derjenigen des Hydroxylapatits sehr nahe kommt, das Hauptmineral der Zahnhartgewebe (und des Knochens) darstellt. Die Abweichungen in der chemischen Zusammensetzung gegenüber dem Hydroxylapatit drücken sich in folgenden Fakten aus:

1. Das molare Verhältnis von Calcium und Phosphor im Hartgewebe ist variabel und schwankt zwischen 1,5 und 1,7. Das molare Calcium/Phosphorverhältnis im synthetischen Hydroxylapatit beträgt 1,667.

2. Das Hartgewebe enthält eine Anzahl zusätzlicher Ionen, die im Hydroxylapatit fehlen. Dazu gehören CO_3^{2-}, Fluorid, Natrium, eine große Anzahl von Spurenelementen (S. 13) sowie einige Prozent Wasser.

3. Ein geringer Anteil von Calcium, Phosphat oder Calciumcarbonat sind in einer amorphen Nicht-Apatitphase vorhanden.

4. Aufgrund seiner großen Oberfläche besitzt der Apatitkristall die Fähigkeit zur Bindung zusätzlicher Ionen (Na^+, K^+) oder Moleküle.

5. Innerhalb des Kristallgitters des Apatits gibt es außer den genannten Fremd- und Spurenelementen weitere Substitutionen aber auch „Leerstellen" (s. S. 44).

Apatit im Zahnschmelz. Die Konzentration des Schmelzminerals schwankt in Abhängigkeit von der Lokalisation und nimmt von der Schmelzoberfläche in Richtung auf die Schmelzdentingrenze ab. Neben den Hauptmineralien Calcium und Phosphat sind weitere Kationen und Anionen am Aufbau des Schmelzminerals beteiligt (Tab.).

Anorganische Hauptbestandteile der Zahnhartgewebe und des Knochens
Spurenelemente sind einer gesonderten Tabelle zu entnehmen

	g/100 g Trockensubstanz			
	Schmelz	Dentin	Zement***	Knochen****
Calcium	32−39	26−28	21−24	24
Phosphor*	16−18	12−13	10−12	11.2
Carbonat (CO_2)	1.9−3.6	3.0−3.5	2.0−4.3	3.9
Natrium	0.25−0.90	0.6−0.8		0.8
Magnesium	0.25−0.56	0.8−1.0	0.4−0.7	0.3
Chlorid	0.19−0.30	0.3−0.5		0.01
Kalium	0.05−0.30	0.02−0.04		0.2
Fluorid	−0.5	−0.1		−0.05
Molarer Ca/P-Quotient**	1.5−1.68	1.6−1.7	1.6−1.7	1.6−1.7

* liegt als Phosphat vor
** Molarer Ca/P-Quotient für Hydroxylapatit 1.667
*** Zervikale Wurzelfläche
**** Durchschnittswerte für Compacta der Röhrenknochen

Der durchschnittliche prozentuale Anteil des **Calciums** liegt zwischen 33,6 und 39,4, derjenige des **Phosphors** zwischen 16,1 und 18,1 Gewichtsprozent. Die Calcium- und Phosphorkonzentration fällt von der Schmelzoberfläche zur Schmelzdentingrenze hin ab, wobei das Calcium/Phosphor-Gewichtsverhältnis weitgehend konstant bleibt (2,1−2,3) bei geringfügig geringeren Werten des Oberflächenschmelzes. Die oberflächennahe Schmelzschicht besteht aus einer hypermineralisierten Zone mit der höchsten Dichte und einem besonders hohen Anteil an Fluorapatit. In den tieferen Schichten nimmt der Fluorid-Gehalt ab, das Ca/P-Verhältnis dagegen zu.

Der höhere Ca/P-Wert für die tiefer liegenden Schmelzanteile resultiert aus der Tatsache, daß die **Carbonat**konzentration an der Schmelzdentingrenze höher ist und daß Carbonat vorwiegend Phosphat ersetzt. Dies steht in Übereinstimmung mit der Beobachtung, daß der Carbonatgehalt von der Oberfläche in Richtung auf die Schmelzdentingrenze um nahezu den Faktor 2 zunimmt. Der geringere Carbonatgehalt an der Schmelzoberfläche muß als Folge der geringeren CO_2-Produktion der Ameloblasten in der präeruptiven Phase gegen Ende ihrer Stoffwechselaktivität liegen.

Unter den anorganischen Bestandteilen zeigt das **Fluorid** im Schmelz die größten Konzentrationsunterschiede, und zwar kann der Fluoridgehalt in der Oberflächenschicht bis zu 5 g/kg betragen bei einem exponentiellen Abfall der Fluoridkonzentration in den tieferen Schmelzschichten. Dabei besteht eine eindeutige Relation zwischen Fluoridgehalt des Schmelzes und dem Trinkwasser. Der Fluoridgehalt des Trinkwassers ist eine wesentliche, die Fluoridkonzentration im Schmelz kontrollierende Größe. Weitere Angaben über den Fluoridstoffwechsel finden sich im Kapitel V.

Apatit im Dentin und Zement. Der Mineralanteil des Dentins weist ein molares Calcium-Phosphatverhältnis von 1,51−1,69 auf und entspricht im wesentlichen den Werten des Hydroxylapatits, dessen Kristalle etwa 30−40 Å breit und 600−700 Å lang sind. Carbonat und Magnesium und Fluorid sind regelmäßige Mineralbestandteile (Tab.). Das **Fluorid** ist in der höchsten Konzentration an der Pulpaoberfläche des Dentins vorhanden, die Fluoridkonzentration nimmt während des individuellen Lebens um den Faktor 3−4 zu.

Zementmineral besteht aus Calcium und Phosphor, deren Konzentration im azellulär-fibrillären und zellulär-fibrillären Zement etwa gleich hoch ist und auch mit dem Alter der Individuen konstant bleibt.

Nicht-Apatitmineralien von Schmelz, Dentin, Zement und Knochen. Die nicht als Apatit im Schmelz, Dentin, Zement und Knochen vorhandenen Mineralien und Spurenelemente sind in der vor- und nachstehenden Tabelle dargestellt. Ihre Anwesenheit ist teilweise die Folge von Ionenaustauschprozessen (s. o.), die sich im lebenden Organismus abspielen.

Der **Natrium**gehalt des Schmelzes beträgt 0,25−0,9 Gewichtsprozent und ist in den inneren Teilen höher als an der Außenschicht. Vermutlich wegen der Assoziation der Natriumionen mit dem Wasser, dessen Konzentration in den inneren

**Gehalt einiger Spurenelemente im Zahnhartgewebe
des Menschen**
Als weitere Spurenelemente mit einer Konzentration von
< 100 μg/g Trockengewebe sind vorhanden:
z. B. Ag, Al, As, Au, Cd, Mn, Mo, Se, Si, Ti, V, W

Element	μg/g Trockengewebe (ppm*) Zahnschmelz	Dentin
Ba	0,8–13	10–100
Fe	1 –21	10–1000
Pb	1,3– 6,6	1–10
S***	100 –1000	–**
Si	–	100–1000
Sr	26 –280	70–620
Zn	91 –400	10–1400

* ppm = parts per million
** nicht untersucht
*** Sulfatschwefel saurer Glykosaminoglykane

Anteilen ebenfalls höher ist. Der durchschnittliche **Chlorid**gehalt im Schmelz beträgt 0,19–0,30 Gewichtsprozent mit einem deutlichen Konzentrationsgradienten von der Schmelzoberfläche zur Schmelzdentingrenze hin.

Im Schmelz zeigt **Magnesium** dasselbe Verteilungsmuster wie Carbonat und Natrium. Seine Konzentration ist an der Schmelzdentingrenze etwa dreimal höher als in den Oberflächenschichten. Der **Magnesium**gehalt ist im Dentin jedoch 2–3 mal höher als im Schmelz oder im Knochen.

Strontium und Strontiumstoffwechsel s. Kap. IV.

Blei ist ein Gewerbegift, das durch Einatmen von bleihaltigem Staub oder über den Magen-Darm-Kanal in den Organismus gelangt. Eine Exposition kann bei Umgang mit Anstreichfarben (Mennige, Bleiweiß) bei Malern und Lackierern, ferner bei Akkumulatorenarbeitern, Hüttenarbeitern, früher auch bei Schriftsetzern erfolgen. Die Verwendung von Bleitetraethyl, das als „Antiklopfmittel" Kraftstoffen zugesetzt wurde, ist inzwischen gesetzlich untersagt.

Über 90% des inkorporierten Bleis werden im Knochen deponiert. Die Abgabe aus diesen Depots zieht sich über Wochen und Monate hin und bedingt dadurch die chronische Bleivergiftung, die durch Hemmung von Enzymen der Porphyrinbiosynthese und eine dadurch bedingte Anämie und Porphyrinämie gekennzeichnet ist. Über die Ausscheidung von Blei mit dem Speichel und die Bildung eines „Bleisaums" s. Kapitel VIII und IVX.

4. Schmelzmatrixproteine

Der posteruptive Zahnschmelz ist ein zellfreies Hartgewebe, das aus anorganischer Substanz, organischer Substanz und Wasser besteht.

Die organische Substanz des Schmelzes besteht aus Proteinen. Der geringe Proteingehalt und die Möglichkeit einer Kontamination mit Dentinanteilen machen Angaben über die Schmelzproteine schwierig. Ein weiteres Problem besteht darin, daß das Protein des **fetalen Schmelzes** eine andere Zusammensetzung aufweist als das Protein des **ausgereiften Schmelzes,** bei dessen Proteinen wiederum Unterschiede zwischen den oberflächennahen und dentinnahen Schichten bestehen.

Fetaler Schmelz. Das aus dem fetalen Zahnschmelz isolierte Protein wird wegen seiner besonderen Eigenschaften, die es von anderen Strukturproteinen, insbesondere vom Kollagen, Elastin und Keratin eindeutig unterscheiden, als **Amelogenin** bezeichnet. Amelogenin weist folgende Merkmale auf:

- hoher Gehalt an Prolin, der etwa $1/4$ der Gesamtaminosäuren ausmacht, jedoch das Fehlen von Hydroxyprolin und Hydroxylysin.

- hoher Gehalt an Glutaminsäure und ein auffälliges molares Verhältnis von Glutaminsäure zu Asparaginsäure wie 4:1. Dabei bleibt offen, ob die Glutaminsäure zum Teil als γ-Carboxyglutaminsäure vorgelegen hat, da die γ-Carboxyglutaminsäure bei salzsaurer Hydrolyse als CO_2 entfernt wird.

- hoher Gehalt an Histidin im Vergleich zu den anderen basischen Aminosäuren. Das molare Verhältnis von Histidin zu Lysin zu Arginin beträgt etwa 3:1:1.

- Glycin macht nur etwa $1/10$ der Gesamtaminosäuren aus.

- Cystein fehlt oder ist nur in sehr kleinen Mengen anwesend.

Die Aminosäureanalyse, die in der nachstehenden Tabelle wiedergegeben ist, unterscheidet das Amelogenin damit eindeutig vom Kollagen (Fehlen von Hydroxyprolin und geringer Glycingehalt) vom Keratin, das etwa 10−15% Cystin besitzt und vom Elastin, bei dem Alanin und Glycin fast 60% der Aminosäuren ausmachen.

Versuche, im Amelogenin eine organisierte Faserstruktur nachzuweisen, sind nicht beweisend, da die vorangehende Demineralisierung des Schmelzes zu unkontrollierbaren Strukturänderungen führt. Es ist anzunehmen, daß das Amelogenin von den Ameloblasten als ein strukturloses Gel sezerniert wird, an dem sich die Apatitkristallite anlagern.

Ausgereifter Schmelz. Während der Mineralisierung − d. h. beim Übergang vom fetalen zum ausgereiften Schmelz − nimmt der Proteingehalt des Schmelzes

**Aminosäurezusammensetzung von Matrixproteinen menschlicher Zahnhartgewebe.
Gerundete Daten in Mol Aminosäurereste/1000 Mol Aminosäurereste**

Amino-säure	Schmelz			Dentin		Zement*	Knochen
	Fetal	ausgereift äußere	innere Schicht	Kollagen	nicht-kollagene Matrix		
Hyp	0	< 8	< 2	101	0	59	100
Asx	31	54	79	55	257	38	47
Thr	38	42	52	19	42	17	19
Ser	66	119	82	38	185	24	37
Glx	138	106	136	73	138	58	72
Pro	242	137	81	115	49	81	123
Gly	67	193	62	319	102	329	319
Ala	20	53	69	112	47	110	113
Val	39	32	52	25	37	24	24
Ile	33	19	23	10	18	22	13
Leu	91	66	111	26	35	40	25
Tyr	58	23	51	2	12	7	4
Phe	26	33	49	14	12	20	14
Hyl	0	4	6	8	0	11	4
His	63	19	27	5	9	8	6
Lys	18	26	40	23	31	25	28
Arg	23	28	36	47	27	60	47
Cys/2	2	4	20	0	**	2	0
Met	45	34	22	5	0	8	5

* Apikaler dem Dentin aufgelagerter Zement
** nicht untersucht

um das 100–200-fache ab. Gleichzeitig treten in der Aminosäurezusammensetzung tiefgreifende Änderungen ein. Sie sind gekennzeichnet durch eine Abnahme des Prolin-, Glutamin- und Histidingehaltes und eine Zunahme des Glycin-, Asparagin- und Seringehaltes. Die Veränderungen haben ihre Ursache in einem teilweisen Abbau fetaler Schmelzproteine.

Der Proteingehalt des reifen Schmelzes liegt in der Größenordnung von 0,05 bis 0,1% des Trockengewichtes. Das Protein ist jedoch nicht gleichmäßig über den gesamten Schmelz verteilt, die äußeren Zonen sind sehr proteinarm, 80–90% des gesamten Schmelzproteins konzentrieren sich auf den inneren Anteil.

Beim ausgereiften Schmelz läßt sich in den äußeren Schmelzschichten ein lösliches glycinreiches Protein bzw. Peptid nachweisen, während der Proteinanteil der tieferen (inneren) Schmelzschichten unlöslich ist und auch eine unterschiedliche Aminosäurezusammensetzung aufweist (Tab.). Da das Protein im Schmelzinneren teilweise der büschelartigen Anordnung der Schmelzprismen folgt, wird es auch als **„Büschelprotein"** bezeichnet.

5. Kollagen und Dentinmatrixbestandteile

In der chemischen Zusammensetzung der organischen Substanz von Dentin, Zement und Knochen bestehen Unterschiede gegenüber dem Schmelz. Die Untersuchungen über die chemische Struktur der organischen Inhaltsbestandteile des Knochens sind zwar wesentlich umfangreicher und intensiver, es ist jedoch anzunehmen, daß die meisten Befunde ebenso für das Dentin und den Zahnzement gelten, die in wichtigen Eigenschaften mit denen des Knochens übereinstimmen.

Kollagen. Das Hauptmatrixprotein von Dentin, Zement und Knochen ist Kollagen, dessen Konzentration 17−25 Gewichtsprozent beträgt. Chemie und Stoffwechsel des **Kollagens** sind im Kapitel III (s. S. 19) beschrieben. Im entmineralisierten Knochen besteht die organische Matrix zu 79,2%−89,9% Kollagen und zu 9,5% aus nichtkollagenen Bestandteilen.

Nichtkollagene Proteine und Glykoproteine. Die organische Matrix von Dentin, Zement und Knochen enthält neben dem Kollagen noch weitere Proteine und Glykoproteine, deren Anteil zwar deutlich unter dem des Kollagens liegt, die jedoch vermutlich für die Einleitung der Mineralisationsvorgänge funktionelle Bedeutung besitzen:

- Das im Dentin (und Knochen) vorhandene Ca^{2+}-bindende **Osteocalcin** ist reich an γ-Carboxylglutaminsäure. Es fehlt im Zahnschmelz. Weitere Angaben über Osteocalcin S. 39.

- Odontoblasten sezernieren ein **fucosehaltiges Glykoprotein** zu einem Zeitpunkt, der genau der Ablagerung von Calcium in der Mineralisationsfront des sich bildenden Dentins liegt.

- Eine weitere Kohlenhydrat-Eiweißverbindung ist das **Sialoprotein** des Knochens, das zur Hälfte aus Protein und zur Hälfte aus Kohlenhydrat besteht und etwa 1% Phosphat enthält. Die vorwiegende Kohlenhydratkomponente, die als stark verzweigtes Oligosaccharid an einen Asparaginrest des Proteins kovalent gebunden ist, ist Neuraminsäure (Sialinsäure). Auch der Proteinanteil weist eine ungewöhnliche Zusammensetzung auf, in der über 40% saure Aminosäuren vorherrschen, die zusammen mit den Carboxylgruppen der Sialinsäure den stark sauren Charakter des Sialoproteins aus Knochen ausmachen.

- Neben dem Kollagen ist ein sog. **„resistentes" Protein** im Knochen, Dentin und Zement vorhanden, das als unlösliches Protein nach Kollagenaseabbau zurückbleibt und vermutlich teilweise aus dem Elastin (der Blutgefäße) und teilweise aus unlöslichen Zellproteinen besteht.

- Ein EDTA-lösliches **Phosphoprotein** (P-Gehalt 2,22%) aus dem Dentin (vom Rind) mit einem Molekulargewicht von 39000 und einem Kohlenhydratanteil von etwa 50% besitzt eine Proteinkomponente, die zu 75% aus Asparaginsäure, Serin und Serinphosphat besteht. Es besitzt Apatit-induzierende Eigenschaften.

Proteoglykane und Glykosaminoglykane. Struktur und Stoffwechsel der Proteoglykane werden im Kap. III (S. 35) behandelt.

Das wichtigste **Glykosaminoglykan** des Knochens, Dentins und Zements ist das Chondroitin-4-sulfat (1−2 Gewichtsprozent), obwohl auch Keratansulfat und in geringeren Konzentrationen Dermatansulfat, Heparansulfat und Hyaluronat nachweisbar sind. In der Zahnpulpa und im Dentin schwankt das relative Verhältnis der verschiedenen Glykosaminoglykane in Abhängigkeit vom Lebensalter und der Species. Chondroitinsulfat liegt als Proteoglykan vor.

Organische Säuren und Lipide. Citrat und Lactat sind 2 regelmäßige Bestandteile mineralisierter Gewebe, über deren Herkunft und funktionelle Bedeutung noch keine Klarheit besteht. Der Gesamtcitratgehalt des Skelettsystems beträgt beim erwachsenen Menschen etwa 50 g.

Der Gehalt an Lipiden ist gering (< 1% des Trockengewichtes), der überwiegende Teil besteht aus Triglyceriden, der restliche Anteil vorwiegend aus freiem Cholesterin.

III. Stoffwechsel der organischen Matrix

Die Bildung der Zähne ist ein Sonderfall der Hartgewebsbildung, verläuft aber im wesentlichen analog der Knochenbildung. Die Analogie besteht darin, daß die Bildung der Zahnhartgewebe das Produkt einer zellulären Leistung ist, die auf mehreren synchron bzw. sukzessiv ablaufenden Prozessen basiert:

- Zelluläre Synthese einer organischen Matrix

- Ausschleusung der Matrixbestandteile in den extrazellulären Raum

- Mineralisation der extrazellulären Matrix und kontinuierliches Wachstum der deponierten Kristalle

- „Reifung" des kristallinen Gefüges.

Die Parallelen zur Knochenbildung betreffen hauptsächlich das Dentin, das den größten Teil des menschlichen Zahnes ausmacht. Sowohl im Knochen als auch im Dentin bestehen die Hauptbestandteile der extrazellulären Matrix aus Kollagen, Proteoglykanen und Strukturglykoproteinen, welche die Matrix für die Calcifizierung abgeben.

Der Hauptunterschied zwischen Knochen- und Dentinbildung besteht darin, daß im Dentin Matrixsynthese (Prädentinbildung) und Calcifizierung unmittelbar miteinander gekoppelt sind, eine Knorpelbildung – wie sie für die Knochenbildung charakteristisch ist – im Rahmen der Zahnhartgewebsbildung aber völlig fehlt.

Das Prinzip der Biomineralisation ist im Kap. IV, die Besonderheiten bei der Bildung des Zahnschmelzes durch die Ameloblasten, des Dentins durch die Odontoblasten und des Zahnzements durch Zementoblasten im Kap. VI (Topochemie der Zahnhartgewebe) beschrieben.

Für das Verständnis der Biomineralisation ist die Kenntnis des

- Kollagenstoffwechsels und des
- Glykoprotein- und Proteoglykanstoffwechsels

grundlegend.

Obgleich der überwiegende Anteil der Daten über den Kollagen-, Glykoprotein- und Proteoglykanstoffwechsel nicht im Rahmen der Zahnentwicklung gewonnen wurde, muß angenommen werden, daß sie beispielhaft und gültig auch für die Zahnbildung sind.

1. Kollagenstoffwechsel

Kollagen ist im menschlichen Organismus weit verbreitet und Bestandteil aller Binde- und Stützgewebe. Kollagen macht $1/4$ bis $1/3$ der Gesamtproteine im menschlichen Organismus aus. In Anpassung an die verschiedenen Funktionen, die das Kollagen als Strukturprotein in den verschiedensten Geweben erfüllt, sind verschiedene genetische Varianten des Kollagens bekannt, die für die einzelnen Gewebearten charakteristisch sind, doch kann ein Gewebe auch mehrere Kollagentypen enthalten. Im Dentin und Knochen stellt Kollagen Typ I den Hauptanteil. Die in den Basalmembranen vorkommenden Kollagentypen IV und V unterscheiden sich von den übrigen Kollagentypen durch ihren höheren Kohlenhydratgehalt (Galaktose, Glucose) und sind häufig mit Glykoproteinen assoziiert.

Quartärstruktur und Verteilungsmuster verschiedener Kollagentypen

Kollagentyp	Quartärstruktur	Vorkommen
I	$[\alpha_1(I)]_2\alpha_2$	Haut, Sehnen, Knochen, Dentin Arterien, Lunge u. a.
II	$[\alpha_1(II)]_3$	Knorpelgewebe
III	$[\alpha_1(III)]_3$	Wie Typ I, Arterien
IV	$[\alpha_1(IV)]_3$	Basalmembranen
V	$[\alpha B]_2 \alpha A$	Basalmembranen

Kollagen ist ein unlösliches Faserprotein, das aus einer großen Anzahl von Untereinheiten (Tropokollagenmolekülen) besteht, die durch kovalente Quervernetzungen miteinander verknüpft sind. Jede Tropokollagen-Untereinheit besteht wiederum aus 3 helixförmigen Polypeptidketten, die um eine gemeinsame Hauptachse miteinander verdrillt sind und so eine **Tripelhelix** bilden.

Wegen seiner vollständigen Unlöslichkeit bei physiologischen pH-Werten und Ionenstärken und seiner beträchtlichen Größe wird das Kollagen im Rahmen der intrazellulären Synthese zunächst in Form einer makromolekularen löslichen Vorstufe bereitgestellt. Erst nach einer mehrere Schritte umfassenden posttranslationalen Modifikation und Ausschleusung aus der Zelle wird das Kollagen in einem extrazellulären Reifungsprozeß zur unlöslichen Kollagenfaser umgewandelt. Das folgende Schema gibt eine Übersicht.

Synthese und Hydroxylierung der Pro-α-Ketten. Für die Synthese des Typ I Kollagens im Dentin und Zahnzement sind 2 mRNA-Species erforderlich, von denen eine die Synthese der Pro-α_1(I)-Ketten und die andere die Synthese der Pro-α_2-Ketten kodiert.

Das Primärprodukt der Kollagensynthese sind Pro-α-Ketten, die etwa 1500 Aminosäuren enthalten und damit zu den größten bekannten Polypeptiden ge-

SCHEMA DER INTRAZELLULÄREN BIOSYNTHESE
UND EXTRAZELLULÄREN VERNETZUNG DES KOLLAGENS

BINDEGEWEBSZELLE

Ribosomale Synthese von Pro-α-Ketten (Protokollagen)
(häufige Sequenz: -Gly-Pro-**Pro**-)

α-Ketoglutarat, O_2
Ascorbat

| Prolin-Hydroxylase |

| Lysin-Hydroxylase |

Succinat, CO_2

Pro-α-Ketten
(häufige Sequenz: -Gly-Pro-**Hyp**-)

| Transfer von Gal und Glc |

| Bildung einer 3-Ketten-Spirale |

Prokollagen

H_2N ---- ... COOH
H_2N ---- ... COOH
H_2N ---- ... COOH

| Ausschleusung aus der Zelle |

N-terminales Peptid + C-terminales Peptid

| Peptidase I |
| Peptidase II |

Extrazelluläres Kollagenmolekül

280 nm

EXTRAZELLULÄRER RAUM

| Aggregation |

| Vernetzung |

Kollagen
(extrazellulär, salz- bzw. säurelöslich)

Kollagenfibrille
(unlöslich)

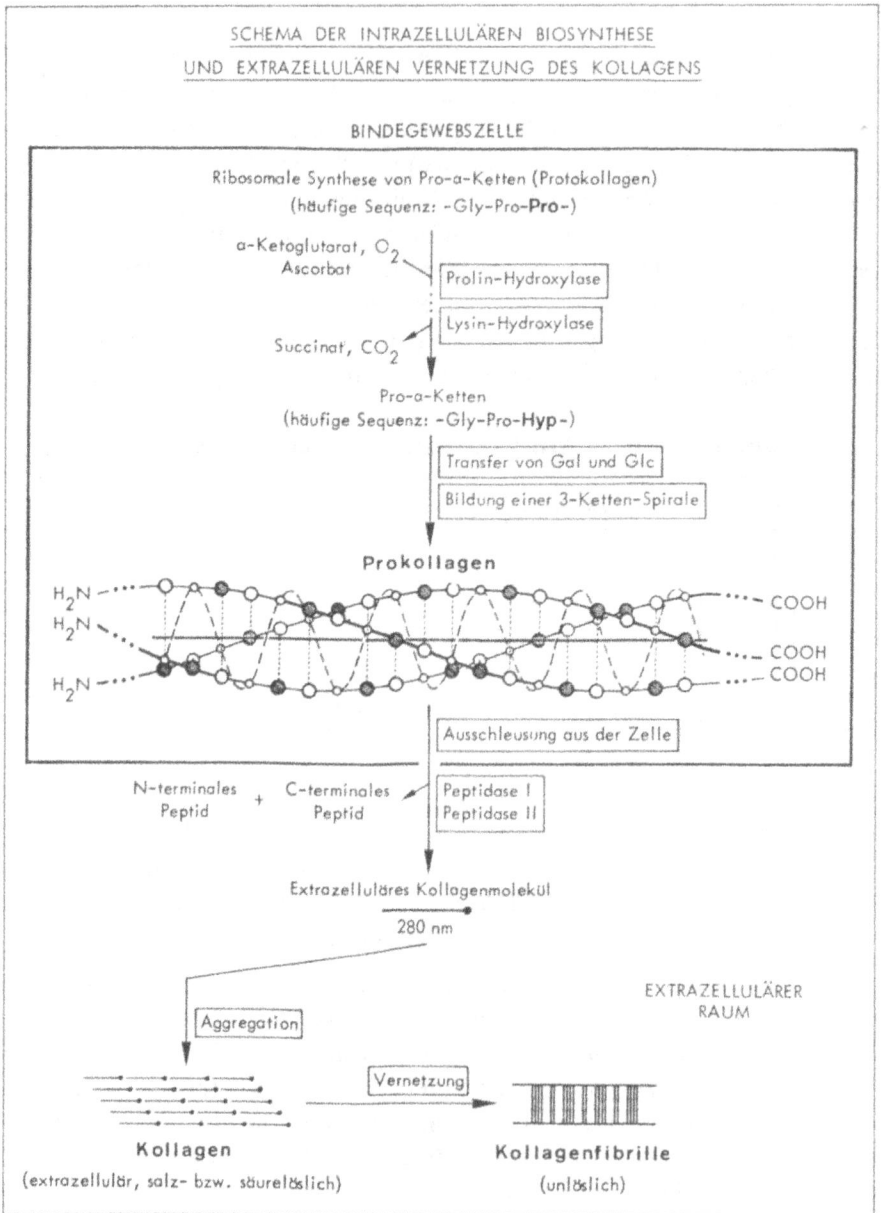

hören. Verglichen mit dem modifizierten Syntheseendprodukt (Tropokollagen s. u.) sind die Pro-α-Ketten um etwa 30% größer. Dies ist durch den Besitz von 2 **Extensionspeptiden** bedingt, die am N-terminalen und C-terminalen Ende der Pro-α-Ketten lokalisiert sind. Das N-terminale Extensionspeptid enthält etwa 166, das C-terminale Extensionspeptid etwa 300 Aminosäurereste. Diese Extensionspeptide machen das Molekül löslich, verhindern die intrazelluläre Fibrillenbildung und dienen gleichzeitig als „Registerpeptide" für eine adäquate Zusammenlagerung der α-Ketten und Erleichterung der Helixbildung.

Die Aminosäurezusammensetzung der Extensionspeptide weicht von derjenigen des Kollagens (Tab. S. 15) insofern ab, als

- der Hydroxyprolingehalt geringer ist,

- Hydroxylysin als Aminosäure fehlt,

- Glycin nicht in jeder dritten Position vorhanden ist und

- Cystin vorhanden ist.

Die Synthese der Pro-α_1-Kette vollzieht sich mit einer Geschwindigkeit von etwa 200 Resten pro Minute bzw. 6–7 Minuten für die gesamte Kette.

Noch während der Proteinbiosynthese am Ribosom beginnt eine Modifikation der Pro-α-Ketten, an denen ein Teil der Prolin- und ein Teil der Lysinreste durch eine Prolinhydroxylase und eine Lysinhydroxylase in **Hydroxyprolin-** bzw. **Hydroxylysin**reste umgewandelt werden (Abb.).

SYNTHESE EINES HYDROXYPROLIN-RESTES DER KOLLAGEN-PRO-α-KETTE DURCH DIE PROLYL-HYDROXYLASE

Die Prolinhydroxylase (Prolyl-Hydroxylase) und Lysinhydroxylase (Lysyl-Hydroxylase) gehören in die Gruppe der mischfunktionellen Oxidasen und benötigen als Cofaktoren molekularen Sauerstoff, zweiwertiges Eisen, α-Ketoglutarat und ein reduzierendes Agens (z. B. Ascorbat) für ihre Aktivität.

Während der Hydroxylierungsreaktion bildet sich zunächst ein Hydroperoxidderivat des Prolins, das mit zweiwertigem Eisen komplexiert ist. In einem zweiten Reaktionsschritt reagiert die Peroxigruppe mit α-Ketoglutarat zu einer Zwischenverbindung, die in einer weiteren Reaktion zu Succinat, CO_2 und peptidgebundenem 4-Hydroxyprolin zerlegt wird (Abb.).

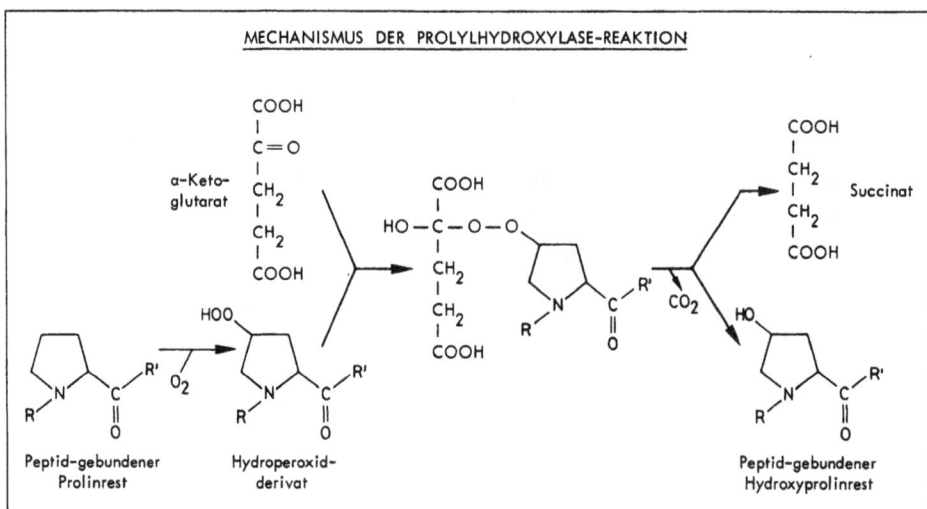

MECHANISMUS DER PROLYLHYDROXYLASE-REAKTION

α-Keto-glutarat

Peptid-gebundener Prolinrest

Hydroperoxid-derivat

CO_2

Succinat

Peptid-gebundener Hydroxyprolinrest

Die Bedeutung der Ascorbinsäure für die Hydroxylierungs-Reaktion liegt in ihrer Mitwirkung bei der Umwandlung des inaktiven Proenzyms in die aktive Form, in der Stabilisierung des Enzyms, insbesondere in einer Aufrechterhaltung des Reduktionszustandes der Thiolgruppen im Enzym sowie in einer Reduktion des Eisens von der dreiwertigen in die zweiwertige Form.

Die Hydroxylierungsreaktion besitzt hohe Spezifität. Als Minimalanforderung ist eine Peptidstruktur der Sequenz -X-Pro-Gly- erforderlich. Freies Hydroxyprolin wird nicht als Substrat umgesetzt.

Diese Hydroxylierungsreaktion am peptidgebundenen Lysin verläuft analog der Hydroxylierungsreaktion des Prolins. Beide Reaktionen sind im endoplasmatischen Retikulum lokalisiert.

Glykosylierung der Hydroxylysinreste im Kollagen. An die Proteinbiosynthese und Hydroxylierung der Pro-α-Ketten schließt sich die Anheftung einer prosthetischen Kohlenhydratgruppe an, und zwar wird ein Teil der Hydroxylgruppen des

Hydroxylysins in β-glykosidischer Bindung mit einem Galaktoserest verknüpft, auf den gegebenenfalls anschließend ein α-glykosidisch gebundener Glucoserest übertragen wird, so daß Kollagen zu etwa gleichen Teilen Hydroxylysin-gebundene Galaktosylreste oder Disaccharidreste der Struktur Glcα(1-2)Gal besitzt. Der Kohlenhydratgehalt des Kollagens vom Typ I beträgt etwa 2%.

Die Synthese der Hydroxylysylglykoside erfolgt unter der katalytischen Wirkung der Kollagen-UDP-Galaktosyltransferase und der Kollagen-UDP-Glykosyltransferase (Abb.). Beide Enzyme benötigen divalente Metallionen als Kofaktoren und übertragen ihre Monosaccharidreste auf die freien Pro-α-Ketten. Kollagen in der tripelhelikalen Form wird nicht glykosyliert.

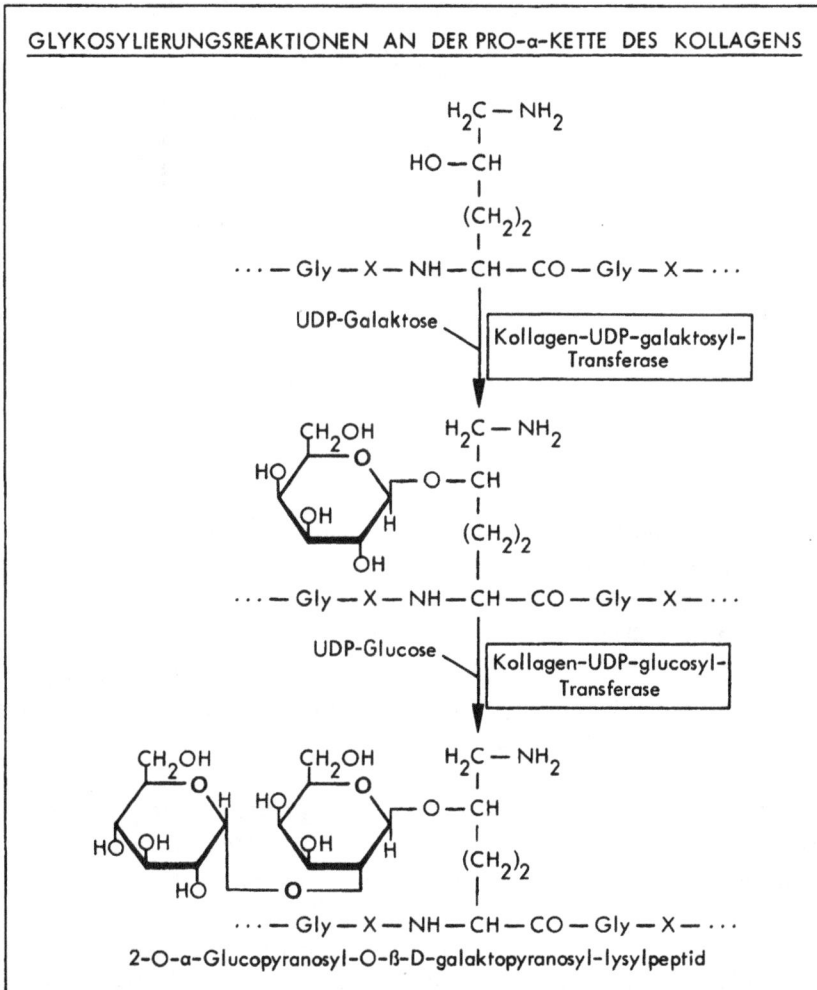

GLYKOSYLIERUNGSREAKTIONEN AN DER PRO-α-KETTE DES KOLLAGENS

2-O-α-Glucopyranosyl-O-β-D-galaktopyranosyl-lysylpeptid

Bildung der 3-Kettenspirale. Für eine Zusammenlagerung der hydroxylierten und glykosylierten α_1- und α_2-Ketten sorgen die sog. Extensions- bzw. Registerpeptide am N- und C-terminalen Ende der α-Ketten. Die paßgerechte Aneinanderlagerung der einzelnen Ketten ist Voraussetzung für die Ausbildung der Tripelhelixstruktur. Die spezifische Wechselwirkung der Registerpeptide der α_1- und α_2-Ketten des C-terminalen Extensionspeptides wird dadurch begünstigt, daß die in den C-terminalen Extensionspeptiden vorhandenen Cysteinreste mit den benachbarten Ketten kovalente Disulfidbindungen eingehen. Auch die Extensionspeptide am N-terminalen Kettenende treten in Wechselwirkung miteinander und schaffen damit die Voraussetzungen für die Helixbildung des Kollagenmoleküls (Abb.).

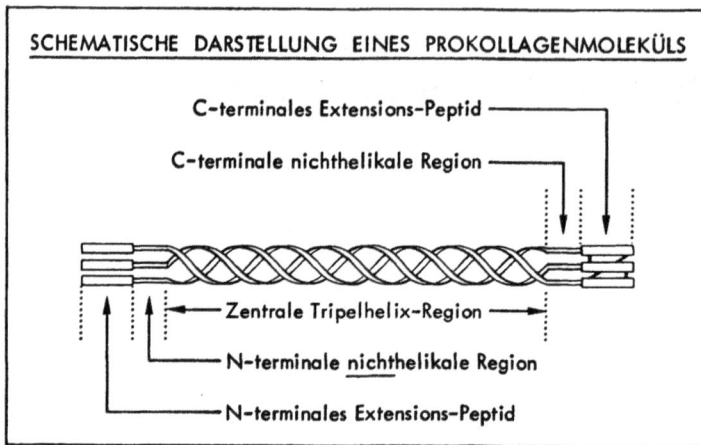

Sekretion des Prokollagens. Nach Abschluß der zellulären Biosynthese wird das Prokollagen in Sekretionsvesikel verpackt und reichert sich im Golgiapparat an. In einem Exozytoseprozeß, bei dem ein Golgivesikel mit der Zellmembran fusioniert, wird das Prokollagen in den extrazellulären Raum ausgeschleust. Transport des Prokollagens innerhalb der Zelle und Exozytose sind energieabhängige Prozesse, die sich unter Mitwirkung des Mikrotubulussystems vollziehen und durch Colchicin bzw. Antimycin A gehemmt werden.

Umwandlung des Prokollagenmoleküls in Kollagenmonomere (Tropokollagen). Während der Sekretion aus der Zelle oder unmittelbar danach werden die beiden Extensionspeptide des in tripelhelikaler Struktur vorliegenden Prokollagens unter der Wirkung der Prokollagenpeptidase I und II hydrolytisch abgespalten, wobei die Prokollagenpeptidase I zunächst das N-terminale Extensionspeptid und unmittelbar darauf die Prokollagenpeptidase II das C-terminale Extensionspeptid

SCHEMA DER SYNTHESE UND SEKRETION VON PROKOLLAGEN

RAUHES
ENDOPLASMATISCHES
RETIKULUM

mRNA

40 S 60 S

Pro-α$_2$

2 Pro-α$_1$

mRNA

Ribosomale Prozesse:
Translation
Gerichteter Transport
des Translationsproduktes

Pro-α-Ketten

Kotranslationale und
posttranslationale
Modifikation:
Hydroxylierung
Glykosylierung
Disulfidbrücken-Bildung
Helix-Bildung

GOLGI-APPARAT

Tripel-helikales Prokollagen

Transport und Exozytose
abhängig vom
Mikrotubulus-System und
Energiezufuhr

ZELLMEMBRAN

Sezerniertes Prokollagen-Molekül

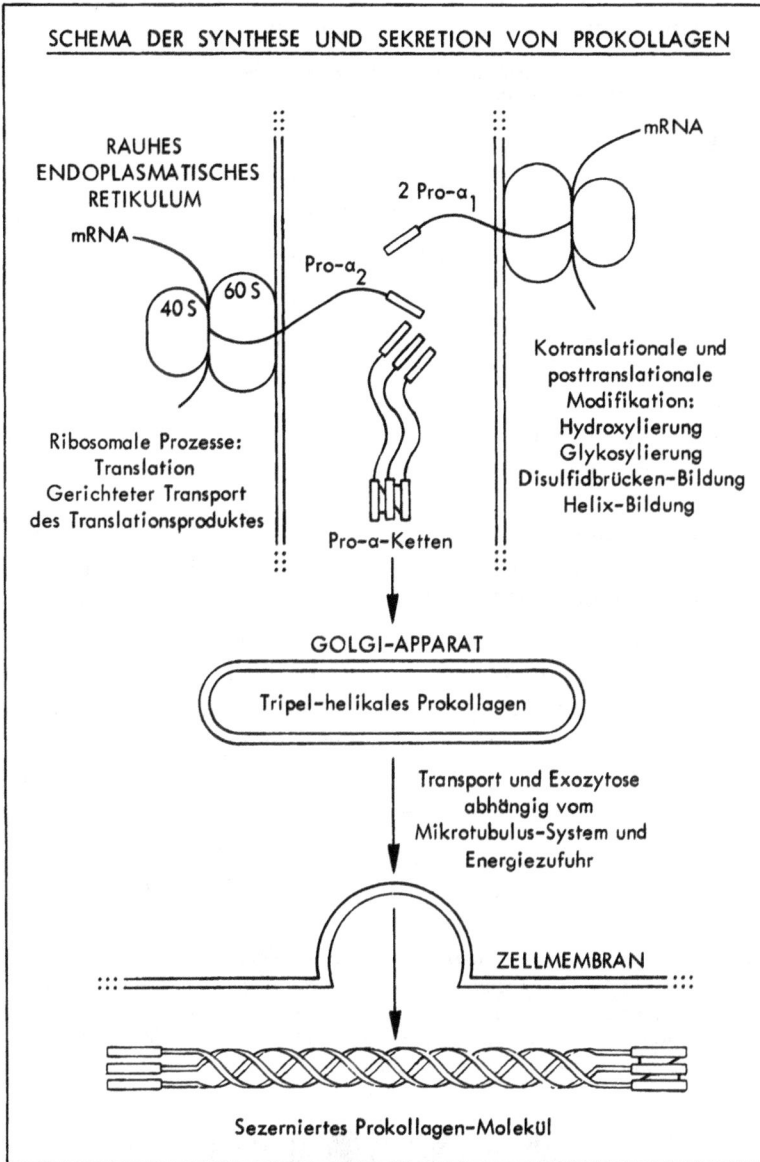

entfernt. Durch diese extrazelluläre Modifikation wird das Prokollagen in das Kollagenmolekül (Kollagenmonomeres) mit einem Molekulargewicht von etwa 100000 umgewandelt. Das Kollagenmonomer wird auch als **„Tropokollagen"** bezeichnet und weist eine Länge von etwa 300 nm auf (Abb.).

STRUKTURMERKMALE DES TROPOKOLLAGENMOLEKÜLS AUS KALBSHAUT

Tropokollagen ist die monomere Einheit der Kollagenfibrille.
Die zentrale Tripel-Helix hat eine Ganghöhe von 2,86 nm.
Die Zahlenangaben beziehen sich auf die Aminosäurereste des Moleküls.

2.86 nm

H_2N -------- COOH
H_2N -------- COOH
H_2N -------- COOH

N-terminale
nicht-tripel-
helikale Region
$1^N - 11^N$
(Telopeptid)

Zentrale tripel-helikale Region
1 - 1011 Aminosäure-Reste

● Hydroxyprolin   O Prolin   o Glycin

C-terminale
nicht-tripel-
helikale Region
$1^C - 25^C$
(Telopeptid)

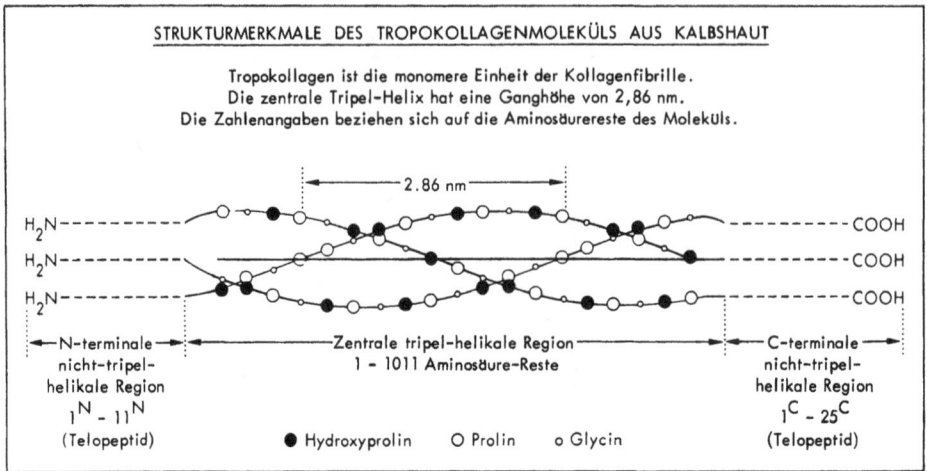

Strukturgerechte Assoziation der Tropokollagenmoleküle. Durch Abspaltung der Extensionspeptide gewinnt das Tropokollagenmolekül die Fähigkeit zur spontanen Aggregation und Fibrillenbildung. Diese Selbstorganisation erfolgt ausschließlich über physikochemische Kräfte, d. h. über heteropolare und andere nicht kovalente Bindungen zwischen den monomeren Kollagenmolekülen. Die Assoziation führt zur Bildung von Kollagenfasern, die im Elektronenmikroskop ein charakteristisches Querstreifungsmuster mit einer Periode von 68 nm aufweisen. Die Querstreifung kommt dadurch zustande, daß sich die einzelnen Moleküle um ein

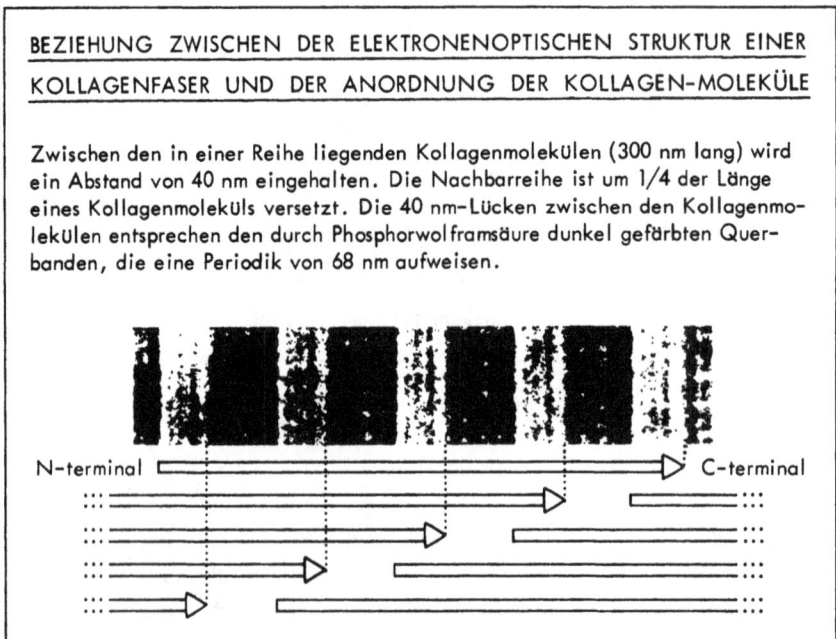

BEZIEHUNG ZWISCHEN DER ELEKTRONENOPTISCHEN STRUKTUR EINER
KOLLAGENFASER UND DER ANORDNUNG DER KOLLAGEN-MOLEKÜLE

Zwischen den in einer Reihe liegenden Kollagenmolekülen (300 nm lang) wird ein Abstand von 40 nm eingehalten. Die Nachbarreihe ist um 1/4 der Länge eines Kollagenmoleküls versetzt. Die 40 nm-Lücken zwischen den Kollagenmolekülen entsprechen den durch Phosphorwolframsäure dunkel gefärbten Querbanden, die eine Periodik von 68 nm aufweisen.

N-terminal   C-terminal

Viertel ihrer Länge versetzt seitlich nebeneinander anordnen und daß C- und N-terminale Regionen der einzelnen Moleküle sich hintereinander lagern. Die häufigste Form einer Fibrillenbildung ist die Zusammenlagerung von je 5 Kollagenmonomeren um eine gemeinsame Faserachse zu einer Mikrofibrille. Der Durchmesser einer solchen Mikrofibrille beträgt 3,5-4,1 nm (Abb.).

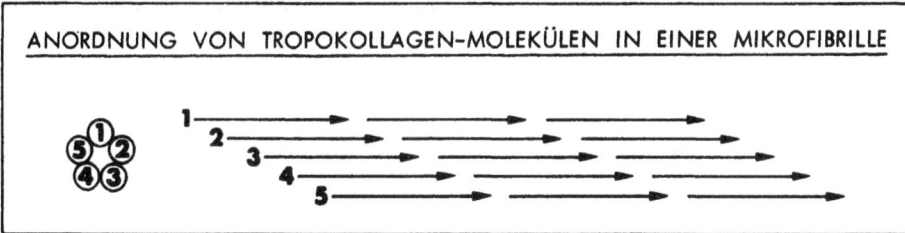

ANORDNUNG VON TROPOKOLLAGEN-MOLEKÜLEN IN EINER MIKROFIBRILLE

Bildung des unlöslichen Kollagens durch Quervernetzung. Die durch Zusammenlagerung der Tropokollagenmonomeren gebildeten Fibrillen haben nur eine geringe Reißfestigkeit. Erst durch Ausbildung stabiler kovalenter Bindungen, die

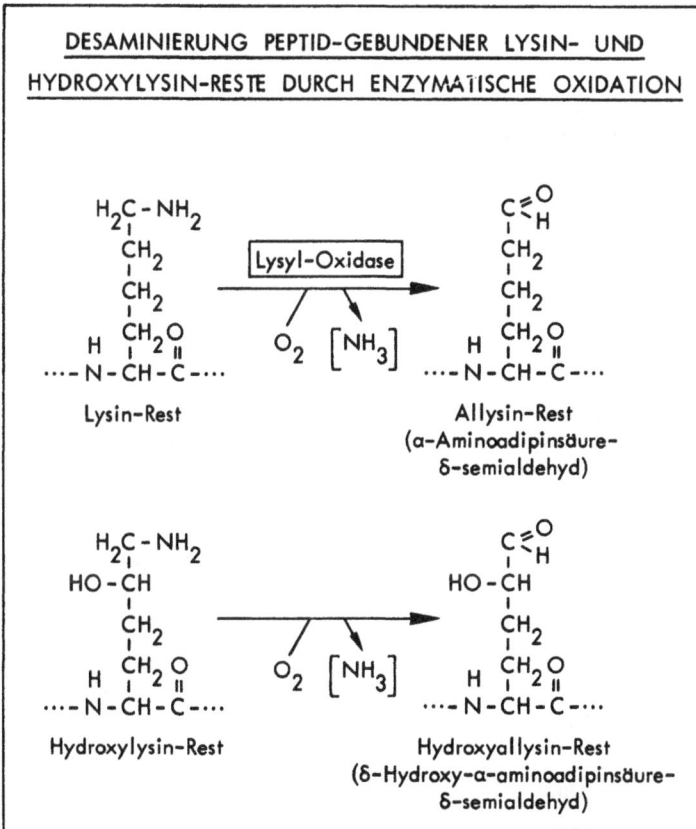

DESAMINIERUNG PEPTID-GEBUNDENER LYSIN- UND HYDROXYLYSIN-RESTE DURCH ENZYMATISCHE OXIDATION

als „**Quervernetzung**" bezeichnet werden, erreicht das Kollagen seine einzigartigen mechanischen Eigenschaften.

An der Ausbildung der Quervernetzung beteiligen sich vorzugsweise Lysin- und Hydroxylysinreste, zum geringen Teil auch Imidazolgruppen von Histidinresten. Voraussetzung für die Ausbildung von Quervernetzungen zwischen 2 Lysin- bzw. Hydroxylysinmolekülen ist die teilweise oxidative Desaminierung der ε-Aminogruppe der Lysin- bzw. Hydroxylysinmoleküle durch eine kupferabhängige **Lysyloxidase.**

Unter der Wirkung der Lysyloxidase werden Lysinreste in δ-Semialdehydderivate der γ-Hydroxy-α-Aminoadipinsäure (Hydroxyallysinreste) umgewandelt (Abb.).

Die Aldehydgruppen-tragenden Allysin- bzw. Hydroxyallysinreste sind zu spontanen, nichtenzymatischen Ausbildungen von Quervernetzungen mit Lysin bzw.

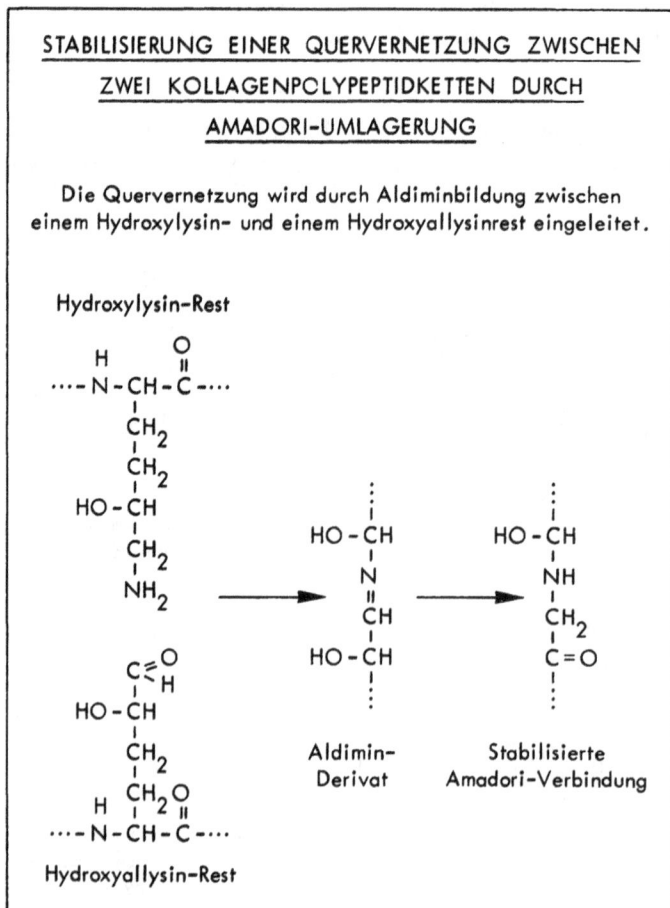

STABILISIERUNG EINER QUERVERNETZUNG ZWISCHEN ZWEI KOLLAGENPOLYPEPTIDKETTEN DURCH AMADORI-UMLAGERUNG

Die Quervernetzung wird durch Aldiminbildung zwischen einem Hydroxylysin- und einem Hydroxyallysinrest eingeleitet.

Hydroxylysin in der Lage. Dabei entstehen Aldimin-, Ketoimin- oder Aldolverbindungen, die durch sekundäre Umlagerung stabilisiert werden können (Abb.). Ein Teil der Aldolderivate kann mit einem Histidinrest reagieren und das entstehende Reaktionsprodukt kann eine Schiffsche Base mit einem weiteren Lysin- oder Hydroxylysinrest bilden, so daß schließlich 4 Seitenketten an einer kovalenten Bindung beteiligt sein können.

Die Chemie der Vernetzungsreaktionen ist außerordentlich vielfältig und im einzelnen noch nicht vollständig aufgeklärt. Die Vernetzungsreaktionen spielen sich jedoch nicht nur zwischen einzelnen Tropokollagenmolekülen ab, sondern werden auch innerhalb eines Moleküls zwischen den α-Ketten ausgebildet und sind hier vorzugsweise an den nichthelikalen Enden lokalisiert.

Enzymatischer Abbau des Kollagens. Das native, vernetzte Kollagenmolekül ist resistent gegen zahlreiche proteolytische Enzyme, wird jedoch durch spezifische Kollagenasen angegriffen, von denen 2 Typen bekannt sind:

1. Tierische Kollagenasen, welche die Helixregion des Kollagenmoleküls spalten und
2. die von Mikroorganismen gebildeten Kollagenasen, die das Kollagenmolekül in zahlreiche Peptide zerlegen.

Die in zahlreichen Geweben nachgewiesenen **tierischen Kollagenasen** sind Proteasen von hoher Spezifität, und zwar wählen sie innerhalb eines Kollagenmoleküls die in allen 3 Ketten der Tripelhelix etwa in Position 750 liegende Sequenz -Gly-Ile- für eine hydrolytische Spaltung aus, zerlegen also das aus 3 helikalen Peptidketten von je 1000 Aminosäureresten bestehende Kollagenmolekül in 2 Fragmente, die $1/4$ und $3/4$ der Länge des ursprünglichen Moleküls ausmachen. Dabei sind die im vernetzten Kollagen entstehenden Fragmente noch mit Nachbarmolekülen verbunden. Diese Fragmente unterliegen bei Körpertemperatur einer spontanen thermischen Denaturierung und werden durch weitere proteolytische Enzyme (Proteasen, Peptidasen) gegebenenfalls nach Aufnahme in die ortsständigen Zellen abgebaut (Abb.).

Mikroorganismen (z. B. Clostridium histolyticum) können eine Kollagenase bilden und in das Kulturmedium sezernieren. Im Gegensatz zu den tierischen Kollagenasen besitzen die **mikrobiellen Kollagenasen** keine sehr hohe Spezifität. Da sie Peptidbindungen der Sequenz -X-Pro-Y spalten und diese Sequenz überproportional häufig im Kollagenmolekül vorkommt, kann ein Kollagenmolekül in mehr als 100 Fragmente zerlegt werden. Die Bakterien selbst sind kollagenaseresistent, da sie kein Kollagen enthalten. Mikrobielle Kollagenasen können an der Pathogenese kariöser Veränderungen an den Zähnen (Kap. X) und an der Entstehung der marginalen Parodontitis (S. 153) beteiligt sein.

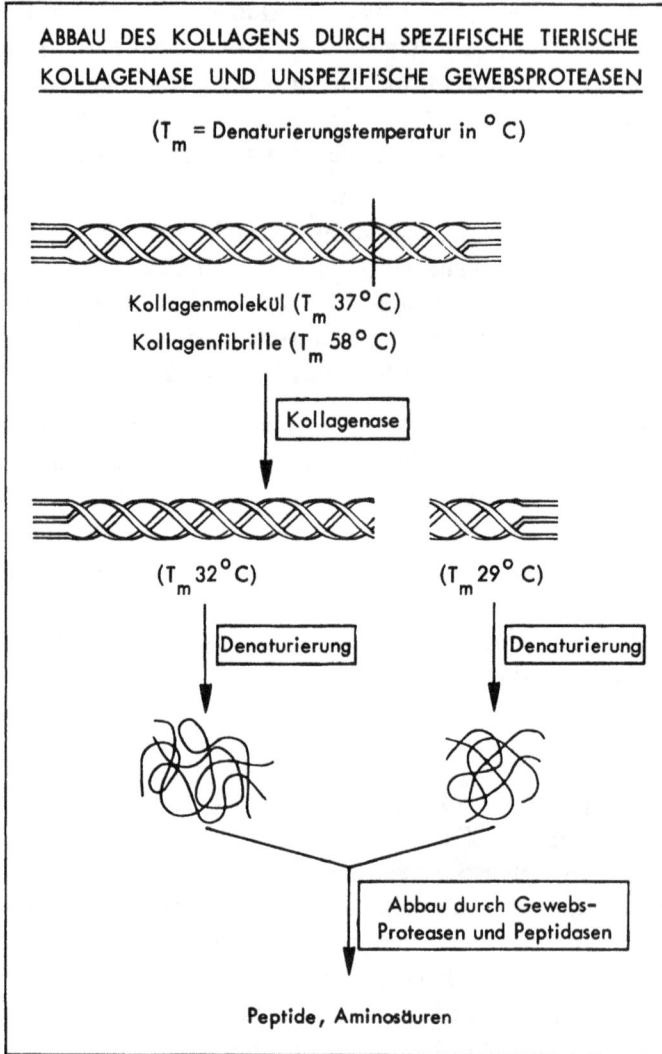

ABBAU DES KOLLAGENS DURCH SPEZIFISCHE TIERISCHE
KOLLAGENASE UND UNSPEZIFISCHE GEWEBSPROTEASEN

(T_m = Denaturierungstemperatur in $^\circ$C)

Kollagenmolekül (T_m 37°C)
Kollagenfibrille (T_m 58°C)

Kollagenase

(T_m 32°C)   (T_m 29°C)

Denaturierung   Denaturierung

Abbau durch Gewebs-
Proteasen und Peptidasen

Peptide, Aminosäuren

2. Glykoproteinstoffwechsel

Proteoglykane und Glykoproteine gehören in die Stoffklasse der Glykokonjugate
(= proteingebundene komplexe Kohlenhydrate). Die Struktur der **Proteoglykane**
und **Glykoproteine** ist dadurch gekennzeichnet, daß mehrere oder zahlreiche
Kohlenhydratgruppen (Oligosaccharide oder Polysaccharide) durch hauptvalenz-
artige Bindung mit einem Protein verknüpft sind.

In den Hartgeweben (Skelett, Zähne) bilden Glykoproteine und Proteoglykane
eine gelartige extrazelluläre Grundsubstanz, in die die Kollagenfibrillen (S. 27)
eingebettet sind. Glykoproteine und Proteoglykane sind zusammen mit dem Kollagen Komponenten der extrazellulären organischen Matrix, an der sich die **Biomineralisation** (Kap. IV) vollzieht.

Die Glykoproteine sind die Hauptbestandteile schleimiger Gewebe (Speichel,
S. 93), regelmäßige Bausteine der Zellmembranen und in der Klasse der Enzyme,
Proteohormone und Serumproteine häufig vertreten.

Chemie der Glykoproteine. Die Strukturglykoproteine der extrazellulären
Matrix enthalten proteingebundene Oligosaccharide, deren Struktur aus Amino-
zuckern, Galaktose, Mannose und Sialinsäure (N-Acetylneuraminsäure) und
Fucose aufgebaut ist. Eine in menschlichen Glykoproteinen häufig vorkommende
Oligosaccharidsequenz ist im Formelschema dargestellt. Die Strukturglykoproteine
der Hartgewebe sind eng mit dem Kollagen assoziiert. Die chemische Zusammensetzung der Speichelglykoproteine beschreibt Kap. VIII.

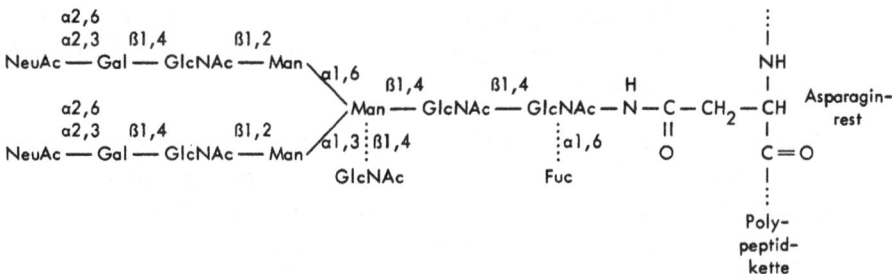

HÄUFIGE STRUKTUR DER KOHLENHYDRAT-KOMPONENTE HUMANER GLYKOPROTEINE

Biosynthese der Glykoproteine. In einem ersten Schritt erfolgt die ribosomale Synthese eines Proteinanteils der − möglicherweise unter Abspaltung eines Signalpeptids − durch die Membran des endoplasmatischen Retikulums in den Raum des endoplasmatischen Retikulums gelangt. Unmittelbar nach der Passage der Membran erfolgt an der noch wachsenden Polypeptidkette die postribosomale Bildung einer Kohlenhydrat-Protein-Verbindung.

Hierfür werden Monosaccharid- oder Oligosaccharidreste der prosthetischen Kohlenhydratkomponente durch spezifische Transferasen auf das Protein bzw. auf den schon an das Protein angehefteten Kohlenhydratrest übertragen. Dabei dienen die UDP-, GDP-, CMP- oder Dolicholdiphosphat-Monosaccharide bzw. Dolichol-diphosphat-Oligosaccharide als Donatoren. Das den ersten Monosaccharid- oder Oligosaccharidrest auf das Protein übertragende Enzym wählt unter den zahlreichen möglichen Akzeptoraminosäuren (z. B. unter den Serinresten) mit großer Spezifität ganz bestimmte aus und orientiert sich dabei an der Sequenz der benachbarten Aminosäuren. Auch der Transfer der dann folgenden Mono- oder Oligosaccharide wird jeweils durch die bereits glykosidisch gebundenen Zucker in spezifischer Weise gesteuert. Die Glykosyltransferasen sind akzeptorspezifische Enzyme.

Bei der Biosynthese von Glykoproteinen, die asparagingebundene Oligosaccharidreste tragen, beginnt die Synthese der Kohlenhydratkomponente mit der Übertragung eines Oligosaccharidrestes, der Glucose, Mannose und N-Acetylglucosamin enthält, und von einem Dolicholdiphosphat-Oligosaccharid zur Verfügung gestellt wird. Das entstehende Glykoprotein ist eine Vorstufe, aus der in einem „Trimmprozeß" zunächst die Glucose- und ein Teil der Mannosereste wieder abgespalten werden. Durch anschließende Übertragung von N-Acetylglucosamin-, Galaktose- und Neuraminsäureresten in funktions- bzw. strukturspezifischer Sequenz erfolgt dann die Komplettierung zum endgültigen Glykoprotein (Abb.).

Die Verwendung von Dolicholderivaten anstelle der nucleotidaktivierten Zucker ist bei dem hydrophoben Charakter der Membran des endoplasmatischen Retikulums, an dem sich die Glykoproteinsynthese vollzieht, vorteilhaft.

Glykoproteinabbau. Zum Abbau werden die Glykoproteine durch rezeptorspezifische Endozytose wieder von den Zellen aufgenommen und gelangen in die Lysosomen. Unter der Wirkung spezifischer lysosomaler Glykosidasen werden die Monosaccharide der prosthetischen Gruppe schrittweise vom nichtreduzierenden Ende her hydrolytisch entfernt.

Histochemie der Glykoproteine. Die in Kollagen und Glykoproteinen vorkommenden Neutralzucker (Gal, Glc, Man) lassen sich histochemisch durch die Perjodsäure-Schiff-Reaktion (PAS-Reaktion) nachweisen. Die Reaktion beruht auf der Empfindlichkeit benachbarter alkoholischer Hydroxylgruppen gegenüber der Oxidation durch Perjodsäure (oder Natriumperjodat). Perjodsäure spaltet die

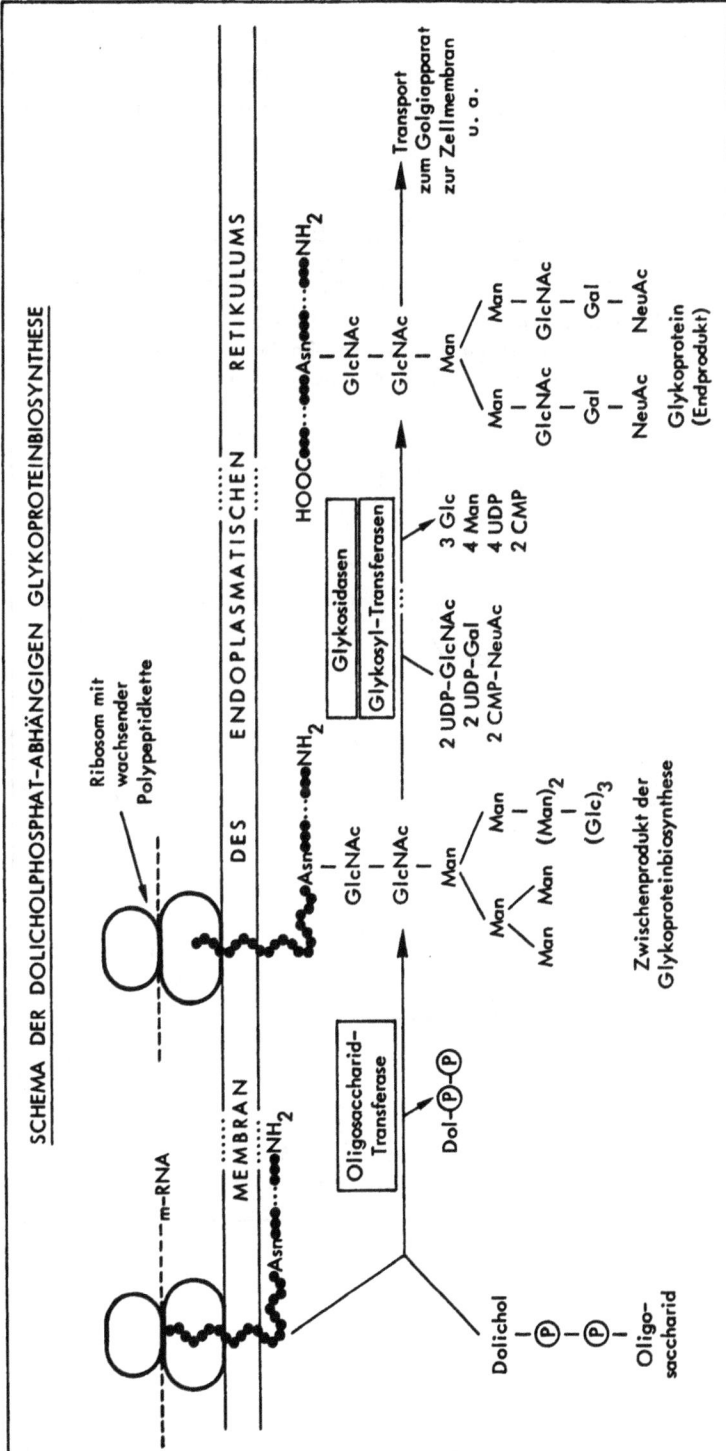

SCHEMA DER DOLICHOLPHOSPHAT-ABHÄNGIGEN GLYKOPROTEINBIOSYNTHESE

hydroxylgruppentragende C-C-Bindung oxidativ unter Bildung eines Dialdehyds quantitativ. Nach Beseitigung des Überschusses an Perjodsäure (z. B. mit Ethylenglykol) werden die gebildeten Aldehydgruppen mit fuchsinschwefliger Säure umgesetzt (Abb.). Glykosaminoglykane geben eine nur schwache PAS-Reaktion.

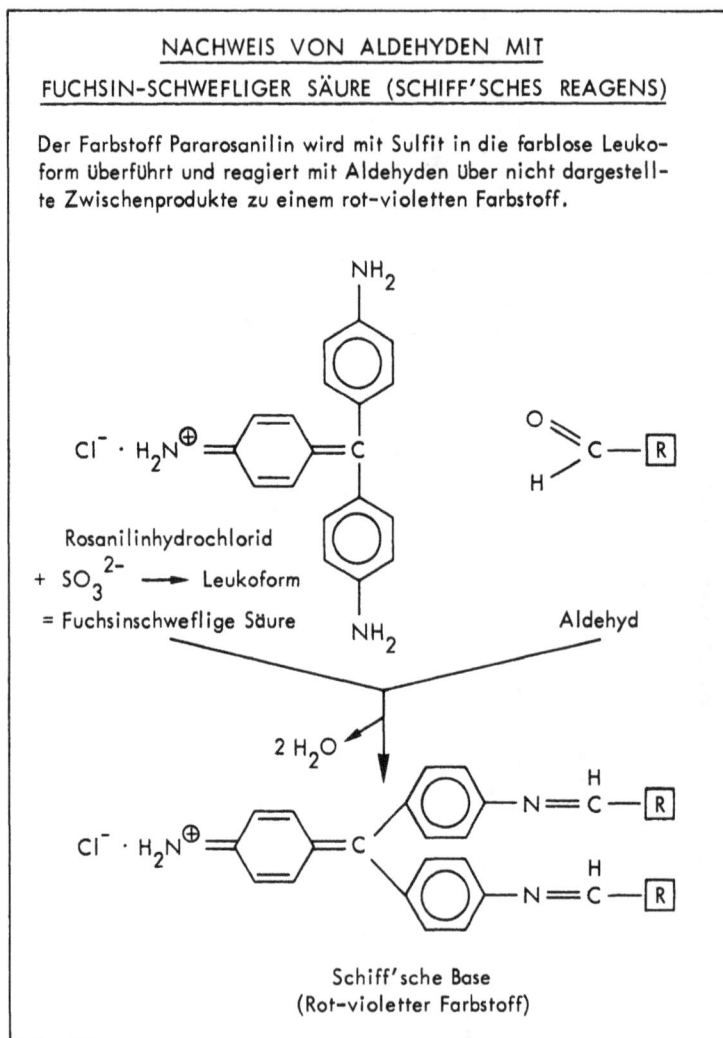

NACHWEIS VON ALDEHYDEN MIT
FUCHSIN-SCHWEFLIGER SÄURE (SCHIFF'SCHES REAGENS)

Der Farbstoff Pararosanilin wird mit Sulfit in die farblose Leukoform überführt und reagiert mit Aldehyden über nicht dargestellte Zwischenprodukte zu einem rot-violetten Farbstoff.

Rosanilinhydrochlorid

$+ SO_3^{2-} \longrightarrow$ Leukoform

= Fuchsinschweflige Säure

Aldehyd

2 H$_2$O

Schiff'sche Base
(Rot-violetter Farbstoff)

3. Proteoglykanstoffwechsel

Struktur der Proteoglykane. Die Kenntnisse über die chemische und makromolekulare Struktur der Proteoglykane aus Knochen und Zähnen sind begrenzt. Sie erlauben jedoch unter Einbeziehung von Analogieschlüssen von bekannten Proteoglykantypen (z. B. hyalinem Knorpel) folgende Aussagen:

Die extrazellulären Proteoglykane des Knochens und des Prädentins sind Makromoleküle mit einem Mol.-Gew. bis $3,0 \times 10^6$. Dabei beträgt der Proteinanteil 10–20%, der Glykosaminoglykananteil 80–90%. Etwa 60–100 Chondroitinsulfat- und 6–20 Keratansulfatseitenketten sind mit dem gleichen Protein verknüpft, so daß ein hybrides Proteochondroitinsulfat-Keratansulfatmolekül vorliegt (Abb.). Das Molekül kann ferner Oligosaccharidgruppen enthalten.

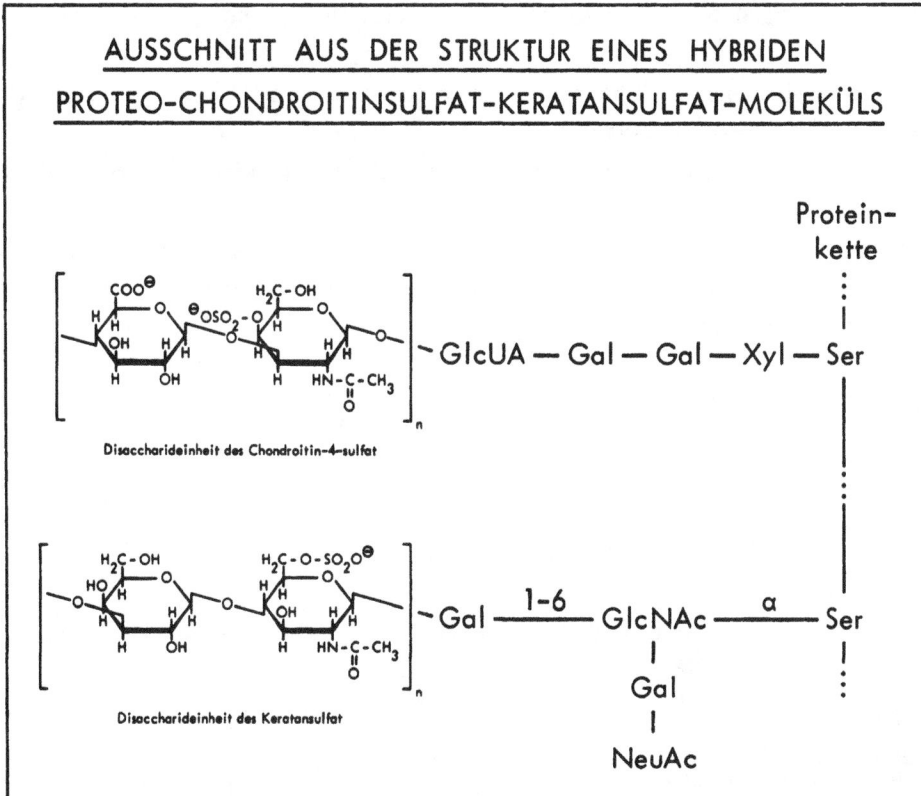

AUSSCHNITT AUS DER STRUKTUR EINES HYBRIDEN PROTEO-CHONDROITINSULFAT-KERATANSULFAT-MOLEKÜLS

Disaccharideinheit des Chondroitin-4-sulfat

Disaccharideinheit des Keratansulfat

Biosynthese von Proteochondroitinsulfat. Im Proteochondroitinsulfat (Chondroitinsulfat-Proteoglykan) erfolgt die Verknüpfung von Polysaccharid- und Proteinkomponente jedoch nicht direkt, sondern über ein **Tetrasaccharid** der Struktur GlcUA-Gal-Gal-Xyl, wobei die Chondroitinsulfatkette an die terminale Glucuronsäure des Tetrasaccharids, die **D-Xylose** in O-glykosidischer Bindung mit der Hydroxylgruppe eines Serin- oder Threoninrestes an das Protein gebunden ist.

Die Synthese der Seitenketten beginnt daher mit einem Transfer von D-Xylose, die aus einer UDP-Xylose stammt, auf eine Hydroxylgruppe des peptidgebundenen Serins. Die Xylosyltransferase orientiert sich dabei an einer Sequenz -Ser-X-Asn-. Etwa 30% der in einem Proteincore mit einem Molekulargewicht von ≈ 250 000 vorhandenen Serinreste können auf diese Weise als Verknüpfungspunkte für Polysaccharidseitenketten dienen. UDP-Xylose ist ein kompetitiver Inhibitor der UDP-Glucose-Dehydrogenase und daher ein feed-back-Regulator für die Synthese der UDP-Xylose. Der Beginn der Polysaccharidsynthese am Proteinmolekül wird daher durch die Konzentration der UDP-Xylose kontrolliert.

Der nachfolgende Transfer von 2 Galaktosylresten wird durch 2 verschiedene Enzyme katalysiert. Die Galaktosyltransferase I reagiert in Gegenwart von UDP-Galaktose mit dem O-β-D-Xylosyl-L-serin-protein als endogenem Akzeptorsubstrat.

Galaktosyltransferase II benötigt als Akzeptorsubstrat ein 4-O-β-D-Galaktosyl-O-β-D-xylosyl-L-serin-protein.

Beide Galaktosyltransferasen sind an die Membran des endoplasmatischen Retikulums gebunden.

Unter der Wirkung der Glucuronyltransferase I wird die Synthese der Proteinkohlenhydratbindungsregion durch Übertragung eines Glucuronsäurerestes auf die Sequenz Ser-Xyl-Gal-Gal- komplettiert. Die Glucuronyltransferase I unter-

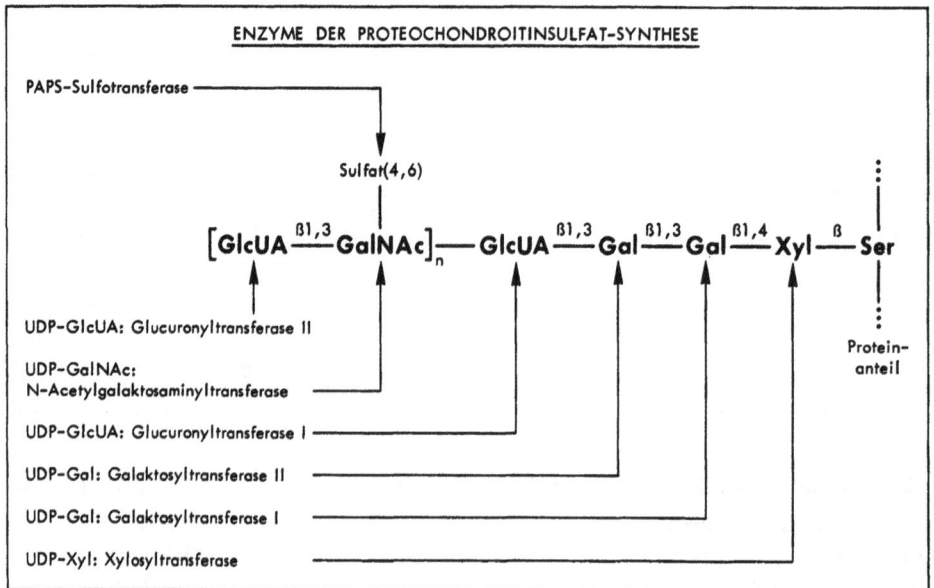

scheidet sich von der bei der Synthese der Chrondroitinsulfatkette mitwirkenden Glucuronyltransferase II und stellt weniger hohe Spezifitätsanforderungen an das Substrat.

Die Synthese des Proteokeratansulfats (aus Knochen- bzw. Knorpelgewebe*) beginnt mit der Übertragung eines N-Acetylgalaktosaminylrestes (aus UDP-GalNAc) auf einen Serin- oder Threoninrest des Proteins. Das N-Acetylgalaktosamin bildet einen Verzweigungspunkt mit dem sowohl die aus $\approx 10-15$ Disaccharideinheiten bestehende Keratansulfatkette als auch ein Disaccharid der Struktur Gal-NeuAc verknüpft ist (Abb.).

Kettenverlängerung und Kettensyntheseende. Nach Übertragung des initialen Zuckers auf die Polypeptidkette wird das Wachstum der Kohlenhydratseitenkette durch schrittweise Übertragung von Monosaccharideinheiten aus den korrespondierenden Nucleotidzuckern fortgesetzt. Dieser Prozeß wird durch die Substratspezifität der beteiligten Glykosyltransferasen gesteuert, die eine hohe, jedoch nicht absolute Spezifität für Donorsubstrat (Nucleotidzucker) und Akzeptorsubstrat (terminaler bzw. präterminaler Monosaccharidrest der wachsenden Polysaccharidkette) besitzen und dabei Position und anomere Konfiguration der glykosidischen Bindung im Akzeptorsubstrat berücksichtigen.

Bei der Synthese des Proteochondroitinsulfats kooperieren die

- UDP-GalNAc-N-Acetylgalaktosaminyltransferase

- UDP-GlcUA-Glucuronyltransferase II und

- PAPS-Sulfotranferasen, die die Einführung von Estersulfatgruppen in die C-4- oder C-6-Hydroxylgruppe des N-Acetylgalaktosamins oder N-Acetylglucosamins oder in die C-6-Hydroxylgruppe der Galaktose katalysieren (Schema).

Das Signal für die Beendigung der Synthese einer Glykosaminoglykankette ist noch nicht bekannt. Möglicherweise wird der Transfer von Monosaccharideinheiten dadurch gestoppt, daß sich die Polysaccharidkette mit Zunahme ihres Volumens in zunehmendem Maße von der Membran des endoplasmatischen Retikulums entfernt und damit die Glykosyltransferasen das Akzeptorsubstrat nicht mehr erreichen.

Proteoglykanumsatz. Nach der Synthese werden die Proteoglykane in Sekretionsvesikel verpackt und in den Extrazellulärraum abgegeben.

Im Extrazellulärraum bilden die Proteoglykane zusammen mit den übrigen Bausteinen der extrazellulären Matrix eine Quartärstruktur von hohem Organi-

---

* Das Keratansulfat aus der Hornhaut des Auges ist über einen N-Acetylglucosaminrest mit dem Säureamid-Stickstoff eines Asparaginrestes in N-Glykosylbindung verknüpft.

sationsniveau. Im Knorpelgewebe treten dabei mehrere Proteoglykanmoleküle mit Hyaluronat zu strukturspezifischen Aggregaten mit einem Mol.-Gew. von mehreren 100 Mill. zusammen, die wiederum mit Kollagenfibrillen und Strukturglykoproteinen in Wechselwirkung treten.

Im Rahmen des Stoffumsatzes werden die Proteoglykane des extrazellulären Raumes – nach partieller enzymatischer Mobilisierung – von der Bindegewebszelle über einen spezifischen Zellmembranrezeptor durch adsorptive Pinozytose aufgenommen.

Innerhalb der Bindegewebszelle vereinigt sich das Pinozytosebläschen mit einem primären Lysosom zum sekundären Lysosom, in dem der hydrolytische Abbau der Proteoglykane komplettiert wird. Am Abbau der Chondroitinsulfatketten beteiligen sich Exoglykosidasen (β-Glucuronidase, β-N-Acetylhexosaminidase) und spezifische Sulfatasen (Sulfohydrolasen).

Am Abbau der Proteinkomponente sind vermutlich zahlreiche Proteasen oder Peptidasen beteiligt, für die sich jedoch keine definierte Abbausequenz formulieren läßt.

Die entstehenden Abbauprodukte können reutilisiert, jedoch auch aus den Bindegewebszellen ausgeschieden werden (Schema).

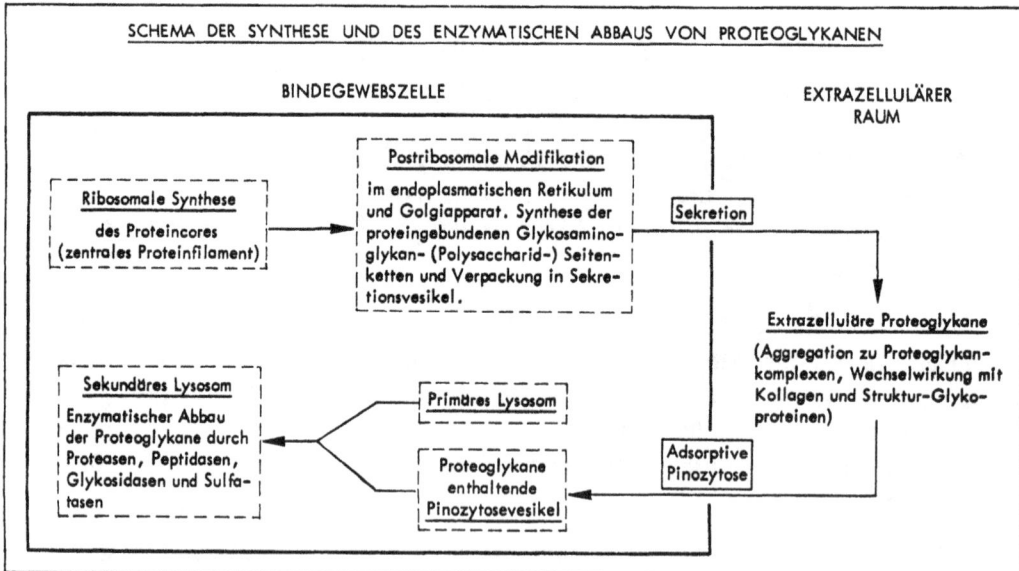

SCHEMA DER SYNTHESE UND DES ENZYMATISCHEN ABBAUS VON PROTEOGLYKANEN

BINDEGEWEBSZELLE   EXTRAZELLULÄRER RAUM

Ribosomale Synthese
des Proteincores
(zentrales Proteinfilament)

Postribosomale Modifikation
im endoplasmatischen Retikulum und Golgiapparat. Synthese der proteingebundenen Glykosaminoglykan- (Polysaccharid-) Seitenketten und Verpackung in Sekretionsvesikel.

Sekretion

Extrazelluläre Proteoglykane
(Aggregation zu Proteoglykankomplexen, Wechselwirkung mit Kollagen und Struktur-Glykoproteinen)

Sekundäres Lysosom
Enzymatischer Abbau der Proteoglykane durch Proteasen, Peptidasen, Glykosidasen und Sulfatasen

Primäres Lysosom

Proteoglykane enthaltende Pinozytosevesikel

Adsorptive Pinozytose

4. Osteocalcin

Unter den nichtkollagenen Proteinen nimmt das **Osteocalcin** eine Sonderstellung ein, da es die Fähigkeit zur relativ selektiven Bindung von Ca^{2+} und unlöslichen Calciumsalzen besitzt und vermutlich an der Auslösung und Regulation des Mineralisationsprozesses unmittelbar beteiligt ist.

Osteocalcin ist bei Wirbeltieren in allen Hartgeweben vorhanden und macht 10–20% der nichtkollagenen Proteine aus. Im Dentin (aus Zähnen vom Rind) beträgt seine Konzentration jedoch nur etwa $1/10$ verglichen mit dem Gehalt in diaphysären Abschnitten der langen Röhrenknochen.

Osteocalcin ist ein niedermolekulares saures Protein mit einem Mol.-Gew. von 5700–6500. Ein wesentliches Merkmal des Osteocalcins ist sein Gehalt an γ-Carboxyglutaminsäure. Das aus 49 Aminosäuren bestehende Osteocalcin beim Rind enthält drei γ-Carboxyglutaminsäurereste.

Die Synthese des Osteocalcins beginnt in den Osteoblasten bzw. Odontoblasten mit der Synthese einer γ-carboxyglutaminsäurefreien Vorstufe. Dieses „Proosteocalcin" besteht aus 49 Aminosäuren und enthält 6 Glutaminsäurereste (Rind). In einem translationalen Modifikationsprozeß werden im endoplasmatischen Retikulum 3 der 6 Glutaminsäurereste in einer Phyllochinon-abhängigen Reaktion durch das Enzym Glutaminyl-Carboxylase in γ-Carboxyglutaminsäure umgewandelt.

Das im Stoffwechsel gebildete CO_2 bzw. Hydrogencarbonat (HCO_3^-) liefert die bei dieser Reaktion eingeführte Carboxylgruppe. Gleichzeitig wird das in der Hydrochinonform vorliegende reduzierte Phyllochinon schrittweise über das Naphthochinonderivat zum Phyllochinonepoxid oxidiert. Diese Reaktion liefert die treibende Kraft für die Abspaltung eines Protons von der γ-Methylgruppe der polypeptidgebundenen Glutaminsäure. Das entstehende Carbanion kann als Akzeptor für ein CO_2-Molekül (bzw. für ein HCO_3^--Anion) fungieren, so daß ein peptidgebundener γ-Carboxyglutaminsäurerest entsteht. In einer Folgereaktion wird das Phyllochinonepoxid wieder zum Phyllochinon reduziert (Abb.).

Bei Hühnerembryonen läßt sich das γ-carboxyglutaminsäurehaltige Osteocalcin erstmals zwischen dem 8. und 10. Tag nach der Befruchtung nachweisen. Dieser Zeitraum fällt genau mit dem histochemisch darstellbaren Beginn der Ablagerung von Knochenmineral zusammen. Die selektive Bindungsfähigkeit des Osteocalcins für Calcium bzw. Apatit-Mikrokristalle zeigt sich darin, daß die Affinität gegenüber Erdalkalimetallen in der Reihenfolge $Ca^{2+} > Mg^{2+} > Str^{2+} > Ba^{2+}$ abnimmt. Es läßt sich berechnen, daß Knochengewebe etwa 10^4 Hydroxylapatit-Ca^{2+}-Ionen/Osteocalcinmolekül enthält bzw. für jeden Hydroxylapatit-Mikrokristall ein Molekül Osteocalcin vorhanden ist.

PHYLLOCHINON ALS COENZYM DER GLUTAMINYL-CARBOXYLASE

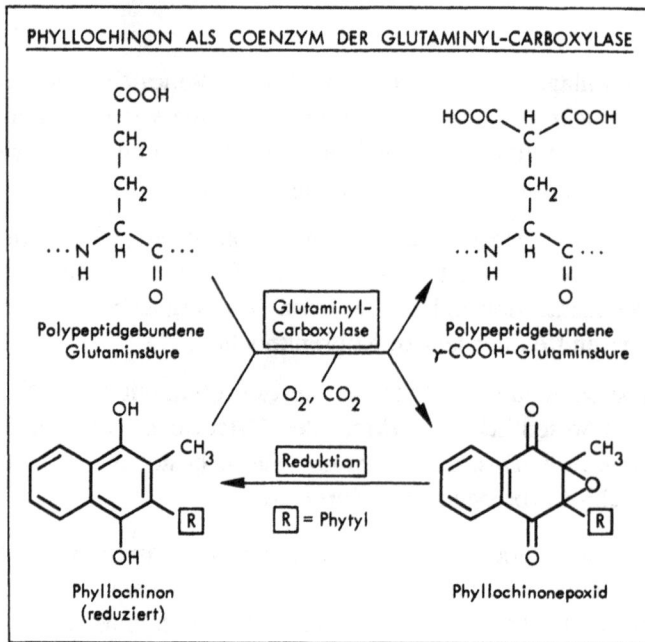

Polypeptidgebundene
Glutaminsäure

Glutaminyl-
Carboxylase

O_2, CO_2

Polypeptidgebundene
γ-COOH-Glutaminsäure

Reduktion

R = Phytyl

Phyllochinon
(reduziert)

Phyllochinonepoxid

Die Umwandlung von peptidgebundener Glutaminsäure in γ-Carboxyglutaminsäurereste in einer Vitamin K-abhängigen Reaktion verleiht auch einigen Blut-
gerinnungsfaktoren (Prothrombin, Faktor VII, IX und X) die Fähigkeit zur Cal-
ciumbindung bzw. zu einer durch Ca^{2+} vermittelten Adsorption an Phospholipidmembranen.

IV. Biomineralisation

Die Biomineralisaton ist ein im Tier- und Pflanzenreich weit verbreiteter Prozeß, an dem verschiedene anorganische Verbindungen beteiligt sein können. Während im Skelettsystem der Wirbeltiere Calciumphosphat (Apatit) das Hauptmineral darstellt, finden sich im Exoskelett verschiedener Mollusken Calcit oder Aragonit (2 verschiedene Modifikationen des Calciumcarbonats). Bei Invertebraten und Pflanzen ist Calciumoxalat häufig (Tab.).

Beispiele für die Verteilung von Calciumphosphat, Calciumcarbonat und Calciumoxalat in biologischen Strukturen

	Calciumphosphat	Calciumcarbonat	Calciumoxalat
Vertebraten (Wirbeltiere)	Knochen, Dentin, Zahnschmelz, Calcifiziertes Keratin	Knochen, Otolithe, Calcifiziertes Keratin, Eierschalen von Vögeln und Reptilien	
Invertebraten (Wirbellose)	Protozoen, Coelenteraten, Arthropoden, Brachiopoden	Muscheln, Stacheln des Seeigels, Endo- und Exoskelett	Insekteneier, Cuticula von Insektenlarven
Pflanzen	Hartholz	Zelleinschlüsse	Alle Pflanzenarten
Niedere Pflanzen und Bakterien	Manche Bakterienarten	Zelleinschlüsse	Algen, Moose, Farne

Mineralisierungsvorgänge spielen sich nicht nur unter physiologischen Bedingungen im Stütz- und Hartgewebe ab, sondern sind auch für manche pathologische Prozesse charakteristisch wie etwa für die Bildung von **Konkrementen** der ableitenden **Harn-** und **Gallenwege** und des **Zahnsteins.** Außer dem Calciumphosphat können mindestens 20 verschiedene Ionen an der Mineralisierung beteiligt sein (s. S. 11, 13).

Eine Apatitablagerung tritt im Organismus ein, wenn eine bezüglich Calcium und Phosphat übersättigte Lösung vorliegt. Dieser im Modellversuch mit Calcium- und Phosphationen leicht simulierbare Prozeß erklärt aber noch nicht, warum die Mineralablagerung den topographischen Erfordernissen entsprechend im Knochen und bei der Zahnbildung stattfindet, in anderen Geweben dagegen ausbleibt und welche Faktoren die Größe, Form und die Orientierung der abgelagerten Kristalle kontrollieren.

Auf beide Fragen ist eine definitive Antwort z. Z. noch nicht möglich. Verschiedene Mineralisationstheorien tragen jedoch zu einer Erklärung bei.

1. Kristalle und Kristallwachstum

Kristallbildung. Das Verständnis biologischer Mineralisationsprozesse wird durch einige chemische und physikalische Grundtatsachen erleichtert. Folgendes Beispiel macht dies deutlich:

Ein in Wasser nur mäßig lösliches Salz der allgemeinen Formel A^+B^- kann sich in Wasser teilweise auflösen. Dabei stellt sich ein Gleichgewicht zwischen der festen Phase (A^+B^-) und den gelösten Ionen A^+ und B^- ein. Die Konzentration des gelösten und nicht gelösten Anteils ist unter gegebenen Bedingungen z. B. bei einer bestimmten Temperatur konstant. Gibt man doch umgekehrt die Ionen A^+ und B^- in Form ihrer löslichen Salze (z. B. A^+ und Cl^- und NH_4^+ und B^-) in wäßriger Lösung zusammen, so läßt sich die Sättigungskonzentration der gelösten Ionen A^+ und B^- sogar überschreiten, ohne daß eine Präzipitation, d. h. Übergang in die feste Phase, eintritt. Diese übersättigte Lösung befindet sich in einem metastabilen Gleichgewicht, was bedeutet, daß Ionen für eine unbestimmte Zeit in Lösung bleiben können, auch dann, wenn geringfügige Störgrößen, wie z. B. Temperaturänderungen, wirksam werden. Auf einen adäquaten Stimulus hin, z. B. die Zugabe einer kleinen Menge von festem A^+B^-, tritt jedoch eine Präzipitation ein mit dem Ergebnis, daß sich die Konzentration des stabilen Gleichgewichtes zwischen ungelösten A^+B^- und den in Lösung befindlichen Ionen A^+ und B^- einstellt.

Bei biologischen Mineralisierungsvorgängen – wie z. B. bei der Bildung von Apatitkristallen – ist jedoch primär eine feste Phase von Calciumphosphat, die sich im Gleichgewicht mit Ca^{2+} und Phosphationen befindet, **nicht** vorhanden. Vielmehr vollzieht sich die Kristallisation aus einer nur geringfügig übersättigten Lösung, und der Kristallisationsvorgang wird dadurch eingeleitet, daß einige Phosphat- und Calciumionen zusammenstoßen und einen Mikrokristall (Punktkeim, Nucleus) bilden. Dieser „Kristallembryo" wächst dann durch Aufnahme weiterer Ionen, die den Mikrokristall zufällig treffen. Die Lebenszeit eines solchen Mikrokristalls ist allerdings nicht sehr groß, und es ist zunächst wahrscheinlich, daß er unverzüglich wieder in seine Ionenbestandteile zerfällt. In jedem System besteht jedoch eine Fluktuation bestimmter Systemparameter um die Gleichgewichtswerte. Daher gibt es immer eine reale Chance, daß sich bei solchen Fluktuationen ein Nucleus oder Punktkeim bildet, von dem die Bildung eines stabilen Kristalls ausgeht.

Die Präzipitation bzw. Kristallisation aus einer metastabilen Lösung läßt sich demnach formal in 2 Phasen einteilen: in den Prozeß der **Nucleation,** in dem sich initial eine feste Verbindung (Nucleus) bildet und eine nachfolgende Phase des **Kristallwachstums** um den Nucleus herum.

Homogene und heterogene Nucleationskristallisation. Eine Nucleationskristallisation aus einer übersättigten Lösung kann als homogene oder als heterogene
Nucleation verlaufen.

Bei der homogenen Nucleation bildet sich primär ein Mikrokristall (Nucleus,
Punktkeim) mit einem Durchmesser von 0,5 – 2,0 nm, der aus den beteiligten
Ionen zusammengesetzt ist. Die dafür notwendige Energie besteht aus einem
positiven Anteil, der erforderlich ist zur Aufrechterhaltung einer Grenzschicht
zwischen dem wachsenden Kristall und dem Lösungsmittel und einem negativen
Energieanteil, der Kristallisationswärme, die durch die Ionenwechselwirkungen im
Kristall bedingt ist. Beide Energieformen haben ein entgegengesetztes Vorzeichen.
Es ist jedoch von Bedeutung, daß die Kristallisationswärme von der 3. Potenz des
Radius des Nucleus abhängt, während die Oberflächenenergie nur von dem Qua-
drat des Radius abhängig ist. Bei einem Wachstum des Kristallnucleus nimmt sein
anfangs kleines Volumen in stärkerem Maße zu als die Oberflächenenergie. Dies
hat die Konsequenz, daß der Nettoenergiebetrag, der für die Bildung eines Nucleus
notwendig ist, ein Maximum durchläuft, bei dem der Nucleus einen kritischen

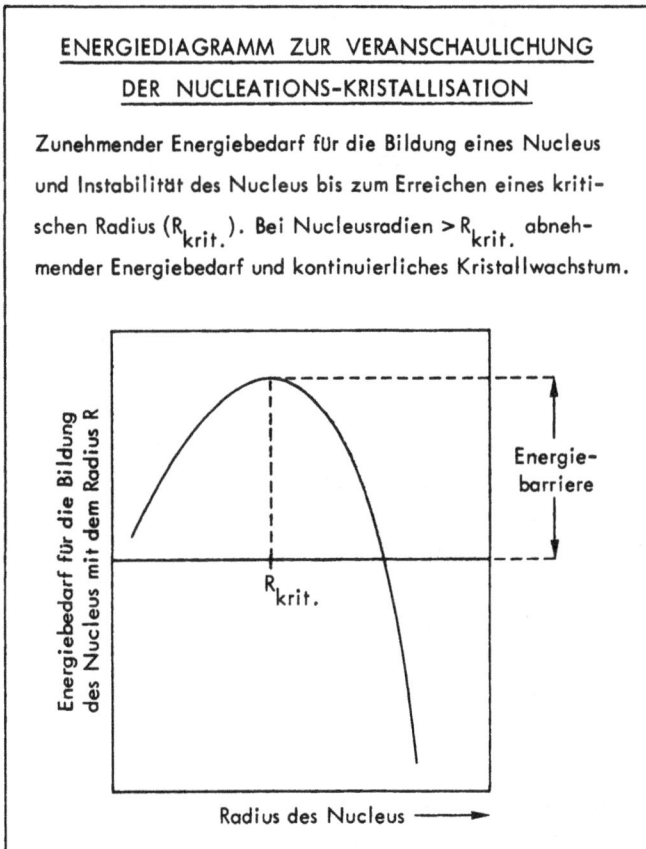

ENERGIEDIAGRAMM ZUR VERANSCHAULICHUNG
DER NUCLEATIONS-KRISTALLISATION

Zunehmender Energiebedarf für die Bildung eines Nucleus
und Instabilität des Nucleus bis zum Erreichen eines kritischen Radius ($R_{krit.}$). Bei Nucleusradien > $R_{krit.}$ abneh-
mender Energiebedarf und kontinuierliches Kristallwachstum.

Radius $R_{krit.}$ erreicht. Nimmt der Radius weiterhin an Größe zu, so verringert sich der Energiebedarf, was wiederum das weitere Wachstum des Kristalls begünstigt. Umgekehrt hat ein Kristall, der kleiner ist als der kritische Radius, die Tendenz, sich wieder aufzulösen (Abb.).

Die Bildung eines initialen Kristall-Nucleus kommt dadurch zustande, daß sich die Ionen in Abhängigkeit von der Konzentration zu „Clustern" formieren, die jedoch nicht statisch sind, sondern sich ständig bilden und wieder auflösen. Je höher die Konzentration der betreffenden Ionen in Lösung ist, desto größer ist jedoch die Chance, daß sich „Cluster" bilden, welche den kritischen Radius überschreiten. Diese Cluster bilden dann stabile Nuclei, die zu makroskopisch sichtbaren Kristallen weiter wachsen können.

Die in der Abbildung dargestellte Energiebarriere wird jedoch häufiger durch die **heterogene Nucleation** überwunden. Das Prinzip besteht darin, daß zu einer übersättigten Lösung der Ionen A^+B^- eine kristalline Substanz in fester Form zugeführt wird, deren Kristallgittereigenschaften denen der Substanz A^+B^- ähnlich sind. Kommt es zu einer Adsorption der Ionen A^+ und B^- auf der Oberfläche des zugegebenen Fremdkristalls und zur Anlagerung weiterer Ionen A^+ und B^-, so kann der kritische Radius leicht überschritten werden und Kristallwachstum einsetzen. Da sich die Ionen A^+ und B^- an dem Kristallgitter der in fester Form zugegebenen Substanz orientieren, hat die kristalline Fremdsubstanz einen wesentlichen Einfluß auf die kristallographische Form. Das gerichtete Aufwachsen nennt man **Epitaxie** und die Bildung eines kritischen „Clusters" eine **epitaktische Nucleation.**

Kristallwachstum. Ein wesentliches Merkmal des **Kristallwachstums** ist, daß es auch bei sehr geringer Übersättigung der Lösung erfolgen kann, im Gegensatz zu der durch Nucleation eingeleiteten Kristallbildung, die eine weit höhere Übersättigung erfordert. Diese Tatsache ist in erster Linie auf das Auftreten von „Kristallbaufehlern" zurückzuführen. Nur im Idealkristall gehorchen nämlich alle Bausteine einer der von der Kristallographie geforderten Symmetrie. Tatsächlich enthalten Kristalle jedoch atomare Baufehler und Fehlordnungen, so daß der gewachsene Realkristall von der vollkommenen Ordnung beträchtlich abweicht. In jedem cm^3 eines reinsten Kristalls, der etwa 10^{21} Bausteine enthält, befinden sich immer noch etwa 10^{12} Fremdbausteine. Diese Fremdbausteine sind in der Regel größer oder kleiner als die Bausteine der Struktur, deren Plätze sie besetzen. Im Apatitkristall können solche Plätze durch eine große Zahl verschiedener Fremdionen (S. 13) besetzt werden. Außerdem enthält jeder Kristall Leerstellen, d. h. Plätze in einer Struktur, die von ihren Bausteinen verlassen wurden.

Einen anderen Baufehler stellen die **Versetzungslinien** dar. Sie kommen dadurch zustande, daß der obere Teil einer Kristallebene gegen den unteren Teil der Kristallebene so verschoben ist, daß entweder eine Stufenversetzung oder eine

Schraubenversetzung entsteht. Insbesondere die Schraubenversetzung spielt eine wichtige Rolle beim Kristallwachstum. Eine Anlagerung von Bausteinen an eine durch Versetzung entstandene Stufe ist energetisch besonders günstig, und die Stufe bleibt während des Wachstums erhalten. Der Kristall wächst gewissermaßen in Form einer Wendeltreppe, die sich durch die Struktur windet.

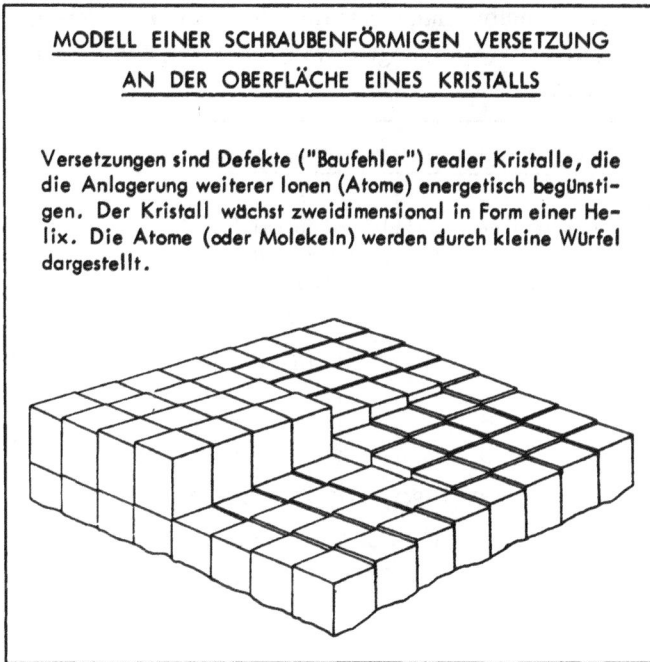

MODELL EINER SCHRAUBENFÖRMIGEN VERSETZUNG AN DER OBERFLÄCHE EINES KRISTALLS

Versetzungen sind Defekte ("Baufehler") realer Kristalle, die die Anlagerung weiterer Ionen (Atome) energetisch begünstigen. Der Kristall wächst zweidimensional in Form einer Helix. Die Atome (oder Molekeln) werden durch kleine Würfel dargestellt.

Da Versetzungen aktive Bereiche in einer Kristallfläche sind, bilden sich beim Ätzen von Kristallen Ätzgruben aus, an denen man die Zahl der Versetzungen pro cm^3 bestimmen kann. Solche **Ätzgruben** ergeben beim **Zahnschmelz** nach Einwirkung von starken Säuren charakteristische Bilder.

Bildung von basischem Calciumphosphat. Die Gesetzmäßigkeiten der Kristallographie gelten auch für alle Biomineralisationsprozesse, die durch Ablagerung von Kristallen gekennzeichnet sind. Wenn man die Bedingungen einer Bildung von Calciumphosphat unter biologischen Verhältnissen, d. h. bei neutralen pH-Werten und einer Temperatur von 30−40 °C in vitro simuliert, müssen 2 verschiedene Mechanismen unterschieden werden, und zwar in Abhängigkeit davon, ob eine heterogene oder homogene Nucleation stattfindet. Eine **heterogene Nucleation** ist begünstigt, wenn Calcium- und Phosphationen der Lösung langsam zugefügt werden und eine nur geringfügige Übersättigung vorliegt. Umgekehrt bewirkt die rasche Mischung der Ionen zu einer stark übersättigten Lösung eine **homogene Nucleation.**

Bei der heterogenen Nucleation bilden sich zuerst Keime von **Octacalcium-phosphat,** die vorzugsweise zu Hydroxylapatitkristallen weiterwachsen, es sei denn, daß gleichzeitig Fluoridionen anwesend sind, welche die Bildung von Fluor-apatit begünstigen. Octacalciumphosphat ist jedoch in wässriger Lösung nicht stabil, sondern hydrolysiert zu Hydroxylapatit. Der Prozeß verläuft allerdings langsam und bleibt auch unvollständig, so daß das Produkt häufig ein molares Calcium/Phosphor-Verhältnis hat, das in der Mitte zwischen Octacalciumphosphat (1,33) und Hydroxylapatit (1,67) liegt, obwohl die Röntgendiffraktion eine Apatit-struktur zeigt (Schema).

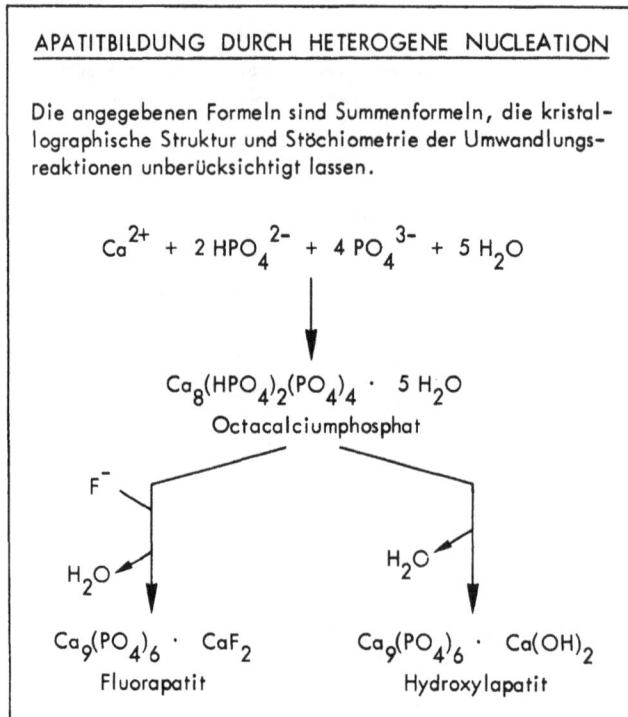

APATITBILDUNG DURCH HETEROGENE NUCLEATION

Die angegebenen Formeln sind Summenformeln, die kristal-lographische Struktur und Stöchiometrie der Umwandlungs-reaktionen unberücksichtigt lassen.

$$Ca^{2+} + 2\,HPO_4^{2-} + 4\,PO_4^{3-} + 5\,H_2O$$

$$\downarrow$$

$$Ca_8(HPO_4)_2(PO_4)_4 \cdot 5\,H_2O$$

Octacalciumphosphat

F^- / H_2O ... H_2O

$$Ca_9(PO_4)_6 \cdot CaF_2 \qquad\qquad Ca_9(PO_4)_6 \cdot Ca(OH)_2$$

Fluorapatit   Hydroxylapatit

Im embryonalen Knochen (und im Zahnstein) wurde als Mineralphase auch Brushite ($CaHPO_4 \cdot 2\,H_2O$) nachgewiesen, das bei pH < 6 ebenfalls spontan zu Hydroxylapatit hydrolysiert. Bei pH-Werten unterhalb 6 nimmt die Löslichkeit des Brushite erheblich zu.

Bei der homogenen Nucleation bildet sich inital ein amorphes Konglomerat, das jedoch eine hinreichende Stabilität besitzt und zu einem Kristall weiterwächst. Das amorphe Produkt hat ein molares Calcium/Phosphor-Verhältnis von 1,5 und erweist sich bei Elektronenmikroskopie als sphärisches Partikel mit einem Durch-messer von etwa 100 nm. Das amorphe Produkt wandelt sich jedoch nach einiger Zeit um. Begleitet von einem auffallenden pH-Abfall bildet sich ein Sekundär-produkt, das Apatit- bzw. Octacalciumphosphat-ähnliche Eigenschaften aufweist.

Das Ergebnis der in vitro Versuche erlaubt den zusammenfassenden Schluß, daß sich ein nicht stöchiometrischer Apatit durch heterogene Nucleation von Octacalciumphosphat bilden kann, das spontan zu Apatit hydrolysiert. Bei der homogenen Nucleation kann primär ein amorphes Calciumphosphat entstehen, das sich entweder direkt oder über Octacalciumphosphat in Apatit umwandelt. Welche von beiden Möglichkeiten realisiert ist, hängt von der Anwesenheit geeigneter Nuclei, vom pH-Wert der Lösung, der Geschwindigkeit der Zugabe der Reaktionsteilnehmer und auch von der Anwesenheit von Fluorid- und anderen Fremdionen ab, welche den gesamten Prozeß beschleunigen und das Wachstum der Apatitkristalle begünstigen können.

2. Biomineralisation an der organischen Matrix von Hartgeweben

Die Bildung von Calciumphosphatkristallen vollzieht sich im Extrazellulärraum von Dentin, Zement, Schmelz und Knochen an der von den zellulären Elementen zuvor synthetisierten und sezernierten organischen Matrix. Da die hierfür notwendigen Calcium- und Phosphationen dem Blutplasma entstammen, ist die Calcium- und Orthophosphationen-Konzentration im Extrazellulärraum vergleichbar mit der des Blutplasmas. Da jedoch im Plasma 35—50% des Calciums und 12% des Orthophosphats an Plasmaproteine gebunden sind, und bei der Ultrafiltration des Blutplasmas im Kapillargebiet lediglich die nichtproteingebundenen Ionen durch hydrostatischen Druck in den extrazellulären Raum gelangen, beträgt die Konzentration an Calcium 1,35—1,55 mmol/l und an Orthophosphat 0,8—1,4 mmol/l. Diese Konzentrationen stellen jedoch für Calciumphosphat bereits eine übersättigte Lösung dar. Experimentell läßt sich das dadurch zeigen, daß bei Zugabe von Apatitkristallen aus Knochen zu einem Serumultrafiltrat die Calcium- und Orthophosphat-Konzentration des Serumultrafiltrats abnimmt.

Die molekularen Mechanismen und die physikochemischen Voraussetzungen für eine orientierte Kristallbildung in vivo sind noch nicht in allen Einzelheiten erforscht. Zahlreiche Teilaspekte haben ihren Niederschlag in verschiedenen „Kristallisationstheorien" gefunden.

Alkalische Phosphatase-Theorie. Unter der (nicht zutreffenden) Annahme, daß die Extrazellulärflüssigkeit in bezug auf Calcium und Phosphat ungesättigt sei, wurde postuliert, daß durch die Wirkung einer alkalischen Phosphatase anorganisches Phosphat aus organischen Phosphatestern freigesetzt würde mit dem Ergebnis einer spontanen Präzipitation von Hydroxylapatit. Eine hohe Aktivität an alkalischer Phosphatase ist zwar ein kennzeichnendes Merkmal mineralisierender Gewebe. Auch zeigt sich die Bedeutung der alkalischen Phosphatase darin, daß das Enzym bei defekter Knochenbildung fehlt, in regenerierenden Knochen (nach Fraktur) oder bei erhöhter Osteoblastentätigkeit (Rachitis) im Gewebe und im

Blutplasma in erhöhter Aktivität vorhanden und während der Embryonalentwicklung erst nach Einsetzen der ersten Verknöcherung nachweisbar ist. Trotzdem erklärt die alkalische Phosphatase-Theorie nicht, warum in zahlreichen nicht-mineralisierenden Geweben ebenfalls hohe Aktivitäten an alkalischer Phosphatase vorhanden sind.

Kollagen-Theorien. Die Erkenntnis, daß die Extrazellulärflüssigkeit eine für Calcium und Phosphat übersättigte Lösung darstellt, führte zu der Annahme, daß die extrazelluläre organische Matrix und besonders das Kollagen bzw. funktionelle Gruppen am Kollagenmolekül eine heterogene Nucleationskristallisation auslösen, und daß es an diesen Nucleationsorten zum epitaktischen Aufwachsen von Hydroxylapatitkristallen kommt. Diese Annahme wurde durch elektronenmikroskopische Beobachtungen gestützt, die zeigten, daß sich im Initialstadium der Mineralisation kleinste Apatitkristalle, orientiert längs der Kollagenfibrillen, jeweils an den Querstreifungsregionen (die den polaren Anteilen im Kollagenmolekül entsprechen) anlagern. Die Tatsache, daß nicht alle kollagenen Bindegewebe calcifizieren, und Kollagen selbst ein schlechter Initiator für die Apatitkristallbildung darstellt, erklärt die Kollagennucleationtheorie damit, daß in der Matrix mineralisierender Hartgewebe neben dem Kollagen weitere, z. T. γ-Carboxyglutaminsäure-haltige Proteine mit calciumbindenden Eigenschaften anwesend sind (z. B. Osteocalcin), deren Anwesenheit für eine Ablagerung von kristallinem Hydroxylapatit notwendig sei.

Weitere Modifikationen der Kollagen-Nucleationshypothese der Mineralisation betreffen die Annahme, daß die Kollagenfibrillen zunächst durch die Anwesenheit von anorganischem Pyrophosphat vor der Verkalkung geschützt werden und erst unter der Wirkung einer spezifischen Pyrophosphatase der Schutz beseitigt und die Verkalkung eingeleitet werden soll. Eine mineralisationskontrollierende Wirkung wird auch den Kollagen-assoziierten Proteoglykanen zugesprochen, die − zumindest im Modellversuch − eine Präzipitation auch stark übersättigter Calciumphosphatlösungen verhindern können und deren partieller proteolytischer Abbau als Voraussetzung für den Mineralisationsbeginn angesehen wird. Durch diesen Abbau werden nicht nur die an den negativen Ladungen der Proteoglykane gebundenen Calciumionen frei, sondern es werden auch die ε-Aminogruppen der nicht an der Vernetzung beteiligten Lysinreste des Kollagens zugängig. Die ε-Aminogruppen könnten nach heteropolarer Bindung von Phosphationen eine Kristallisationskeim-Bildung induzieren.

Matrixvesikel-Theorie. Die funktionelle Bedeutung des Kollagens als primärer Nucleationsort für die Kristallbildung wurde durch elektronenoptische Studien infrage gestellt, nach denen in sehr frühen Stadien einer Calcifikation die Apatitkristalle sich nicht an den Kollagenfasern orientieren, sondern in extrazellulären Vesikeln − sog. Matrixvesikeln − entstehen. Diese Matrixvesikel sind membran-

umkleidete kernlose Abspaltungen aus der Zellmembran von hartgewebsbildenden Zellen mit einem Durchmesser von etwa 100 nm und enthalten Calcium
und Phosphat in so hoher Konzentration, daß schon in den Matrixvesikeln die
Kristallbildung einsetzen kann.

3. Synopsis der Biomineralisations-Theorien

Eine Synopsis der Kenntnisse über die Mineralisationsprozesse unter Berücksichtigung der sich aus den Mineralisationshypothesen ergebenden Aspekte führt zu
folgenden Vorstellungen: Die Biomineralisation ist ein zellgebundener Prozeß, der
nicht allein durch physikochemische oder kristallographische Phänomene erklärt
werden kann. Die Leistung der Zellen mineralisierender Gewebe besteht in der
Bildung von Matrixvesikeln, die mit spezifischen Inhaltsbestandteilen gefüllt und
in den Extrazellulärraum sezerniert werden. Diese für mineralisierende Gewebe
spezifischen Matrixvesikel enthalten Calcium in einer Konzentration, die $25-50\times$
höher liegt als in den Matrixvesikel-bildenden Zellen. Innerhalb der Matrixvesikel
ist das Calcium in komplexer Form an Serin- bzw. Inositphosphatide gebunden.
Diese Phospholipide sind Strukturbestandteil vieler Membranen und haben bei
physiologischem pH-Wert eine negative Ladung, welche sie zur spezifischen
Bindung von Calciumionen befähigt. Dies gilt insbesondere für Phosphatidylserin,
das eine hohe Affinität für Calcium aufweist und den Hauptanteil der in minerali-
sierendem Gewebe gefundenen Lipide ausmacht.

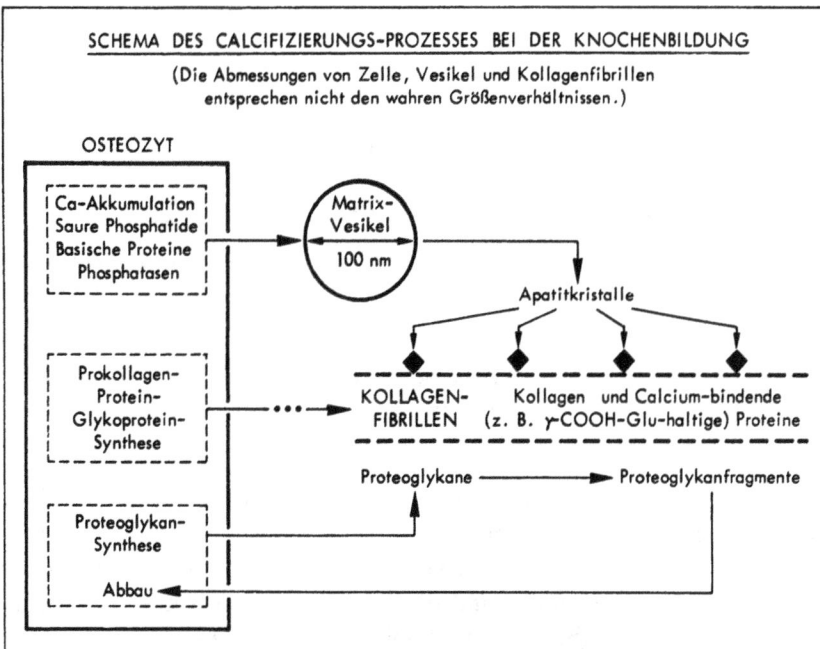

SCHEMA DES CALCIFIZIERUNGS-PROZESSES BEI DER KNOCHENBILDUNG

(Die Abmessungen von Zelle, Vesikel und Kollagenfibrillen
entsprechen nicht den wahren Größenverhältnissen.)

Die Calcium-Phospholipidkomplexe der Matrixvesikel, deren molares Ca/Phosphatverhältnis 1:1 beträgt, sind ihrerseits mit basischen Proteinen assoziiert, mit denen sie Proteolipide bilden. Außerdem enthalten die Matrixvesikel eine Reihe von Phosphohydrolasen in hoher spezifischer Aktivität. Zu ihnen gehören die alkalische Phosphatase (s. o.), Pyrophosphatase, ATPase und 5′-AMPase. Jedes dieser Enzyme ist in der Lage, bei Anwesenheit geeigneter Substrate die lokale Konzentration von anorganischem Phosphat zu steigern.

Die Kristallbildung setzt bereits in den Matrixvesikeln ein. Sie enthalten elektronendichte Einschlüsse, die sich sukzessiv in die charakteristische kristallographische Struktur des Hydroxylapatit umwandeln können. Die in den Matrixvesikeln eingeschlossenen Mikroapatitkristalle werden unter Auflösung der Membran im Extrazellulärraum freigesetzt und initiieren Kristallbildung und Wachstum an adäquaten Nucleationsorten. Im Dentin können das **Kollagen,** das γ-Carboxyglutaminsäure-haltige **Osteocalcin** oder ein **Phosphoprotein** oder sialinsäurehaltige **Strukturglykoproteine** die Funktion eines Kristall-induzierenden Nucleationsortes übernehmen (Abb.). Umgekehrt verhindern Proteoglykane und Pyrophosphat aufgrund ihrer Fähigkeit zur Bildung löslicher Calciumkomplexe die Bildung einer festen Phase (Mineral).

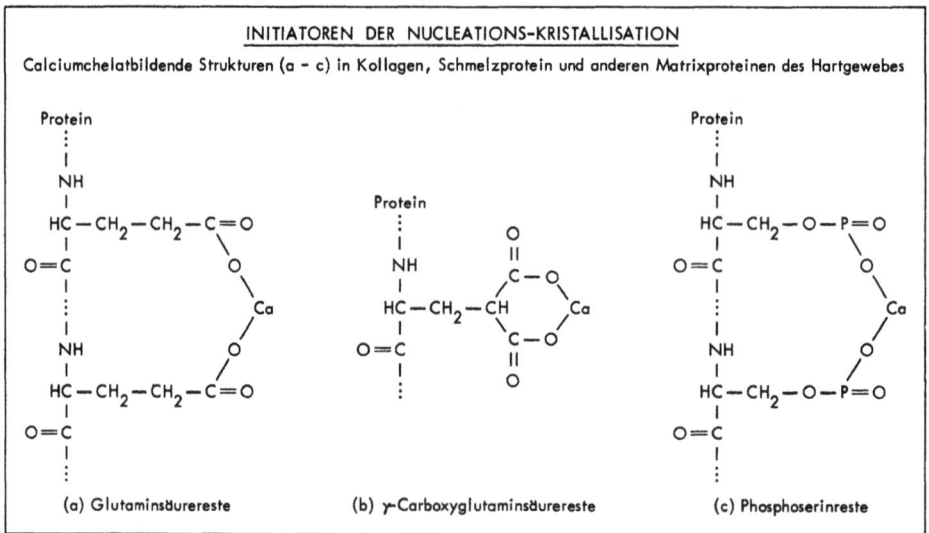

INITIATOREN DER NUCLEATIONS-KRISTALLISATION

Calciumchelatbildende Strukturen (a - c) in Kollagen, Schmelzprotein und anderen Matrixproteinen des Hartgewebes

(a) Glutaminsäurereste   (b) γ-Carboxyglutaminsäurereste   (c) Phosphoserinreste

Unabhängig von der Frage, über welche speziellen Mechanismen die Kristallbildung in Gang gesetzt wird, finden sich die initialen Apatitkristalle (Cluster) vorzugsweise in den Mikrokanälen zwischen den Mikrofibrillen des Kollagens. Bevorzugte Orientierungspunkte sind die Bezirke polarer Aminosäuren, die im Durchschnitt 2−4 negativ geladene funktionelle Gruppen (Asparaginsäure, Glutaminsäure) enthalten. An dieser gerichteten Anlagerung können auch die in der extrazellulären Matrix vorhandenen und die Kollagenfibrillen einhüllenden Nicht-kollagen-Proteine (s. o.) beteiligt sein. Durch rasche Fusion der initialen Cluster und Wachstum der Apatitkristalle mit ihrer c-Achse parallel zur Fibrillenachse werden die Mikrofibrillen schließlich vollständig durch Apatitkristalle eingebettet (Abb.).

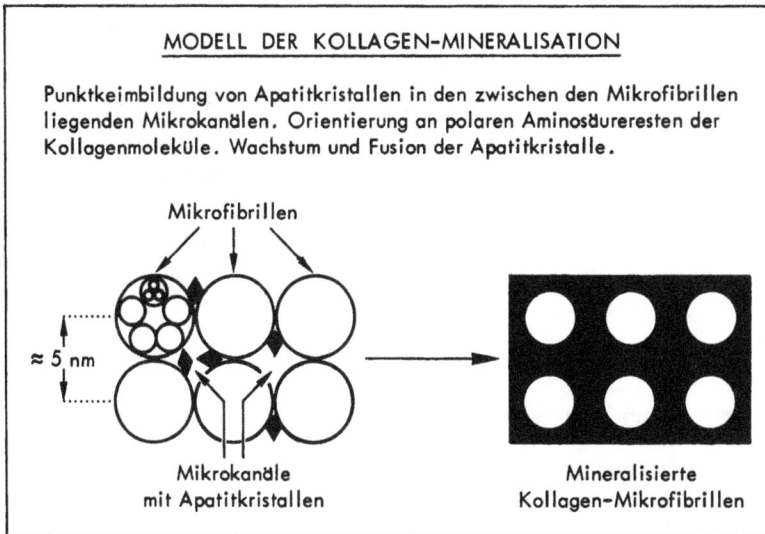

MODELL DER KOLLAGEN-MINERALISATION

Punktkeimbildung von Apatitkristallen in den zwischen den Mikrofibrillen liegenden Mikrokanälen. Orientierung an polaren Aminosäureresten der Kollagenmoleküle. Wachstum und Fusion der Apatitkristalle.

Mikrofibrillen

≈ 5 nm

Mikrokanäle
mit Apatitkristallen

Mineralisierte
Kollagen-Mikrofibrillen

Da eine Mikrofibrille aus 5 gegeneinander versetzten und helikal verdrillten Tropokollagenmolekülen besteht, ist der Raum **inner**halb einer Mikrofibrille vollständig ausgefüllt und bietet keine Möglichkeit für Bildung oder Wachstum von Apatitkristallen.

Ein großer Teil der Untersuchungen über die Calcifizierungsprozesse ist an den Epiphysenfugen der langen Röhrenknochen gemacht worden. Aus der Hypertrophiezellzone solcher Wachstumsfugen lassen sich Matrixvesikel durch geeignete Extraktions- und Fraktionierungsverfahren gewinnen und analysieren. Matrixvesikel oder Matrixvesikel-ähnliche Partikel lassen sich aber auch in Geweben nachweisen, in denen eine **unphysiologische Calcifizierung** stattfindet, wie etwa im Gelenkknorpel bei Arthrosen und Arthropathien, in verkalkendem Nierengewebe bei renaler Osteodystrophie, in calcifizierten arteriosklerotischen Plaques, in Gewebsproben bei Hautcalcinose, in Sehnenverkalkungen oder in calcifizierten Tumoren. Manche Befunde sprechen dafür, daß der Mechanismus der pathologischen Calcifizierung nach ähnlichen Gesetzmäßigkeiten abläuft wie die physiologischen Mineralisationsprozesse.

4. Schmelzmineralisation

Die organische Matrix des Schmelzes unterscheidet sich von der des Dentins, des Zements und des Knochens dadurch, daß ihr – möglicherweise wegen des ektodermalen Ursprungs – Kollagen fehlt. Es ist durch andere Matrixproteine (Amelogenin, Glycin-reiche Proteine) ersetzt. Die feingewebliche Anordnung der organischen Matrix im fetalen Schmelz zeigt keinen ähnlichen hohen Ordnungsgrad wie die Kollagenfibrille und keine bevorzugten Nucleationsorte. Auch sind die Apatitkristalle größer und länger als im Dentin (Abb. S. 10).

Der spezielle Mechanismus der Schmelzmineralisierung ist noch nicht bekannt, insbesondere fehlen noch Hinweise auf die Existenz von Matrixvesikeln. Da die Dentinmineralisierung derjenigen des Zahnschmelzes vorausgeht, ist jedoch nicht auszuschließen, daß die Kristallisation an der Schmelz-Dentin-Grenze beginnt und ein Kristallwachstum in Richtung auf die Schmelzoberfläche stattfindet. Das Aufwachsen weiterer Kristalle auf eine vorhandene Kristallstruktur erfordert jedoch keine weiteren Nucleationszentren.

5. Austauschvorgänge des Zahnminerals

Während der Entwicklungsphase der Zähne kann die chemische Zusammensetzung des Zahnminerals durch ein Angebot an Fremdelementen erheblich beeinflußt und verändert werden. Aber auch posteruptiv nach Abschluß der Mineralisationsvorgänge sind Stoffwechselvorgänge der Zahnhartsubstanz und Austauschprozesse des Zahnminerals möglich. Dies läßt sich durch Inkorporationsstudien mit radioaktiven Isotopen ([^{32}P]Phosphat, ^{90}Sr, ^{224}Ra) nachweisen.

Phosphatstoffwechsel und Phosphataustausch. Die Geschwindigkeit, mit der [^{32}P]Phosphat im Tierversuch bei erwachsenen Rhesusaffen nach intravenöser Zufuhr in Hydroxylapatit eingebaut wird, beträgt für das Dentin 15% und für den Zahnschmelz 0,1% verglichen mit dem Einbau in Knochengewebe (100%). Aus der Tatsache, daß der [^{32}P]Phosphateinbau in das Dentin-Mineral in den Pulpanahen Bezirken am höchsten ist und an der Schmelzdentingrenze ein Minimum erreicht (Abb.), ist zu folgern, daß sich der Apatit im Dentin in einem ständigen geringen Umsatz befindet, der durch Einbau- und Abbauvorgänge gekennzeichnet ist. Ob hierbei ein aktiver Stoffwechsel und die begrenzte Fähigkeit der Odontoblasten zur Dentinbildung nach Abschluß der Zahnentwicklung (Sekundärdentin, Reizdentin, Seite 69) beteiligt sind, ist nicht zu entscheiden.

Im zellfreien Zahnschmelz ist dagegen ein aktiver Stoffwechsel nicht mehr möglich, doch können sich Austauschvorgänge am Schmelzapatit nach physikalischen Gesetzen vollziehen. Dabei erreicht das [^{32}P]Phosphat den Zahnschmelz nach Ausscheidung über die Speicheldrüse mit dem Speichel und wird in den ober-

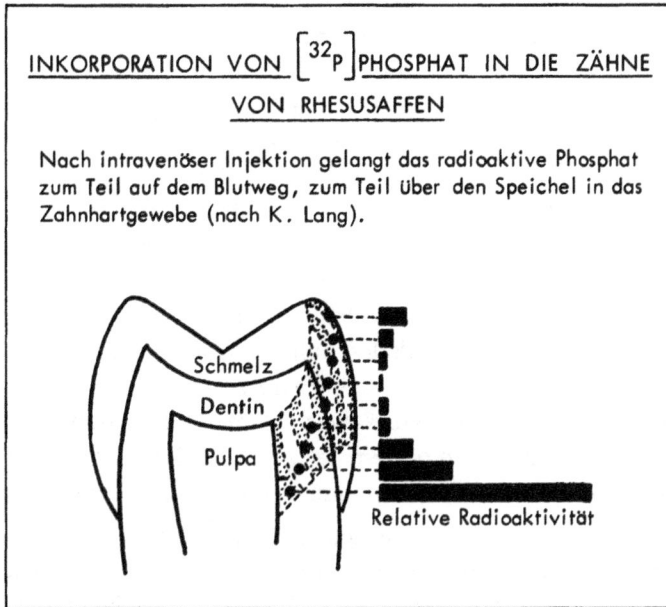

INKORPORATION VON $\left[^{32}P\right]$PHOSPHAT IN DIE ZÄHNE
VON RHESUSAFFEN

Nach intravenöser Injektion gelangt das radioaktive Phosphat zum Teil auf dem Blutweg, zum Teil über den Speichel in das Zahnhartgewebe (nach K. Lang).

Schmelz
Dentin
Pulpa

Relative Radioaktivität

flächlichen Schmelzschichten teilweise gegen nicht-radioaktiv markiertes Phosphat ausgetauscht.

Stoffwechsel des Strontiums. Da Strontium (Sr) zu den Erdalkalimetallen gehört, verhält es sich im Stoffwechsel ähnlich wie das Calcium und wird daher hauptsächlich in Knochen und Zähnen abgelagert. Die tägliche Aufnahme von Strontium beträgt beim Menschen etwa 1,5–2,5 mg. Der Gesamtbestand des Menschen ist auf 0,25–1,0 g zu veranschlagen. Die Aufnahme von natürlichem (oder radioaktivem s. u.) Strontium über das Trinkwasser spielt jedoch keine Rolle, da Strontium in den obersten Erdschichten zurückgehalten wird. Ebenso ist die unmittelbare Aufnahme über die Atemwege äußerst gering. Die Hauptmenge an Strontium wird durch den Verzehr tierischer und pflanzlicher Nahrung aufgenommen. An der Tagesaufnahme von Strontium sind Brot, Mehl und Teigwaren (ca. 700 μg) und Obst und Gemüse (ca. 250 μg) hauptsächlich beteiligt. Bis zu einem Alter von 6 Monaten bleibt der Strontiumgehalt des Skelettsystems und der Zähne praktisch konstant (ca. 50 μg Strontium/g Calcium), da die Strontiumkonzentration der Milch, verglichen mit dem Strontiumgehalt pflanzlicher Lebensmittel klein ist. Der zwischen dem 2. und 7. Lebensdezennium beobachtete Anstieg bis auf Werte von 300–1000 μg/g Calcium spiegelt den zunehmenden Anteil an pflanzlicher Nahrung wider.

Zähne enthalten 50–350 μg Strontium/g Calcium, das sich gleichmäßig auf Dentin und Schmelz verteilt. Der Fluorgehalt des Wassers hat keinen Einfluß auf die Strontiumkonzentration in Zähnen und Knochen.

Die Schwankungen des Strontiumgehaltes im Skelettsystem und in den Zähnen ergeben sich daraus, daß der Gehalt des Bodens und damit auch der Nahrung je nach geographischer Lage wechselnd ist. Da Calcium und Strontium im menschlichen Organismus außerdem um die gleichen Transportsysteme konkurrieren und bei dieser Konkurrenz das Calcium bevorzugt wird, findet bei der Resorption bzw. beim Durchtritt durch Zellmembranen und auf dem Wege zum Apatitkristall jeweils eine Verdünnung des Strontiums gegenüber dem Calcium statt. Die Niere greift durch bevorzugte Ausscheidung von Strontium gegenüber Calcium in das Ca/Sr-Verhältnis des extrazellulären Raumes ein. Bei maximaler Aufnahme sind beim Menschen bis zu 7% des Skelettcalciums durch Strontium ersetzbar. Bei der Einlagerung von Strontium in das Skelett handelt es sich um einen zweiphasischen Prozeß. In einer ersten rasch ablaufenden Phase kommt es zur Adsorption an die Kristalloberfläche, die von einem langsamer ablaufenden Prozeß des Austausches von Calcium gegen Strontium in das Kristallgitter gefolgt ist. Über die Beziehungen zwischen Strontiumgehalt des Zahnminerals und Kariesresistenz s. S. 148.

Bei oberirdischen Kernwaffenversuchen (Anfang der 50er bis Anfang der 60er Jahre) ist neben etwa 200 verschiedenen radioaktiven Isotopen auch das Strontiumisotop ^{90}Sr als feinstes Partikel bis in die Stratosphäre gelangt, hat dort je nach geophysikalischen und meteorologischen Bedingungen mehrere Monate bis Jahre verweilt und sich dabei über den gesamten Erdball verteilt. Die langsam aus der Stratosphäre in die Troposphäre niedersinkenden Partikel sind dann mit Niederschlägen (Regen, Schnee) auf die Erdoberfläche gelangt. Durch Ingestion kontaminierter pflanzlicher (und tierischer) Nahrungsmittel ist es in deutlich meßbaren Mengen von allen Erdbewohnern aufgenommen worden. Infolge der langen physikalischen Halbwertszeit des ^{90}Sr (28 Jahre) und der langen Verweildauer in Knochen und Zähnen ist eine langfristige Strahlenbelastung gegeben (Tab.).

Konzentration von ^{90}Sr in Milchzähnen nach Kontamination der Atmosphäre durch Kernwaffenversuche (nach L. Z. Reiss)

Geburtsjahr	Zahl der Zähne	µCi ^{90}Sr/g Ca
1951	90	0.155 ± 0.029
1952	90	0.188 ± 0.021
1953	90	0.324 ± 0.030
1954	75	0.725 ± 0.058

Radiumnuclide. Thorium X (identisch mit dem Radiumisotop ^{224}Ra) wurde in der Vergangenheit (1930–1950) als Medikament z. T. äußerlich, z. T. durch Injektion und Trinkkuren bei Gicht, Ischias, Leukämie, Knochentuberkulose und Neuralgien verwandt. Da Thorium X mit dem langlebigen, α- und γ-Strahlen abgebenden Radiumisotop ^{226}Ra verunreinigt ist (Halbwertszeit 1622 Jahre), das sich vorzugsweise im Alveolarknochen (und in den Zähnen) anreichert, sind nach

Thorium X-Behandlungen schwere Schäden des Zahnhalteapparates beobachtet worden.

Fluorid. Über den Stoffwechsel des Fluorids und die Fluoridinkorporation in Skelett und Zähne wird im Kap. VII zusammenhängend berichtet.

Blei. s. Kap. II (S. 13), VIII (S. 90) und XIV (S. 179).

6. Zahnersatz durch Implantation

Da der Verlust einzelner Zähne negative funktionelle Rückwirkungen auch auf den intakten Teil des Kauapparates hat, ist auch die Möglichkeit eines Zahnersatzes durch Implantation mehrfach untersucht worden. Ziel der Versuche ist das Einsetzen eines künstlichen Zahnes, der eine echte und belastbare Gewebeverbindung mit dem Alveolarknochen ausbildet.

* Autologe Implantate (körpereigenes Material)

* homologe Implantate (Knochensubstanz der gleichen Species aber anderer Individuen)

* heterologe (oder exogene) Implantate (von einer anderen Species stammend) und

* alloplastische Implantate (Metalle, Kunststoffe)

wurden bisher mit unterschiedlichem Erfolg verwendet. In bezug auf die Gewebeverträglichkeit sind die autoplastischen, homoplastischen und heterologen Implantate den alloplastischen Materialien überlegen, ihre mechanische Belastbarkeit ist jedoch verhältnismäßig gering.

Die Verwendung autologer oder homologer aus Knochenspänen geformter Transplantate für den Zahnersatz ist aber schon deshalb nicht erfolgversprechend, da es hier regelmäßig zu einer Integration des „Wurzelteils" in den Kieferknochen kommt, während die „Krone" abgestoßen wird.

Der Implantattechnologie ist es jedoch gelungen, alloplastische Werkstoffe zu entwickeln, die hinsichtlich ihrer mechanischen Eigenschaften, ihrer Festigkeit, Formgebung und Nachbearbeitbarkeit sowie ihrer Bioverträglichkeit die Anforderungen als Zahnersatzmaterial (bzw. als Knochenersatz) erfüllen.

Bei der Untersuchung reiner wasserfreier Calciumphosphate mit unterschiedlichem $CaO:P_2O_5$-Verhältnis zeigte sich, daß die Biokompatibilität von Werkstoffen mit einem $CaO:P_2O_5$-Verhältnis von 3,3:1 bis 4:1 (Tri-, Tetracalciumphosphatkeramik) besonders gut ist. Diese **wasserfreien Calciumphosphatkeramiken** werden durch Sinterung von Calciumoxid und Phosphopentoxid bei hohen

Temperaturen gewonnen. Sie ergeben ein poröses, sprödes und hartes Material, dessen Biokompatibilität dadurch gekennzeichnet ist, daß es nach Implantation im Knochengewebe rasch aufgelöst, resorbiert und durch körpereigenes Knochengewebe ersetzt wird.

Für hoch belastbare Zahnprothesen wurde eine Prothese mit einem Verankerungssystem konzipiert, das auf der kombinierten Verwendung belastungsfähiger gewebeneutraler Polymere (Polymethylmetacrylat) und bioaktiver Calciumphosphatkeramik beruht. In seinem Wurzelteil besteht das Implantat aus einem biokompatiblen Polymer, in das die resorbierbare Calciumphosphatkeramik in granulärer oder feindisperser Form eingelagert ist. Der Kern besteht aus einem Metallstift. Die dentale Suprastruktur (Kunststoffkrone) wird mit einer besonderen Schraubverbindung epimobil mit dem Wurzelteil verbunden.

Nach der Implantation wird die bioaktive Calciumphosphatkeramik entsprechend ihrer Fähigkeit, das Knochenwachstum zu stimulieren, aus den Vertiefungen des Implantates herausgelöst; der die Keramik ersetzende neugebildete Knochen schafft einen bindegewebsfreien Kontakt zwischen Knochen und Keramik. Durch die allmähliche Auflösung der Keramik und ihren simultanen Ersatz durch Knochengewebe entstehen keine unerwünschten Hohlräume im Knochen oder an der Knochenimplantatgrenze.

Das Verfahren befindet sich noch im Stadium der tierexperimentellen Erprobung, insbesondere fehlen noch Langzeitversuche mit definierter Belastung des Zahnimplantates. Ein Nachteil besteht ferner darin, daß das Implantat fest mit dem Kieferknochen verankert ist, während der Zahn natürlicherweise in seinem Zahnfach federnd aufgehängt ist. Vorteile bestehen jedoch gegenüber anderen alloplastischen Materialien, bei denen es häufig zur bindegewebigen Abkapselung und Abstoßung kommt.

Bei Versuchen der Tumorchirurgie, defekte lange Röhrenknochen nach Tumorresektionen durch keramische Implantate zu überbrücken, um so die postoperative Funktionsfähigkeit der Extremität zu garantieren, erwiesen sich Prothesen aus hochreinem **Aluminiumoxid** (Al_2O_3) − einem außerordentlich harten, aber auch spröden keramischen Material − als erfolgreich. Aluminiumoxid befindet sich im höchsten Oxidationszustand und kann daher nicht (wie die meisten Metalle) korrodieren. Auch läßt die Resistenz der Keramik gegen Säuren und Laugen Veränderungen im Körpermilieu nicht erwarten. Eine hohe Abriebfestigkeit garantiert eine sehr verschleißarme Funktion, Abriebteilchen selbst sind gut körperverträglich und nicht cancerogen. Im Tierversuch waren Hüftgelenksimplantate nach wenigen Wochen vom neugebildeten Knochengewebe umschlossen, wobei der Kontakt zwischen Knochen und Keramik meist direkt und ohne bindegewebige Zwischenschichten erfolgte. Auf dem Gebiete des Zahnersatzes liegen nur vorläufige Ergebnisse vor.

V. Regulation des Hartgewebsstoffwechsels

Zahnhartgewebe, bindegewebiger Aufhängeapparat des Zahnes und Alveolarknochen bilden eine funktionelle Einheit. Die Aufrechterhaltung ihrer Struktur
und Funktion steht in enger Beziehung zum Stoffwechsel des Gesamtorganismus
und wird durch Hormone, Vitamine und weitere Wirkstoffe kontrolliert oder beeinflußt.

Endokrine Fehlsteuerungen oder **Wirkstoffmangel** können sich während des
ganzen Lebens als Störungen des Knochenstoffwechsels einschließlich des Stoff-
wechsels des Alveolarknochens und des bindegewebigen Aufhängeapparates der
Zähne manifestieren. Dabei können kausal sowohl Kontrollmechanismen des
Calcium- und Phosphatstoffwechsels als auch des Stoffwechsels der organischen
Matrix, insbesondere des Kollagens, betroffen sein.

1. Hormonelle Regulation

Die endokrine Steuerung des **Calcium-** und **Phosphat**stoffwechsels, an der sich das
Parathormon, Calcitonin und D-Hormon (Vitamin D) beteiligen, ist auf nach-
folgendem Schema dargestellt.

CALCIUM- UND PHOSPHAT - STOFFWECHSEL

INTESTINALTRAKT   BLUT   NIERE

Nahrungscalcium

Calcium   Ausscheidung Ca^{2+} (ionisiert) und
Ca-Proteinat
$2,1-2,7$ mmol/l

Ca-Ausscheidung

Resorption

Oxalat
Fettsäuren,
Fluorid

Nahrungsphosphat
(Esterphosphat)

Calciumoxalat
"Kalkseifen"
Calciumfluorid   Phosphat   anorganisches
Phosphat
$1,8-5,1$ mmol/l

proximale
Tubuluszelle   distale
Tubuluszelle

Phosphat Ca^{2+}

Einbau   Mobili-
sierung

Ausscheidung   Hydroxylapatit (2,2 kg)
$Ca_3(PO_4)_2 \cdot Ca(OH)_2$ $0,3-1,2$ g/24h $0,1-0,3$ g/24h

URIN

SKELETT

□1 Angriffsorte des Parathormons   ▣2 Angriffsorte des Calcitonins   ③ Angriffsorte des Vitamin D (1,25-Dihydroxycholecalciferol)

Parathormon und Calcitonin. Die Konstanz des **Blutcalciumspiegels** (2,1−2,7 mmol/l) wird durch die antagonistische Wirkung des Blutcalcium-senkenden Calcitonins und des Blutcalcium-steigernden Parathormons gewährleistet. Die Ausschüttung dieser Hormone wird wiederum durch den Blutcalciumspiegel reguliert. In diesen Regelkreis eingeschaltet ist das Skelett, das als Calciumreservoir überschüssiges Blutcalcium aufnehmen oder fehlendes Blutcalcium ergänzen kann. Ein Konzentrationsabfall des Blutcalciums löst vermehrte Parathormonsekretion aus, wodurch wiederum Calcium aus dem Knochen mobilisiert wird. Hohe Blutcalciumspiegel hemmen die Parathormonsekretion und führen über erhöhte Calcitoninausschüttung zur Calciumablagerung im Knochen.

Parathormon. Angriffspunkte des Parathormons (Polypeptid aus 84 Aminosäuren) sind Niere, Skelettsystem und Intestinaltrakt. In der **Niere** führt Parathormon zu einer erhöhten Phosphatausscheidung, die durch Zunahme der aktiven Sekretion von Phosphat und durch Hemmung der Rückresorption von Phosphat im proximalen Tubulusapparat bedingt ist. Die Calciumausscheidung durch die Niere wird durch Parathormon dagegen gehemmt. Trotzdem kommt es unter der Wirkung des Parathormons zu einer erhöhten Calciumausscheidung, da der Blut- und Calciumspiegel unter Parathormon wegen der demineralisierenden Wirkung auf das Skelettsystem stark erhöht ist.

Auf die Osteoklasten des **Skelettsystems** hat Parathormon eine stimulierende Wirkung, die durch Mobilisierung des extrazellulären Hydroxylapatits und enzymatischen Abbau der organischen Matrix des Knochengewebes gekennzeichnet ist. Der parathormoninduzierte Knochenabbau wird durch die Steigerung der anaeroben Glykolyse der Osteoklasten eingeleitet. Sie führt über vermehrte Bildung und Abgabe von Lactat zu einer Erhöhung der Wasserstoffionenkonzentration im Extrazellulärraum. Dadurch kommt es zur Auflösung des Apatits und zur Bildung von löslichem Calcium-Lactat und Phosphationen. Gleichzeitig kommt es zur vermehrten **Abgabe lysosomaler Enzyme** an den extrazellulären Raum, von denen eine Pyrophosphatase an der Solubilisierung des Apatits mitwirkt. Kollagenase, Glykosidasen und Sulfatasen entfalten eine synergistische Wirkung beim hydrolytischen Abbau von Kollagen, Proteoglykanen und weiteren Bestandteilen der organischen Matrix.

Ein erhöhter Parathormonspiegel im Blut führt im Ergebnis zu einer Entmineralisierung des Skeletts, die wiederum einen regellosen und überstürzten Ab- und Umbau des Knochengewebes mit Cystenbildung auslöst. In seiner schweren Form wird das Krankheitsbild als „**Osteodystrophia fibrosa generalisata** (Morbus Recklinghausen)" bezeichnet. Die verstärkte Tätigkeit der Osteoblasten gibt sich in einer vermehrten Abgabe und erhöhten Aktivität der **alkalischen Phosphatase** im Blut zu erkennen.

Für den Zahnarzt ist die unter der Parathormonwirkung beobachtete **osteoporotische Auflockerung des Kieferknochens** von Bedeutung.

Ein **sekundärer Hyperparathyreodismus** kann die Folge eines extrazellulären Calciummangels (Calciummangelernährung, Vitamin-D-Mangel, Malabsorption) sein und ist als eine adaptive Funktionssteigerung anzusehen. Das Symptomenbild des sekundären Hyperparathyreodismus entspricht dem des primären Hyperparathyreodismus.

D-Hormon (Vitamin D). Das 1,25-Dihydroxycalciferol — die Wirkform des Vitamin D — kann im menschlichen Organismus über die Reaktionsfolge Cholesterin → 7-Dehydrocholesterin → Cholecalciferol → 25-Hydroxycalciferol → 1,25-Dihydroxycalciferol durch Totalsynthese hergestellt werden. Lediglich der Reaktionsschritt 7-Dehydrocholesterin → Cholecalciferol ist eine fotochemische Reaktion, die durch Ultraviolettlicht katalysiert werden muß. Das 1,25-Dihydroxycalciferol wird wegen der Möglichkeit seiner Synthese im menschlichen Organismus und seiner Steroidhormon-ähnlichen Wirkung als **D-Hormon** bezeichnet.

Unter dem Einfluß des 1,25-Dihydroxycalciferols und (in geringerem Maße) seiner Vorstufen wird in der intestinalen Mucosazelle ein spezifisches Calcium-bindendes Protein gebildet, das zusammen mit einer Calcium-abhängigen ATPase für die Resorption des Calciums aus dem Intestinaltrakt notwendig ist. Die Förderung der intestinalen Resorption von Calcium führt zu einem Anstieg des Calcium- (und Phosphat)-Spiegels im Blutserum und unterstützt damit Knochenwachstum und Verknöcherung. Darüber hinaus besitzt 1,25-Dihydroxycalciferol eine direkte Wirkung auf den Knochenstoffwechsel, indem es direkt auf die Mineralisation der organischen Matrix von Knochen und Zahngewebe einwirkt. Auch in den hartgewebsbildenden Zellen stimuliert 1,25-Dihydroxycalciferol die Synthese eines Calcium-bindenden bzw. Calcium-transportierenden Proteins.

D-Hormonmangel während des Skelettwachstums bzw. während der Zahnbildung führt zur **Rachitis,** die vor allem durch ein Ausbleiben der Mineralisierung des neugebildeten Knochens oder der Zahnanlagen gekennzeichnet ist. Die unter D-Hormonmangel unvollständige Mineralisierung des Osteoids (organische Matrix) führt zur Knochenerweichung (Osteomalacie) mit charakteristischer Deformierung des Skeletts (Skoliose, Trichterbrust, Säbelbeine, Caput quadratum). Als Folge einer Rachitis im Säuglingsalter können die bleibenden **Zähne** (besonders Schneidezähne und Molaren) Schmelzhypoplasie im Kantenbereich und häufig auch Fehlstellungen (offener Biß) aufweisen. Außerdem erfolgt der Übergang vom Prädentin zum Dentin verzögert.

Bei D-Hormonmangel kommt es aufgrund der herabgesetzten intestinalen Resorption von Calcium primär zu einem Abfall des Serum-Calciumspiegels und (bei unverminderter Calciumausscheidung) zu negativer Calciumbilanz. Trotzdem ist der Serum-Calcium-Spiegel bei manifester Rachitis häufig nicht auffällig niedrig, da auf dem Wege der Gegenregulation durch das Parathormon (sekundärer Hyperparathyreodismus) das bereits deponierte Mineral des Skeletts wieder mobilisiert wird. Die Skelettveränderungen sind also nicht nur Folge der unter

D-Hormonmangel ausbleibenden Mineralisation, sondern auch durch die progressive Entmineralisierung des Skeletts mitbedingt.

Schilddrüsenhormone. Die in der Schilddrüse gebildeten jodhaltigen Hormone Tetrajodthyronin (Thyroxin, T_4) und Trijodthyronin (T_3) sind für regelrechtes Körperwachstum und normalen Stoffumsatz erforderlich.

T_3 und T_4 beeinflussen Wachstum und Teilung von Zellen und Geweben. Ihr Fehlen führt zu Wachstumsstillstand und Nichtauftreten der epiphysären Ossifikationszentren. Bei ungenügender T_4- und T_3-Synthese entwickeln sich die Symptome einer Schilddrüsenunterfunktion, die bei Jugendlichen zu Wachstumsstörungen (Zwergwuchs), teigiger Schwellung der Haut (Myxödem), Verzögerung oder Ausbleiben der geistigen Entwicklung (Schwachsinn) sowie zu Grundumsatzerniedrigung, erniedrigter Körpertemperatur und Kropfbildung führt. Ursache der Wachstumsstörung und der Schwellung der Haut sind die Folge einer Hemmung der Synthese von Proteochondroitinsulfat bzw. Proteodermatansulfat und eines verlangsamten Abbaus von Hyaluronat. Bei der **Zahnentwicklung** manifestiert sich diese Synthesehemmung in einer Störung der Dentinbildung und des Wurzelwachstums.

Ursache einer Hypothyreose (ungenügende T_3- und T_4-Synthese) können in einer angeborenen Schilddrüsenunterfunktion (zu geringes Volumen der Schilddrüse), in Fehlen der TSH-Stimulation der Schilddrüse infolge von Hypophysentumoren (sekundäre hypophysäre Hypothyreose), in Synthesestörungen infolge angeborener Enzymdefekte oder in schwerem Jodmangel liegen.

Glucocorticoide. Unter den Steroidhormonen der Nebennierenrinde entfalten die Glucocorticoide (Cortisol, Cortison, Corticosteron) ein breites Spektrum wichtiger Stoffwechselwirkungen. Für den Skelettstoffwechsel ist die Förderung der **Gluconeogenese** von Bedeutung. Unter dem Einfluß von Glucocorticoiden kommt es zur Neubildung von Kohlenhydraten aus Proteinen (Aminosäuren). Um den Bedarf der Gluconeogenese an Aminosäuren zu decken, hemmen die Glucocorticoide – insbesondere in Muskulatur und Knochengewebe – die Biosynthese, fördern jedoch den Abbau der Proteine. Die Abnahme des Proteingehalts kann sich im Knochen infolge des Verlustes an Kollagen in einer Entmineralisierung – **Osteoporose** – bemerkbar machen.

STH und Somatomedine. Das vom Hypophysenvorderlappen produzierte Wachstumshormon (STH) kontrolliert das Longitudinalwachstum der langen Röhrenknochen, doch gehen die eigentlichen Wachstumsimpulse von den unter der Wirkung des STH in der Leber und in der Niere gebildeten Somatomedinen aus. Somatomedine sind eine Familie von Polypeptiden, die in der Epiphysenfuge die Bildung des Säulenknorpels, die Synthese sulfatierter Proteoglykane und die Einlagerung von Calcium und Phosphat fördern.

2. Regulation durch Vitamine

Vitamine greifen als **Coenzyme** oder **Cofaktoren** enzymatischer Reaktionen in den Stoffwechsel ein und sind sowohl an der Hartgewebsbildung als auch an der Erhaltung der Struktur der Zähne, des Zahnhalteapparates und der Mundschleimhaut beteiligt.

Vitamin C (Ascorbinsäure). Ascorbinsäure − das Endiol-Lacton der L-Gulonsäure − hat stark reduzierende Eigenschaften und kann bei der Reaktion mit geeigneten Substraten selbst zu Dehydroascorbinsäure oxidiert werden. Ascorbinsäure und Dehydroascorbinsäure bilden ein Redoxsystem, in dem die Monodehydroascorbinsäure als reaktionsfähige Zwischenstufe auftritt.

Ascorbinsäure ist zusammen mit Fe^{2+}, molekularem Sauerstoff und α-Ketoglutarat Cofaktor bei Dioxygenasereaktionen (z. B. p-Hydroxyphenylpyruvat → Homogentisinsäure) und Hydroxylierungsreaktionen (z. B. Prolin- bzw. Lysinhydroxylasen, Steroidhydroxylasen), doch ist der molekulare Mechanismus der Ascorbinsäurebeteiligung noch unklar (s. Kap. III Kollagenstoffwechsel). Auch bei der enzymatischen Reduktion von Folsäure zu Tetrahydrofolsäure ist Ascorbinsäure beteiligt.

Ascorbinsäuremangel führt zum Skorbut. Die Symptome erscheinen erst nach 4−5 Monaten Ascorbinsäure-freier Ernährung (Tagesbedarf des Menschen 30−70 mg) und führen unbehandelt zum Tode. Die Symptome des Skorbuts beginnen in einer Blutungsneigung unter die Haut (Kapillarfragilität), in das Zahnfleisch, die Muskulatur, das Fettgewebe und die inneren Organe.

Die **gestörte Kollagensynthese** (s. S. 21) führt zu einer negativen Bilanz des Knochenstoffwechsels und zu verminderter Synthese der − vorzugsweise aus Kollagen bestehenden − **Sharpey'schen Fasern des Zahnhalteapparates,** die von einem Lockerwerden und Ausfallen der Zähne gefolgt sein kann. Ascorbinsäuremangel während der Zahnentwicklung führt zu Stoffwechselschäden der **Odontoblasten** mit Reduktion oder Ausfall der Prädentinbildung.

Ein Ascorbinsäuremangel kann auch wegen des erhöhten Bedarfs bei Infektionen nach schweren chirurgischen Eingriffen, bei Schwangerschaft, Lactation und schwerer körperlicher und psychischer Belastung oder im Fieber (vermehrter Abbau des Vitamins) auftreten.

Retinol (Vitamin A). Die unter Vitamin A-Mangel auftretenden Defekte des Epithels der Mundschleimhaut sind in Kap. XIII (S. 173) beschrieben.

3. Mineralien und Zahnentwicklung

Magnesium gehört zu den essentiellen Mineralstoffen. Seine Funktion als Enzymaktivator (z. B. seine Beteiligung bei allen ATP-abhängigen Reaktionen) läßt sich durch zahlreiche Beispiele belegen.

Ein tierexperimenteller **Magnesiummangel** führt u. a. zu **Atrophie** der **Odontoblasten** und unvollständiger Mineralisierung. Infolge der weiten Verbreitung des Magnesiums im Tier- und Pflanzenreich und der dadurch gesicherten Versorgung dürfte der Magnesiummangel bei Jugendlichen während der Zahnentwicklung jedoch kaum eine Rolle spielen. Erst bei fortgeschrittenem Lebensalter kann ein Mg-Defizit infolge von Resorptionsstörungen, Proteinmangelernährung oder übermäßiger Mg-Ausscheidung mit dem Harn eintreten.

Strontium ist regulärer Bestandteil des Zahn- und Knochenminerals (s. S. 13). Im Tierexperiment zeigt sich, daß hohe Dosen an Strontium (1 g Strontium/100 g Futter) eine Hemmung der Mineralisierung des Skeletts und der Zähne auch bei optimaler Calcium-, Phosphat- und Vitamin-D-Zufuhr bewirken. Die Hemmung kommt erst dann zustande, wenn das Skelett mit Strontium gesättigt ist.

Der Stoffwechsel des Strontiums ist im Kap. IV (S. 53) beschrieben.

4. Bilanz des Hartgewebsstoffwechsels

Organische Matrix und Mineral des Skelettsystems sind auch nach Abschluß des Wachstums einem ständigen Umsatz unterworfen, der unter physiologischen Bedingungen durch eine ausgeglichene Bilanz zwischen Synthese- und Abbauvorgängen gekennzeichnet ist. Dabei erfolgt ein ständiger Austausch des Minerals mit dem Calcium und Phosphat des Blutplasmas. Während Osteoblasten und Osteozyten für die Synthese der organischen Matrix und die Mineralisierung verantwortlich sind, werden die Abbauvorgänge durch Osteoklasten bewerkstelligt. Der Knochenabbau wird durch die Steigerung der anaeroben Glykolyse eingeleitet, die über vermehrte Bildung und Abgabe von Lactat zu einer Erhöhung der Wasserstoffionenkonzentration im Extrazellulärraum und damit zur Bildung von löslichem Calciumlactat und Phosphationen führt. Kollagenase, Glykosidasen und Sulfatasen besorgen den Abbau der organischen Matrix (s. o.).

Calcium, Phosphat und ein Teil der enzymatischen Spaltprodukte des Kollagens (Hydroxyprolin, Hydroxyprolinpeptide) erscheinen im Blut. Die Hauptmenge der fragmentierten organischen Matrix wird jedoch durch adsorptive Pinozytose von den Osteoklasten aufgenommen und intralysosomal zu monomeren Bestandteilen abgebaut. Die Aktivität der alkalischen Knochenphosphatase ist ein Index für den Knochenaufbau (Osteoblastenaktivität), die Konzentration des Hydroxyprolins und der Hydroxyprolinpeptide im Blut dagegen für den Knochenabbau (Osteo-klastentätigkeit).

Eine Übersicht über die Dynamik des Knochenstoffwechsels gibt das nachfolgende Schema. Die selektiven Effekte der osteotropen Hormone und Wirkstoffe erklären sich durch die Existenz spezifischer zellmembrangebundener Rezeptoren (R).

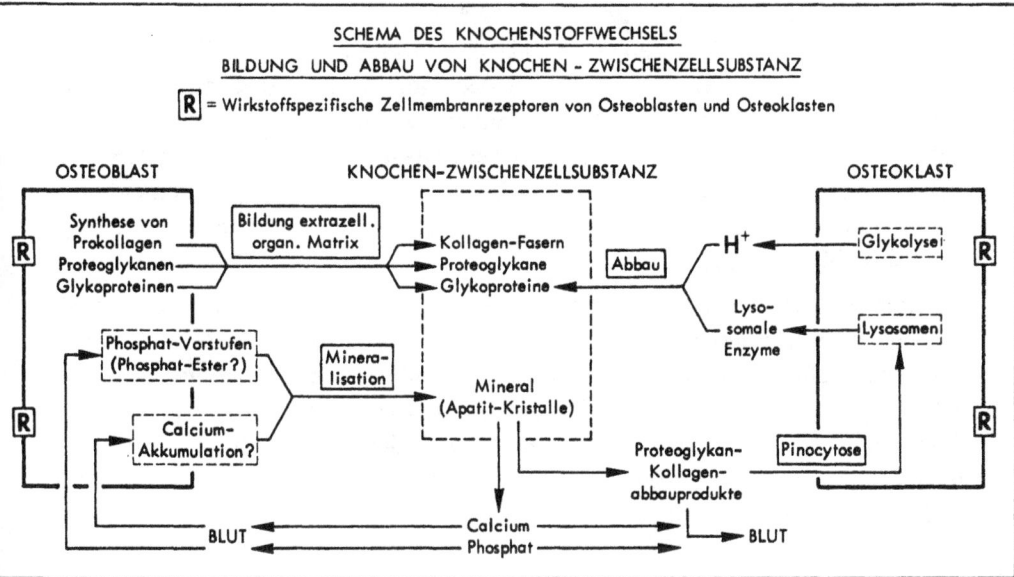

SCHEMA DES KNOCHENSTOFFWECHSELS

BILDUNG UND ABBAU VON KNOCHEN - ZWISCHENZELLSUBSTANZ

$\boxed{R}$ = Wirkstoffspezifische Zellmembranrezeptoren von Osteoblasten und Osteoklasten

VI. Topochemie der Zahnhartgewebe

Die Ontogenese der Zahngewebe ist durch Differenzierungsvorgänge von Zellen des Ektoderms (orales Epithel) und des Mesenchyms gekennzeichnet. Unter dem Einfluß von Induktionsstoffen, die in bestimmten zellulären Entwicklungsstadien gebildet und abgegeben werden, wandeln sich Zellen ektodermalen und mesenchymalen Ursprungs in **spezifische zahnbildende Zellen** um. Das molekularbiologische Korrelat der Differenzierung besteht darin, daß von dem (für alle Zellen identischen) genetischen Programm bei den individuellen Zelltypen jeweils bestimmte Gene (DNA-Abschnitte) exprimiert werden, die sich in spezifischen Zelleistungen manifestieren, während andere DNA-Abschnitte ständig reprimiert bleiben. Durch Kooperation aller zahnbildenden Zellen kommt es zu einer zeitlich genau festgelegten Folge von Entwicklungsstadien, deren Resultat die Bildung funktionsfähiger Zähne ist.

Unter den Zellen des Zahnkeims sind die biochemischen Leistungen der **Ameloblasten** (schmelzbildende Zellen), **Odontoblasten** (dentinbildende Zellen), **Zementoblasten** (zahnzementbildende Zellen), **Fibroblasten** und **Osteoblasten** näher untersucht. Zusammen mit den übrigen Zellen des Zahnkeims sind sie für die Entstehung der definitiven Struktur und Form der Zähne und des Zahnhalteapparates verantwortlich. Sie vollzieht sich für Milchzähne und bleibende Zähne nach dem gleichen Prinzip.

1. Histogenese der Zahnentwicklung

Die Odontogenese beginnt am 30.–40. Tag (5. Woche) der Embryonalentwicklung mit der Einstülpung des Mundhöhlenepithels und Bildung einer **Zahnleiste**, aus der sich durch Mitosen im Ober- und Unterkiefer je 10 knospenförmige Vorwölbungen (Zahnknospen) entwickeln. Durch Einstülpung der Zahnknospe durch mesenchymales Gewebe bildet sich das aus 2 Epithelblättern und einem dazwischen liegenden Zellnetz bestehende Schmelzorgan. Die Epithelblätter werden als äußeres und inneres Schmelzepithel bezeichnet, das zwischen ihnen liegende Zellnetz (Stratum reticulare) als Schmelzpulpa. Im Verlauf der weiteren Odontogenese ordnen sich die Zellen des inneren Schmelzepithels palisadenartig aneinander und wandeln sich in **Adamantoblasten** (Ameloblasten) um. An sie schließen sich oralwärts 2–3 Schichten flacher Epithelzellen an (Stratum intermedium). An der Grenze zwischen innerem Schmelzepithel und Mesenchym (das später die Zahnpulpa bildet) entsteht eine Basalmembran (Kollagen Typ IV und Typ V), an der sich unter dem induktiven Einfluß des inneren Schmelzepithels die unter der Basalmembran gelegenen Mesenchymzellen palisadenartig aneinanderreihen und zu **Odontoblasten** (dentinbildende Zellen) differenzieren.

Durch Einstülpen des Mesenchyms in die knospenförmige Zahnanlage bildet
sich eine Duplikatur von innerem und äußerem Schmelzepithel, die als **Wurzelscheide** bezeichnet wird. Unter dem Kontakt des ektodermalen Epithels der
Wurzelscheide differenzieren sich die Bindegewebszellen zu Odontoblasten und
bilden das Dentin der Zahnwurzel. Hat das Dentin eine gewisse Stärke erreicht,
wird die Wurzelscheide von außen her durch mesenchymale Bindegewebszellen
durchwachsen, und an der Berührungsfläche mit dem Dentin wandeln sich die
Bindegewebszellen in **Zementoblasten** (zahnzementbildende Zellen) um. Auch
die Zellen des Desmodonts und der Alveolarknochen sind mesenchymalen Ursprungs (Abb.).

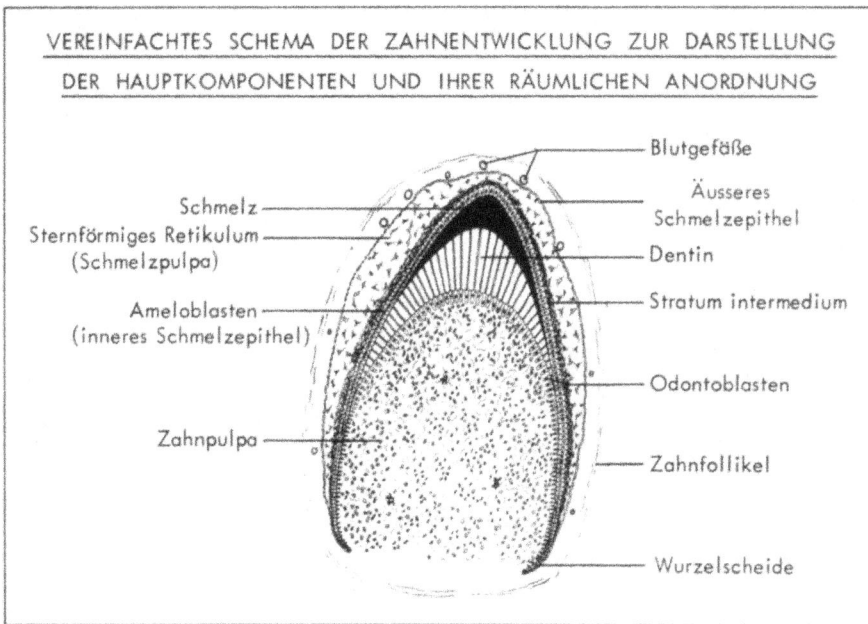

VEREINFACHTES SCHEMA DER ZAHNENTWICKLUNG ZUR DARSTELLUNG
DER HAUPTKOMPONENTEN UND IHRER RÄUMLICHEN ANORDNUNG

Die Anlage der bleibenden Zähne erfolgt nach der Geburt vom 4. Monat bis
zum 5. Lebensjahr in der gleichen Weise von der Ersatzzahnleiste aus.

2. Dentinbildung und Dentin

Dentin bildet den größten Anteil aller Zahnhartgewebe und entspricht in Aussehen und physikalischen Eigenschaften dem Elfenbein. Es ist weniger hart als
Schmelz aber härter als Knochen oder Wurzelzement, ist hochgradig elastisch und
verformbar und besitzt eine gelbliche Eigenfarbe.

Odontoblastenstoffwechsel. Das Dentin wird von Odontoblasten gebildet, die
mit Osteoblasten und Fibroblasten ontogenetisch und funktionell verwandt sind.

TOPOCHEMIE DER DENTINBILDUNG DURCH ODONTOBLASTEN

IN SCHEMATISCHER ANSICHT

Die Mineralisation beginnt an der Ameloblasten-Prädentin-Grenze (spätere Schmelz-Dentin-Grenze) im Bereich des Manteldentins und schreitet unter kontinuierlicher Verlängerung der Odontoblastenfortsätze fort. Die Synthese der Prädentinbestandteile und die Bildung der Mineralisationsvesikel (Matrixvesikel) erfolgt im Zellkörper der Odontoblasten, ihre Ausschleusung in den Odontoblastenfortsätzen. Die Seitenäste der Odontoblastenfortsätze sind nicht dargestellt.

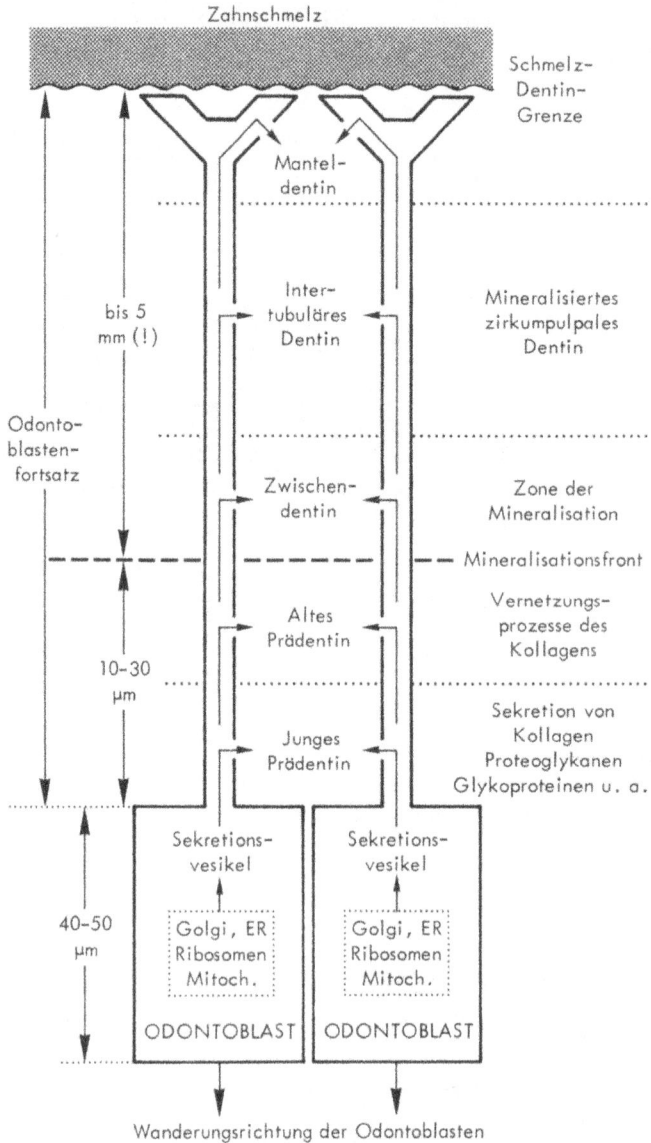

Zahnschmelz

Schmelz-Dentin-Grenze

Mantel-dentin

bis 5 mm (!)

Inter-tubuläres Dentin

Mineralisiertes zirkumpulpales Dentin

Odonto-blasten-fortsatz

Zwischen-dentin

Zone der Mineralisation

Mineralisationsfront

Altes Prädentin

Vernetzungs-prozesse des Kollagens

10-30 µm

Junges Prädentin

Sekretion von Kollagen Proteoglykanen Glykoproteinen u. a.

Sekretions-vesikel

Sekretions-vesikel

40-50 µm

Golgi, ER Ribosomen Mitoch.

Golgi, ER Ribosomen Mitoch.

ODONTOBLAST

ODONTOBLAST

Wanderungsrichtung der Odontoblasten

Der ausgereifte, sich aus Mesenchymzellen über Präodontoblasten differenzierende fetale Odontoblast ist eine schmale säulenförmige Zelle und besitzt einen sich stetig verlängernden zytoplasmatischen Fortsatz, den Odontoblastenfortsatz. Der Zellkörper der Odontoblasten ist etwa 40–50 μm lang und 7 μm breit (Abb.).

Die von den Odontoblasten synthetisierten Proteoglykane, Glykoproteine und Prokollagen (s. S. 24) sind in präsekretorischen Granula (Sekretionsvesikel) nachweisbar und werden im Bereich der Odontoblastenfortsätze über einen Exozytoseprozeß in den Extrazellulärraum ausgeschleust. Sie bilden dort das **Prädentin**, das später mineralisiert wird. Im Stadium der beginnenden Mineralisation wird das Prädentin als **Zwischendentin** bezeichnet. In der Zone des Prädentins und Zwischendentins lassen sich neben Kollagen mit histochemischen Methoden Proteoglykane (mit metachromatischen Farbstoffen z. B. Toluidinblau, Alcianblau) und Glykoproteine (PAS-Reaktion, S. 34), ferner Esterasen und Phosphatasen nachweisen.

Dentinbildung (Dentinogenese). Der eigentliche Mineralisationsprozeß beginnt innerhalb membrangebundener Granula, die von den Odontoblasten in das Prädentin abgegeben werden (Matrixvesikel). Das in den Matrixvesikeln in hoher Konzentration enthaltene Calcium und Phosphat bilden entlang der Kollagenfibrillen einzelne nadel- oder plättchenförmige Apatit-Kristalle, die durch Wachstum eine Dicke von 20–45 nm und eine Länge von 30–60 nm erreichen. Das Prädentin wird schließlich durch Konfluenz der Mineralisationszentren vollständig in die Mineralisationsprozesse einbezogen.

Der zeitliche Ablauf von intrazellulärer Synthese der Prädentinbausteine, ihre Ausschleusung in die Prädentinzone und Mineralisierung des Prädentins, das damit zum Dentin wird, läßt sich im Tierversuch dadurch verfolgen, daß man den Odontoblasten über die Zirkulation radioaktiv markierte Stoffwechselvorstufen anbietet.

Verwendet man das Tritium markierte Prolin ([^{3}H]Pro), so läßt sich die Radioaktivität nach 20–30 min im endoplasmatischen Retikulum der Odontoblasten (Prokollagensynthese), nach etwa 4 Stdn. im Prädentin (extrazelluläre Kollagenfibrillen) und nach 30 Stdn. im Dentin (Mineralisation des Kollagens) nachweisen (Abb.).

Analoge Untersuchungen wurden zum Stoffwechsel der Proteoglykane (mit ^{35}S) und der Glykoproteine (mit [^{3}H]Fucose) durchgeführt.

Manteldentin. Die äußerste 10–30 μm dicke Dentinschicht, die parallel zur Schmelzdentinzementgrenze verläuft, wird als Manteldentin bezeichnet. Seine organische Matrix unterscheidet sich von der Hauptmasse des Prädentins bzw. Dentins durch die Dicke der Kollagenfibrillen (sog. von Korff'sche Fasern), deren Durchmesser 0,1–0,2 μm beträgt gegenüber den übrigen Kollagenfibrillen des

ZEITLICHER ABLAUF DER BIOSYNTHESE, AUSSCHLEUSUNG UND
MINERALISATION VON KOLLAGEN DURCH ODONTOBLASTEN

(nach M. Weinstock and C.P. Leblond)

Nach intravenöser Injektion von $\left[^3H\right]$ Prolin wird die inkorporierte
Radioaktivität an histologischen Schnitten in regelmäßigen Abständen autoradiographisch ermittelt. Die dabei auf dem entwickelten
photographischen Film nachweisbare Schwärzung läßt sich durch Aus-
zählen der Silberkörner quantifizieren

A: Radioaktivität im endoplasmatischen
Retikulum der Odontoblasten
B: Radioaktivität im Prädentin
C: Radioaktivität im Dentin

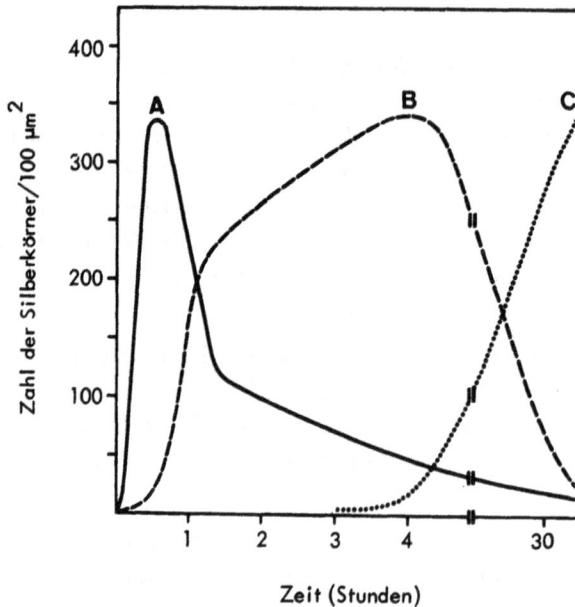

Prädentins (0,035–0,05 µm). Die Mineralisierung des Manteldentins erreicht eine
weniger hohe Dichte als die der Hauptmasse des Dentins.

Sekundärdentin. Im Gegensatz zur Schmelzbildung ist die Dentinbildung nicht
auf die Zeit vor dem Zahndurchbruch beschränkt, sondern kann während der
gesamten Lebenszeit eines Zahnes fortgeführt werden. Alles Dentin, das bis zum
Abschluß des Wurzelwachstums entstanden ist, heißt primäres Dentin. Nach
diesem Zeitpunkt zusätzlich angelagertes Dentin heißt Sekundärdentin.

Ein physiologisches Sekundärdentin ist das **peritubuläre Dentin.** Da die Odonto-blastenfortsätze sich während der Dentinogenese von der Schmelz-Dentingrenze fortbewegen, werden die Odontoblastenfortsätze zunehmend länger. Sie haben die Form langer Röhren, die das mineralisierte Dentin durchziehen. Von den Odontoblastenfortsätzen geht die Bildung des peritubulären Dentins aus. Die organische Matrix des peritubulären Dentins wird von den Odontoblastenkörpern synthetisiert, von den Odontoblastenfortsätzen seitlich sezerniert und wandständig zwischen bereits mineralisierter Kanalwand und der zytoplasmatischen Membran des Odontoblastenfortsatzes abgelagert. Die Matrix des peritubulären Dentins enthält zwar Proteoglykane und Glykoproteine, aber keine kollagenen Fibrillen. Durch die kontinuierliche Bildung von peritubulärem Dentin wird das Lumen der Dentinkanälchen stark eingeengt und kann zum vollständigen Verschluß des ursprünglichen Dentinkanals (Sklerosierung) führen.

Die Bildung des peritubulären Dentins stellt nicht nur einen physiologischen Alterungsprozeß dar, sondern bietet auch die Möglichkeit einer Abwehr kariöser Zerstörung des Dentins nach Kavitätenpräparation oder Applikation von Füllungs-materialien. Irreguläres Sekundärdentin, das auch als **Reizdentin** oder **Reparationsdentin** bezeichnet wird, wird von geschädigten Odontoblasten oder von Ersatzzellen aus der Pulparandzone abgeschieden. Es ist durch das Fehlen von Dentinkanälchen gekennzeichnet.

3. Schmelzbildung und Zahnschmelz

Der Schmelz ist die härteste Substanz des menschlichen Organismus und unterliegt nach der Eruption des Zahnes keinem aktiven Stoffwechsel. Trotzdem bleibt ein physikalischer Stoffaustausch des Schmelzminerals möglich (s. S. 53). Die Schmelzdicke schwankt zwischen einigen Mikron (μm) am Zahnhals und einem Maximum von 2,5 mm im Bereich der Inzisalkanten und Höckerspitzen.

Ameloblasten und Amelogenese. Die Ameloblasten (schmelzbildende Zellen) entstehen durch Differenzierung aus den Zellen des inneren Schmelzepithels. Dabei werden die Zellen des inneren Schmelzepithels allmählich länger (40–60 μm), nehmen eine gleichmäßige Säulengestalt an und ordnen sich zu einer Reihe von Präameloblasten.

Sie verlieren ihre Teilungsfähigkeit, der Golgi-Apparat verlagert sich in den distalen, gegen das Dentin weisenden Pol der langgestreckten Ameloblasten, wo sich gleichzeitig Sekretions-Granula anhäufen, die Bestandteile der Schmelzmatrix (s. Tab. S. 15) enthalten.

Die Membran der Sekretionsvesikel fusioniert mit der zytoplasmatischen Membran der Ameloblasten, so daß der Vesikelinhalt extrazellulär ausgeschleust wird.

Die Ausschüttung erfolgt im wesentlichen an den zervikalen Seitenflächen und der Spitze des pyramidalen Tomes'schen Fortsatzes (Abb.).

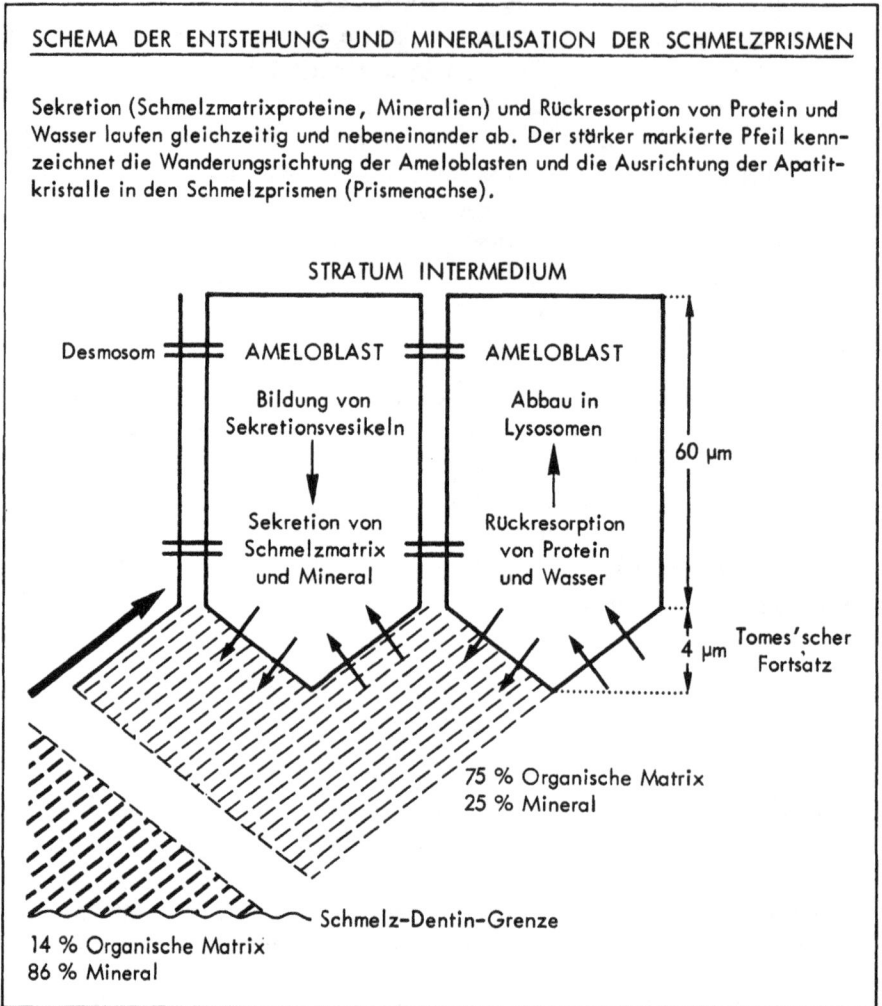

SCHEMA DER ENTSTEHUNG UND MINERALISATION DER SCHMELZPRISMEN

Sekretion (Schmelzmatrixproteine, Mineralien) und Rückresorption von Protein und Wasser laufen gleichzeitig und nebeneinander ab. Der stärker markierte Pfeil kennzeichnet die Wanderungsrichtung der Ameloblasten und die Ausrichtung der Apatitkristalle in den Schmelzprismen (Prismenachse).

STRATUM INTERMEDIUM

Desmosom
AMELOBLAST   AMELOBLAST

Bildung von   Abbau in
Sekretionsvesikeln   Lysosomen

60 µm

Sekretion von   Rückresorption
Schmelzmatrix   von Protein
und Mineral   und Wasser

4 µm   Tomes'scher
        Fortsatz

75 % Organische Matrix
25 % Mineral

Schmelz-Dentin-Grenze
14 % Organische Matrix
86 % Mineral

In der von Ameloblasten sezernierten gelartigen nicht strukturierten Matrix entstehen im ersten Stadium der Mineralisation sehr rasch Keime von Apatitkristallen in einem Abstand von etwa 0,05−0,1 µm. Die Kristalle, die zunächst eine durchschnittliche Dicke von 1,5, eine Breite von 30 und eine Länge von 80−120 nm aufweisen, entstehen in geordneten Reihen und Abständen, ihre Längsachse ist stets senkrecht zur distalen zervikalen Oberfläche des Tomes'schen Fortsatzes ausgerichtet.

Die erste Schmelzschicht wird direkt auf das zeitlich früher gebildete Dentin abgelagert. Während der fortwährenden Synthese und Sekretion von Schmelzmatrix und deren Mineralisation bewegen sich die Ameloblasten in dem Maße von der Schmelzdentingrenze nach peripher wie sich durch Apposition von Matrix die Schmelzprismen verlängern und die Schmelzdicke zunimmt.

Während der ersten Phase der Schmelzbildung beträgt der Gehalt an anorganischem Material etwa $1/4$ des vollständig mineralisierten Schmelzes.

Kristallwachstum und Bildung der Schmelzprismen. In der zweiten Mineralisationsphase nehmen die Schmelzkristalle an Dicke und Breite zu. Der Kristallkeim, der zunächst aus Octacalciumphosphat besteht, hydrolysiert unter kontinuierlichem Wachstum zu Hydroxylapatit bzw. Fluorapatit und erreicht schließlich die vorgesehene Größe.

Mit dem Fortschreiten der Mineralisation nimmt die Resorptionsaktivität der Ameloblasten gegenüber der Sekretionsaktivität zu. Durch Resorption werden dem reifenden Schmelz Wasser und ein Teil der Schmelzmatrixproteine entzogen, die nach endozytotischer Aufnahme in die Ameloblasten intralysosomal abgebaut werden.

Nach Abschluß der Mineralisation bilden die Apatitkristalle lange Bänder und Platten und erscheinen als eine aus Stäbchen bzw. prismenförmigen Einheiten organisierte Struktur. Dies führt zu einer Zusammenfassung der Schmelzkristallite in strukturelle Einheiten – den sog. **Schmelzprismen** – die dem Schmelz ein charakteristisches Strukturgefüge verleihen. Die Schmelzprismen durchsetzen den gesamten Schmelzmantel in radiärer Anordnung.

Die Kristallographie hat nach dem Strukturmuster der Schmelzprismen einen **„Schlüssellochtyp"** und einen **„Pferdehuftyp"** unterschieden. Diese Anordnung kommt durch Beteiligung von etwa 3−4 Ameloblasten an der Entstehung eines Schmelzprismas zustande. Benachbarte Prismen sind dabei parallel angeordnet, in ihrem Verlauf von der Schmelzdentingrenze zur Schmelzoberfläche jedoch Richtungsänderungen unterworfen.

Im ausgereiften Schmelz sind die Schmelzprismen in eine gelartig strukturlose organische Matrix eingebettet, die nur 1−2% des Volumens einnimmt.

Der Einzelkristall im Schmelz ist $200\times$ größer als im Knochen (Abb. S. 10). Die Stabilität der Mineralphase wird durch die dichte Packung der Einzelkristalle erhöht, so daß die Diffusion durch die interkristallinen Räume ein vergleichsweise langsamer Prozeß ist.

Topochemische Strukturunterschiede. Mineral und organische Matrix sind nicht gleichmäßig auf alle Schmelzschichten verteilt. Der Calcium- und Phosphatgehalt ist in den tieferen Schichten des Schmelzmantels allgemein niedriger als in der Oberfläche. Höhere Mineraldichten finden sich in der Mitte des Schmelzmantels im Höckerbereich sowie in der Mitte der Seitenflächen. Andererseits ist der Proteingehalt der Schmelzmatrix entlang der Schmelzdentingrenze im zervikalen Schmelz und im Bereich der Fissuren höher als in den anderen Arealen. Ebenso bestehen Unterschiede im Aminosäureverteilungsmuster der Proteine zwischen den äußeren Schmelzschichten und der Schmelzdentingrenze (S. 15).

Altersveränderungen des Zahnschmelzes. Nach vollständigem Abschluß der Schmelzbildung verwandeln sich die Ameloblasten in Plattenepithelzellen, wandern gegen den Sulcus gingivae und werden − ohne je die Teilungsfähigkeit wieder zu erlangen − abgestoßen. Trotzdem unterliegt die Zusammensetzung des Zahnschmelzes auch in späteren Lebensjahren Veränderungen. Sie sind dadurch bedingt, daß der Zahnschmelz als zellfreies Mineralgefüge im begrenzten Umfang permeabel ist. Farbstoffe können z. B. den Schmelz sowohl von außen her als auch von der Pulpa über die Schmelzdentingrenze erreichen. Wasser und Alkohol (und darin gelöste Ionen) können den Schmelz im freien Fluß durchströmen (die Flußgeschwindigkeit für Wasser beträgt etwa 4 $mm^2/cm^2/24$ h).

Auf die Weise wird mit zunehmendem Alter das Kristallgefüge durch Abnahme des Carbonatgehaltes und Substitution der OH-Gruppen durch Fluoridionen bzw. andere Elemente dichter. Diese als **posteruptive Reifung des Schmelzes** bezeichneten Vorgänge haben zur Folge, daß der Zahnschmelz in zunehmendem Alter weniger permeabel und weniger leicht säurelöslich, gleichzeitig aber spröder und bruchanfälliger wird. **Schmelzsprünge** können durch drastische Temperaturänderungen (CO_2-Vitalitätsprobe!) entstehen.

Schmelzhäutchen (s. Kap. VIII Speicheldrüsen und Speichel, S. 96).

4. Wurzelzement und Zementbildung

Wurzelzement ist ein mineralisiertes Bindegewebe, welches die äußere Oberfläche der Zahnwurzel bedeckt und die Charakteristika eines Geflechtknochens aufweist. Die im Wurzelzement verankerten desmodontalen Kollagenfaserbündel dienen der Befestigung des Zahns in der knöchernen Alveole. Wurzelzement ist dem Dentin aufgelagert und selbst nicht vaskularisiert.

Isotopenversuche mit ^{45}Ca und [^{32}P]Phosphat haben ergeben, daß Wurzelzement sowohl vom Desmodont als auch von der Pulpa her vollständig permeabel ist. Dem entspricht die Tatsache, daß der Wurzelzement intensiv an den Stoffwechselprozessen des Parodontalgewebes (s. u.) teilnimmt, und die von den Zementozyten gebildeten kollagenen Faserbündel im Rahmen einer funktionellen Anpassung und Änderung in der Position der Zähne und der Belastung durch den Kauvorgang ständig erneuert werden. Durch diesen Stoffumsatz wird die Verankerung der desmodontalen Fasern unter ständig wechselnden Bedingungen aufrechterhalten.

Zementbildung. Zementoblasten entstehen präeruptiv aus proliferierenden Mesenchymzellen, können sich jedoch auch posteruptiv aus mesenchymalen Zellen differenzieren. Die Zementoblasten produzieren Proteoglykane und weitere Baubestandteile (Proteine, Glykoproteine), die in einem Sekundärprozeß mineralisiert werden. Die vom mineralisierten Zement eingeschlossenen Zementoblasten wandeln sich in Zementozyten um, behalten jedoch den Charakter stoffwechselaktiver Zellen mit der Fähigkeit, Kollagen, Proteoglykane und Glykoproteine zu synthetisieren. Die Zementozyten haben auch die Fähigkeit, Zahnzement aufzulösen (zementolytische Aktivität), die durch Parathormon gesteigert werden kann.

Während der Zementbildung entfernen sich die Zementoblasten vom Dentin und rücken gegen das (spätere) Desmodont vor. Die äußeren Zementschichten enthalten zahlreiche senkrecht zur Wurzeloberfläche angeordnete, in den Wurzelzement eingelassene kollagene Fasern (sog. Sharpey'sche Fasern), die von den Fibroblasten des desmodontalen Raumes gebildet werden. Die schubweise Anlagerung neuer Zementschichten bedingt Richtungsänderungen der Sharpey'schen Fasern.

Chemische Zusammensetzung. Von den drei Zahnhartgeweben ist der Wurzelzement am wenigsten dicht mineralisiert. Seine chemische Zusammensetzung ähnelt der des Knochens (Abb. S. 15). Die Aminosäureanalyse der Zementproteine (S. 15) läßt auf einen hohen Gehalt an Kollagen schließen. Die Abweichungen vom Knochenkollagen resultieren aus der Existenz weiterer, nicht identifizierter Proteine (Mineralgehalt des Wurzelzements s. Tab. S. 11).

Zementmorphologie. Nach dem morphologischen Typ lassen sich 3 Zementarten unterscheiden:

1. **Azellulär-afibrillärer Zement,** der als Produkt grundsubstanzbildender Zementoblasten angesehen wird und keine kollagenen Fibrillen enthält, jedoch sehr homogen mineralisiert wird. Dieser Zementtyp bedeckt Teile der Zahnkrone und ist dem Zahnschmelz aufgelagert (sog. coronaler Zement).

2. **Azellulär-fibrillärer Zement** (primärer bzw. Faserzement) entsteht prä- und posteruptiv als Gemeinschaftsprodukt von Zementoblasten und Fibroblasten. Die organische Matrix besteht aus Kollagenfibrillen und Grundsubstanz, in die Hydroxylapatitkristalle $40-80 \times 20-30 \times 2-8$ nm eingelagert werden. Sie entsprechen den in Knochen und Dentin gefundenen Kristallstrukturen.

3. **Zellulär-fibrillärer Zement** entsteht posteruptiv während des Abschlusses des Wurzelwachstums im apikalen Bereich der Zahnwurzel. Die Matrix besteht aus Glykoproteinen, Proteoglykanen und einem parallel zur Wurzeloberfläche orientierten Netzwerk kollagener Fibrillen (Sharpey'sche Fasern), von denen nach der Mineralisation unmineralisierte Anteile zurückbleiben und sich an der Entwicklung des Desmodonts beteiligen.

5. Desmodont

Das Desmodont ist ein faserreiches derbes Bindegewebe, das eine gelenkartige Verbindung zwischen Wurzelzement und alveolarem Knochen (sog. Syndesmose) herstellt. Zusammen mit den desmodontalen Fibroblasten (20−30%), Nerven und Blutgefäßen (1−2%) füllt das desmodontale Bindegewebe (50−70%) den **desmodontalen Raum** (Summe aller Bauelemente = 100%) aus.

Der von Zahnzement und Alveolarknochen begrenzte desmodontale Raum ist spaltförmig ausgelegt (sog. Periodontalspalt). Seine durchschnittliche Breite variiert in Abhängigkeit von Alter, Lokalisation und funktioneller Belastung zwischen etwa 0.1 und 0.2 mm.

Entstehung des Desmodonts. Die Bildung der desmodontalen Fasern ist eine gemeinsame Leistung der den Alveolarknochen bedeckenden Osteoblasten, der im desmodontalen Raum lokalisierten Fibroblasten und der Zementoblasten bzw. Zementozyten. Die einerseits im Alveolarknochen, andererseits im Wurzelzement verankerten Fasern mit endständig gespleißten Gabeln ragen in den desmodontalen Raum hinein und verbinden sich dort mit den von den Fibroblasten produzierten Fasern und bilden durch kovalente Vernetzungsreaktionen (s. S. 27) schließlich ein kontinuierliches Zahn- und Alveolarknochen-verbindendes Fasersystem (Abb.). Die durchschnittliche Anzahl der kollagenen Faserbündel/mm^2 Zementoberfläche beträgt 28 000.

Chemie und Stoffwechsel. Das Desmodont entspricht in seiner chemischen Zusammensetzung einem kollagenen Bindegewebe. Die in die Hartgewebe eingelassenen Anteile der desmodontalen Faserbündel werden als **Sharpey'sche Fasern** bezeichnet.

Die Hauptmenge der desmodontalen Fibrillen besteht aus Kollagen. Neben kollagenen Fibrillen lassen sich im Desmodont **Oxytalanfasern** nachweisen. Sie bestehen aus etwa 15 nm dicken Fibrillen, besitzen jedoch keine Querstreifung.

Chemische Daten über die Zusammensetzung des Oxytalan liegen bisher nicht vor. Aus histochemischen Untersuchungen lassen sich jedoch folgende Eigenschaften ableiten: Oxytalanfasern bestehen aus einer Kohlenhydratkomponente und einem Proteinanteil. Dies ist aus der Beobachtung zu schließen, daß Oxytalanfasern nach Oxidation mit Peressigsäure eine positive PAS-Reaktion (s. S. 34) geben und für β-Glucuronidase angreifbar werden. Der Proteinanteil läßt sich nach Peressigsäureeinwirkung durch Elastase abbauen. Aus diesem Befund darf jedoch nicht auf eine chemische Verwandtschaft zwischen Oxytalan und Elastin geschlossen werden, da Elastase als proteolytisches Enzym auch zahlreiche Nicht-Elastin-Proteine angreift.

Das desmodontale Fasersystem unterliegt einem intensiven Stoffwechsel, der vor allen Dingen durch einen **hohen Kollagenumsatz** gekennzeichnet ist, jedoch

SCHEMATISCHER AUFBAU DER GELENKARTIGEN VERBINDUNG

VON ZAHNWURZEL UND ALVEOLARKNOCHEN

Wurzelzement, Desmodont und Alveolarknochen bilden eine funktio-
nelle Einheit. Nichteingezeichnet: Gefäße, Nerven und die in den
Zement- bzw. Knochen-nahen Bereichen lokalisierten Zemento- bzw.
Osteoprogenitorzellen.
——— Kollagen- und Oxytalan-Fibrillen
··· Quervernetzungen, durch die das Kollagen des Zements, des Des-
modonts und des Alveolarknochens zu einem kontinuierlichen Netzwerk
verbunden werden

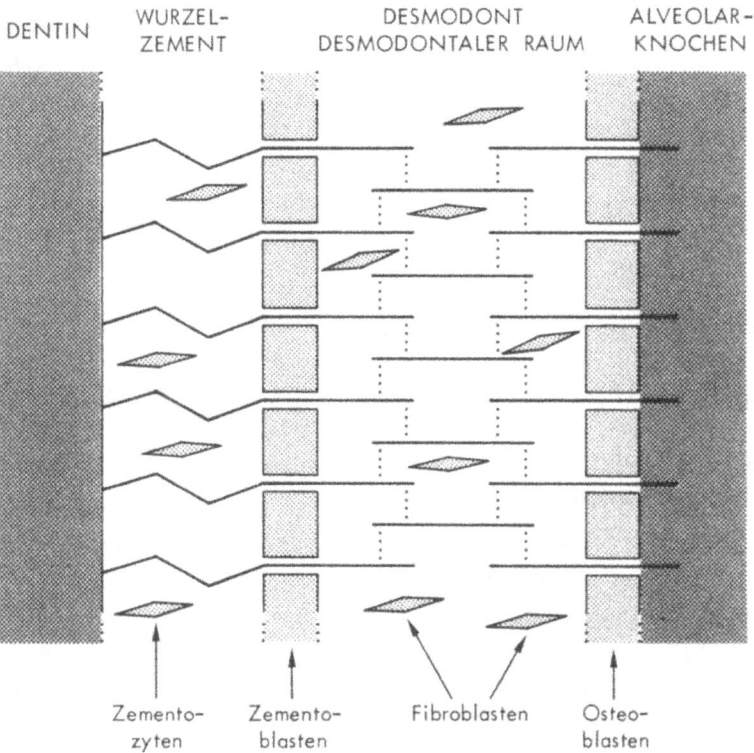

| DENTIN | WURZEL-
ZEMENT | DESMODONT
DESMODONTALER RAUM | ALVEOLAR-
KNOCHEN |

| Zemento-
zyten | Zemento-
blasten | Fibroblasten | Osteo-
blasten |

alternsabhängig abnimmt. Bei Vitamin C-freier (Skorbut erzeugender) Diät ver-
schwindet das desmodontale Fasersystem innerhalb weniger Monate fast vollständig. Kaufunktionelle Belastung wirkt als stimulierender Faktor für die Neubildung und Vermehrung von Kollagen- aber auch Oxytalanfasern. Dagegen bewirkt ein Funktionsverlust nach Extraktion der Antagonisten Atrophie des gesamten Zahnhalteapparates sowie Auflösung und Desorientierung des desmodontalen Fasersystems.

VII. Biochemie des Fluors

Fluor ist ein essentielles Spurenelement. Seine ernährungsphysiologische Unentbehrlichkeit für den Menschen ergibt sich aus folgenden Kriterien:

- Fluor kommt als Fluorid (F^-) regelmäßig im menschlichen Organismus vor. Seine Konzentration in Serum, Körperflüssigkeiten und parenchymatösen Geweben ist nur geringen Schwankungen unterworfen und wird durch homöostatische Mechanismen weitgehend konstant gehalten

- Fluorid ist ein normaler, nie fehlender Bestandteil im Organismus Neugeborener

- Eine ungenügende Zufuhr von Fluorid verursacht Mangelerscheinungen (s. u.), die sich in extremer Form (im Tierversuch) auf Wachstum und Stoffwechsel des Gesamtorganismus auswirken. Ein relativer Fluormangel manifestiert sich beim Menschen in einer erheblichen Zunahme der Kariesfrequenz (s. Kapitel X und XI, S. 141).

1. Fluoridvorkommen in der Natur

Infolge seiner außergewöhnlich starken Reaktionsfähigkeit kommt Fluor in der Natur nicht in elementarer Form, sondern nur in Verbindungen vor. Wichtige, auch industriell genutzte Fluormineralien sind Flußspat (CaF_2), Kryolith (Na_3AlF_6) und Fluorapatit. Über organische Fluorverbindungen s. S. 147.

In der Erdkruste beträgt der Anteil des Fluors 0,065%; Kulturböden enthalten 5–50 mg Fluor/100 g Trockensubstanz.

Der natürliche Fluorgehalt von Pflanzen und Früchten bewegt sich in Grenzen von 0,2–2,0 mg/100 g Trockensubstanz, kann aber bei bestimmten Pflanzen (z. B. Teeblättern) oder in Industriegebieten mit Fluorimmissionen weit höher liegen (Tab.).

Bei der großtechnischen Verarbeitung (Flußsäurefabriken, Aluminiumherstellung) wird Fluor hauptsächlich in Form von Siliciumtetrafluorid emittiert, aus dem bei Anwesenheit von Wasser nach der Reaktion

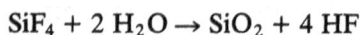

$$SiF_4 + 2\,H_2O \rightarrow SiO_2 + 4\,HF$$

Flußsäure entsteht. Der Fluorgehalt auf den Weide- und Grünlandflächen im Bereich der Fluorimmissionen (Gras, Futterpflanzen) kann bis auf das 70fache erhöht sein, wobei die Immissionswirkungen von örtlich und zeitlich wechselnden Faktoren (klimatische und meteorologische Verhältnisse) abhängen. Für den

Fluorgehalt von Kulturpflanzen und Bodenproben
Angaben in mg/100 g Trockensubstanz

Salat	0.44–1.3
Spinat	0.13–1.7
Rote Beete	0.38
Karotten	0.20
Bohnen	0.32
Kartoffeln	0.15–0.3
Kartoffelschale	0.5 –2.25
Getreide (Körner)	0.02–0.17
Äpfel	0.13–0.57
Nüsse	0.03–0.15
Teeblätter (trocken)	3–16*
Verschiedene Bodenproben	5–40**

* Teeblätter-Aufgüsse 0.7–3.0 mg/Liter
** In Gebieten mit fluorhaltigen Immissionen kann der F-Gehalt
von Bodenproben bis auf 500 mg/100 g Trockengewicht an-
steigen

Menschen stellt neben pflanzlichen und tierischen Nahrungsmitteln das **Trink-wasser** eine wichtige und konstante Quelle der Versorgung mit Fluorid dar. Die von der Weltgesundheitsorganisation (WHO) empfohlene Fluoridzufuhr (s. S. 144) wird jedoch durch das natürliche Trinkwasser in der Regel nicht gedeckt (Tab.).

Fluoride in Wasserproben

Grundwasser	mg F^-/l
Oberfläche	0.17
Bohrtiefe 3–5 m	0.36
10–20 m	0.51
40–50 m	1.02
Trinkwasser (Städte)	
Hamburg	0.18
Hannover	0.05
München	0.10
Münster (Westf.)	0.06–0.13
Plaidt (Vulkaneifel)	1.63
Schwabach (Mittelfranken)	2.9
Basel*	1.0

* Trinkwasserfluoridierung seit 1962

2. Fluoridstoffwechsel des Menschen

Eine Übersicht über den Fluoridstoffwechsel des Menschen und den Fluoridgehalt von Organen und Geweben zeigt das nachstehende Schema.

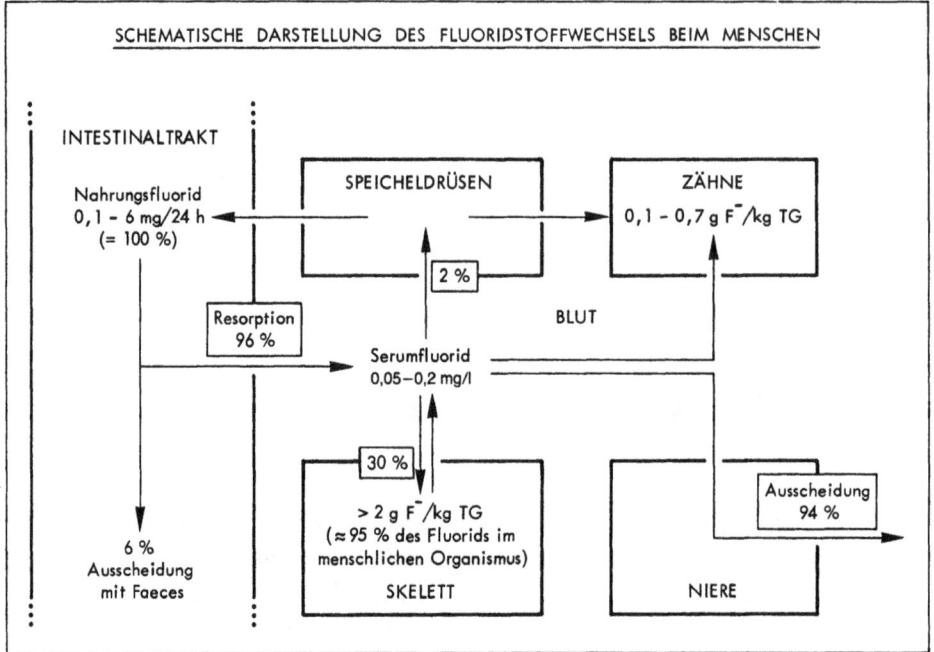

SCHEMATISCHE DARSTELLUNG DES FLUORIDSTOFFWECHSELS BEIM MENSCHEN

INTESTINALTRAKT

Nahrungsfluorid
0,1 - 6 mg/24 h
(= 100 %)

SPEICHELDRÜSEN

ZÄHNE
0,1 - 0,7 g F^-/kg TG

2 %

Resorption
96 %

BLUT

Serumfluorid
0,05–0,2 mg/l

30 %

> 2 g F^-/kg TG
(≈ 95 % des Fluorids im
menschlichen Organismus)
SKELETT

Ausscheidung
94 %

NIERE

6 %
Ausscheidung
mit Faeces

Bis zum Abschluß des Wachstums weist der Mensch eine positive Fluorbilanz auf (Fluorid-Aufnahme > Fluoridausscheidung). Sie ist durch die Zunahme der Masse des Skelettsystems und die damit verbundene Zunahme von Fluorapatit bedingt. Beim Erwachsenen, der über einen Gesamtfluoridbestand von etwa 10 g verfügt, wird der Fluorgehalt des Blutes und der Organe durch homöostatische Mechanismen konstant gehalten. Mit der Nahrung und mit dem Trinkwasser zugeführte Fluoridüberschüsse werden rasch über die Niere eliminiert. Bei Mobilisierung von Knochenmineral wird neben Ca^{2+} und Phosphat auch Fluorid freigesetzt.

Aufnahme und Ausscheidung von Fluorid. Fluoride werden in löslicher oder unlöslicher Form mit der Nahrung und dem Trinkwasser aufgenommen. Die Resorption im Intestinaltrakt erfolgt physiologischerweise rasch, kann jedoch durch Bildung von unlöslichem CaF_2 oder durch Adsorption des Fluorids an andere im Verdauungstrakt nicht abbaubare oder präzipitierte Bestandteile der Resorption entzogen werden. Die Bioverfügbarkeit von oral aufgenommenem Fluorid wird durch calciumbindende Nahrungsbestandteile (Phosphat, Citrat und Oxalat) positiv und umgekehrt durch Calciumträger (Milch, Käse, Fett) negativ beeinflußt.

Die durchschnittlichen Calcium- und Fluoridkonzentrationen der Nahrung bzw. des Darminhalts bewirken jedoch keine Bildung von unlöslichem CaF_2. Die Gesamtaufnahme von Fluorid wird durch den Fluoridgehalt des Trinkwassers bestimmt. Die empfohlene tägliche Aufnahme beträgt 2−2,5 mg.

Die normale **Fluoridkonzentration im Plasma** beträgt 0,05−0,2 mg/l, die Fluoridkonzentration des Parotisspeichels liegt um etwa 20% niedriger als im Plasma. Nach oraler Aufnahme von 2 mg Fluorid (als lösliches NaF) kommt es beim nüchternen Menschen zu einem kurzfristigen Anstieg während der ersten Stunde auf 0,08 mg Fluorid/l mit anschließendem exponentiellen Abfall auf Normwerte, der sich über 8−10 Stdn. hinzieht. Bei gleichzeitiger Nahrungsaufnahme mit der Fluoridzufuhr zeigt sich im Vergleich zur Nüchternaufnahme eine deutliche Abflachung des Fluoridspiegels in den ersten beiden Stunden (Anstieg auf 0,05 mg Fluorid/l Plasma), doch ist das Fluoridprofil wie bei Nüchternaufnahme über mehrere Stunden erhöht. Nach oraler Aufnahme von Magnesiumfluorid oder Calciumfluorid erfolgt kein Konzentrationsanstieg von Fluorid im Plasma, jedoch läßt sich eine (gegenüber NaF) verminderte Resorption nachweisen.

Im Plasma ist Fluorid teilweise an Serumalbumin gebunden, teilweise als freies Fluorid vorhanden. Der überwiegende Teil des aufgenommenen Fluorids wird innerhalb 12−14 Stdn. mit dem Urin ausgeschieden. Diese Menge schwankt jedoch in Abhängigkeit von dem Alter und vom individuellen Stoffwechsel, der Menge des gebildeten Urins und dessen pH-Wert, von der Funktionsfähigkeit der Niere und von der Menge des im Skelettsystem vorhandenen Fluorids. Eine Anreicherung von Fluorid kann in Konkrementen der ableitenden Harnwege erfolgen. So enthalten Calcium-Phosphatsteine etwa 0,25% Fluorid.

Verteilung des Fluorids im menschlichen Körper. 30% des aufgenommenen Fluorids werden im Skelettsystem deponiert, die gleiche Menge wird jedoch durch osteoklastische Vorgänge aus dem Knochen freigesetzt, so daß in der Bilanz das resorbierte Fluorid quantitativ wieder über die Niere mit dem Harn ausgeschieden wird. 95% des Fluorids wird im Skelett und in den Zähnen deponiert.

Im corticalen Anteil der Femurdiaphyse werden bei Jugendlichen etwa 500 mg F^-/kg Mineral gefunden. Dieser Wert steigt infolge einer kontinuierlichen Akkumulation von Fluorid während des Lebens bis zu einem Alter von 70 Jahren auf etwa 2000 mg F^-/kg. Bis zu einer täglichen Fluoridaufnahme von 9−12 mg (bei Fluoridkonzentration des Trinkwassers von 6−8 mg/l) bleibt die Fluorbilanz ausgeglichen, doch stellt sich die Fluoridkonzentration des Knochens auf ein höheres Niveau ein, so daß bis zu 4000 mg/kg Knochenmineral erreicht werden können. Die Verteilung innerhalb des Knochens ist nicht gleichmäßig. Spongiöser Knochen enthält meist mehr Fluorid als kompakter Knochen.

Über den Fluoridgehalt der Hartgewebe der Zähne orientiert die Tabelle auf S. 11. Die erheblichen Schwankungen im Fluoridgehalt des Zahnschmelzes sind durch einen unterschiedlichen Fluoridgehalt innerhalb einzelner Schmelzschichten bedingt. Das typische Fluoridprofil des Zahnschmelzes (s. u.) kommt dadurch zustande, daß in der präeruptiven Reifungsphase (bis zum 8. Lebensjahr) die bereits fertig ausgebildete Krone der Zähne im Kieferknochen mit Gewebsflüssigkeit umspült wird, und der Fluoridgehalt in den oberen Schmelzschichten damit in hohem Maße von dem natürlichen Fluoridangebot während dieser Phase abhängt. Dies erklärt, warum der Fluoridgehalt der oberflächenlichen Schmelzschichten bei verschiedenen Menschen außerordentlich variiert und die Bildung von Mittelwerten erschwert. Hohe Fluoridangebote während der präeruptiven Reifungsphase der bleibenden Zähne führen zu höheren Fluoridgehalten in den äußeren Schmelzschichten als ein geringeres Fluoridangebot. Die äußeren Schmelzschichten enthalten beim Erwachsenen zwischen 0,5 und 3,5 mg Fluorid mg/g Schmelzmineral bei kontinuierlicher Abnahme in Richtung auf die Schmelzdentingrenze. Bei hohem Fluoridangebot, z. B. bei einer Trinkwasserkonzentration von

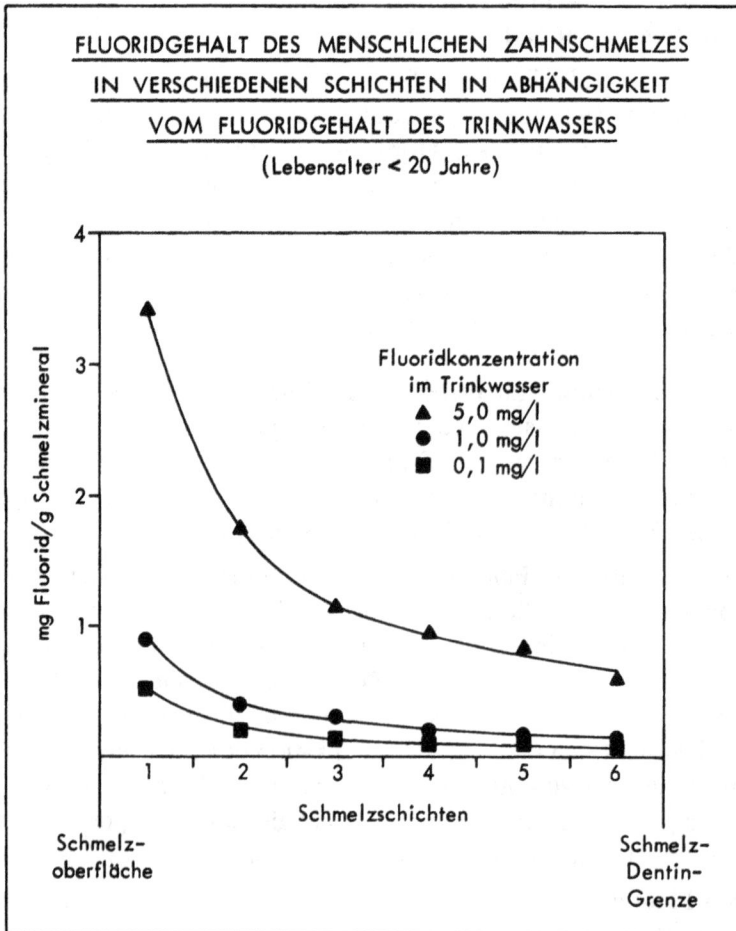

FLUORIDGEHALT DES MENSCHLICHEN ZAHNSCHMELZES IN VERSCHIEDENEN SCHICHTEN IN ABHÄNGIGKEIT VOM FLUORIDGEHALT DES TRINKWASSERS

(Lebensalter < 20 Jahre)

Fluoridkonzentration im Trinkwasser
▲ 5,0 mg/l
● 1,0 mg/l
■ 0,1 mg/l

mg Fluorid/g Schmelzmineral

Schmelzschichten

Schmelzoberfläche

SchmelzDentinGrenze

5 mg/l, kann die Fluoridkonzentration des Schmelzes Werte von 0,7 bis 0,8 Gewichtsprozent erreichen. Bei einem Fluoridgehalt des reinen Fluorapatits von 3,8 Gewichtsprozent bedeutet dies, daß etwa 20% des Schmelzapatits in Form von Fluoridapatit vorliegen.

Nach der Phase der posteruptiven Schmelzreifung nimmt die Fähigkeit des Schmelzes, Fluorid zu akkumulieren, stark ab, so daß die erreichte Oberflächenkonzentration konstant bleibt. Eine örtliche Fluoridanreicherung kann jedoch auch späterhin, vor allem in den Remineralisationszonen bei kariösen Frühläsionen (S. 143) erreicht werden.

Etwa 2% des aufgenommenen Fluorids werden über die Speicheldrüse sezerniert und gelangen mit dem Speichel wieder in den Intestinaltrakt. Zwischen dem Fluoridgehalt des Speichels (40−150 μg Fluorid/l) und der Anfälligkeit für Karies bestehen eindeutige Beziehungen.

Parenchymatöse Organe (z. B. Leber, Niere) enthalten etwa 3 mg Fluorid/kg Trockengewicht, also etwa eine 1000fach geringere Menge als Hartgewebe.

3. Fluorid und Zahnschmelzbildung

Eine optimale Ausbildung des Kristallgefüges der Schmelzkristalle ist eine wichtige Voraussetzung für eine langfristige Erhaltung des Funktionszustandes und ein wesentlicher präventiver Faktor gegen die kariöse Zerstörung des Zahnschmelzes. Für die Mineralisation und den strukturellen Aufbau der Schmelzkristalle (Schmelzprismen) sind die biokristallographischen Eigenschaften des Fluoridions (s. S. 46) von entscheidender Bedeutung. Fluorid beeinflußt die Schmelzbildung sowohl in der präeruptiven als auch in der posteruptiven Phase des Gebißwachstums.

1. Eine gleichmäßige, aber geringe Aufnahme von Fluorid ereignet sich während der präeruptiven Mineralisationsphase der Zahnhartsubstanz und steht in direkter Beziehung zu dem nur geringen Fluoridgehalt des Blutplasmas. Dabei erfolgt das Kristallwachstum unter physiologischen Bedingungen über das Octacalciumphosphat − eine calciumärmere Vorstufe des Apatits (s. S. 46). Die Transformation des Octacalciumphosphats zu Apatit wird − außer durch Alkalisierung − durch Spuren von Fluorid außerordentlich beschleunigt.

Bei ungünstigen Reaktionsbedingungen während des Kristallwachstums kann eine Auflagerung von Octacalciumphosphat auf den Apatitkeim schon folgen, bevor die bereits abgeschiedene Kristallschicht vollständig zu Apatit umgewandelt ist. Derartige Octacalciumphosphateinschlüsse im Schmelzmineral bedeuten − insbesondere bei gehäuftem Auftreten − eine Beeinträchtigung der Kristallqualität. Diese Schmelzbereiche sind **„hypomineralisiert"**, weil das molare Ca/P-Verhältnis des Octacalciumphosphats (1,33) erheblich von der des Hydroxyl- bzw. Fluorapatits (Ca/P = 1,67) abweicht.

2. In der Phase der präeruptiven Schmelzreifung bleiben die permanenten Zähne mehrere Jahre lang in der Zahnanlage innerhalb des Kieferknochens liegen und akkumulieren während dieser Zeit beträchtliche Mengen Fluorid.

Dabei ist in den oberflächlichen Zahnschmelzschichten in Gegenwart ausreichender Fluorid-Konzentrationen auch eine nachträgliche Austauschreaktion des Hydroxylapatits nach

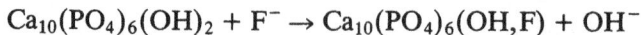

$$Ca_{10}(PO_4)_6(OH)_2 + F^- \rightarrow Ca_{10}(PO_4)_6(OH,F) + OH^-$$

möglich. Die Umwandlung des Hydroxylapatits in Fluorapatit geht mit einer pH-abhängigen Herabsetzung der Löslichkeit einher (Abb. S. 80), die für die Karies-resistenz des Zahnschmelzes von Bedeutung sein kann (S. 142).

3. Nach der Eruption kann der Zahnschmelz während der gesamten Lebensdauer weiteres Fluorid in einem über Jahre sehr langsam verlaufenden Prozeß durch Aufnahme aus der Mundhöhlenflüssigkeit einlagern bzw. gegen Hydroxylionen austauschen.

In der posteruptiven Phase kann eine **lokale** Applikation hoher Fluoriddosen (2–6%ige Fluoridlösungen) zu einer Auffüllung und Schließung von Schmelz-lücken führen. Die Auffüllung von Schmelzlücken, die sich spaltförmig zwischen den einzelnen Schmelzprismen bilden können, erfolgt dabei jedoch nicht durch direkte Substitution, sondern durch Vermittlung von Calciumfluorid nach folgendem Mechanismus:

Durch Touchieren der Schmelzoberfläche mit einer konzentrierten sauren Fluo-ridlösung bilden sich initiale Ätzdefekte im Schmelz nach

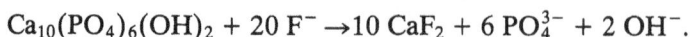

$$Ca_{10}(PO_4)_6(OH)_2 + 20\ F^- \rightarrow 10\ CaF_2 + 6\ PO_4^{3-} + 2\ OH^-.$$

Durch Nachtouchieren des Schmelzes mit einer alkalischen Suspension fällt Cal-ciumfluorid (CaF_2) in so feiner Dispersion aus, daß es die Spalten des aufgelocker-ten Schmelzes ausfüllt. Durch die hohe, in den Schmelzlücken herrschende Fluorid-konzentration (Calciumfluorid hat eine Löslichkeit von 20 mg/l) kommt es im alkalischen bis schwachsauren Milieu zu einer echten Remineralisierung mit Bil-dung von Fluorapatit, an der sich das initial gelöste Phosphat beteiligt. Die Re-mineralisation kann durch Kontakt mit an **Calcium und Phosphat übersättigtem Speichel** vervollständigt werden. Die Remineralisierungsgeschwindigkeit nimmt mit dem Grad der Übersättigung des Speichels an Calcium und Phosphat, mit dem pH-Wert des Speichels und dessen Fließgeschwindigkeit zu.

Weitere Angaben über den Wirkungsmechanismus des Fluorids enthält Kap. XI (Kariesabwehr).

Bei der lokalen Fluoridierung werden meist nicht Lösungen von Natriumfluorid, sondern Silicofluoride, Zinnfluorid (oder Aminfluoride) eingesetzt. Dies hat den Vorteil, daß bei der anschließenden Alkalisierung Kieselsäurehydratgel bzw. Zinnsäurehydrat entstehen und zu einer zusätzlichen Verkittung und lokalen Fixierung des Fluoriddepots (sog. „Schmelzversiegelung") führen. Lokale Fluoridierungsmaßnahmen sind daher auch im fortgeschrittenen Alter sinnvoll.

4. Fluoridmangel

Im Tierexperiment kommt es bei Ernährung junger männlicher Ratten mit einem Futter, dessen Fluoridgehalt weniger als 0,5 µg/g lag, zu einer statistisch gesicherten Beeinträchtigung des Wachstums, der Gewichtszunahme und der Zahnentwicklung im Vergleich zu durchschnittlich ernährten Tieren. Die Wachstumsverzögerungen lassen sich dosisabhängig durch Fluoridzusätze zum Futter vermeiden. Beim Menschen liegen Beobachtungen über die Folgen eines langfristigen Fluormangels wegen der ubiquitären Verbreitung des Fluorids nicht vor. Umfangreiche epidemiologische Studien von Kollektiven mit unterschiedlicher Fluoridkonzentration im Trinkwasser haben jedoch zweifelsfrei eine höhere Kariesfrequenz und eine größere Inzidenz von Schmelzflecken in Bevölkerungsgruppen mit niedrigen Fluoridkonzentrationen im Trinkwasser ergeben (s. Kapitel XI, S. 142).

5. Toxizität des Fluorids

In Konzentrationen, die um das 10fache höher liegen als im Serum und in der Gewebsflüssigkeit ist Fluorid ein Enzyminhibitor. Diese Wirkung hat ihre Ursache in der Fähigkeit des Fluorids, mit Metallen Metallfluoride nach der allgemeinen Gleichung

$$Me^{2+} + 2\,F^- \rightarrow MeF_2$$

zu bilden. Betroffen sind infolgedessen enzymatische Reaktionen, an denen zweiwertige Metallionen beteiligt sind. Durch die Metallfluoridbildung kommt es u. a. zur Hemmung magnesiumabhängiger Enzyme (ATP-abhängige Enzyme), calciumabhängiger Enzyme (z. B. Phospholipase, α-Amylase), kupferabhängiger Enzyme (z. B. Cytochrom a, Monoaminoxidase, Ascorbinsäureoxidase, Superoxiddismutase) und Fe^{2+}-abhängiger Enzyme (z. B. Katalase, Peroxidase). Enolase und saure Phosphatase zeichnen sich durch besonders hohe Empfindlichkeit gegenüber Fluorid aus.

Beim Menschen haben hohe Fluoriddosen eine zellschädigende Wirkung nur während der Wachstumsphase und wirken sich außerdem unterschiedlich auf verschiedene Zelltypen und deren Differenzierungszustand aus. Als besonders empfindlich gegenüber der Fluoridwirkung haben sich die **Ameloblasten** erwiesen. Dies erklärt, warum die **Zahnfluorose** die häufigste Nebenwirkung einer über-

höhten Fluoridzufuhr ist. Infolge partieller Inhibition von Ameloblastenenzymen
kommt es zu einer mangelhaften Syntheseleistung der Ameloblasten und zu einer
fleckförmigen Unterentwicklung des Zahnschmelzes. Die Zahnfluorose tritt jedoch
nur bei Fluoridzufuhr während der Zahnbildung (bis zum 8. Lebensjahre) auf. Da
ältere Kinder und Erwachsene nicht mehr an Zahnfluorose erkranken können,
kann eine nebenwirkungsfreie Zufuhr von 100 mg F^-/Tag zur Behandlung der
Osteoporose ausgenutzt werden (s. u.).

Untersuchungen beim Rind und Schwein haben bei langfristiger Aufnahme eine
Dosis bis 1,5 mg Fluor/kg Körpergewicht/Tag als tolerable und indifferente Konzentration ermittelt. Bei 2jähriger Zufuhr von mehr als 2,5 mg Fluor/kg Körper-
gewicht/Tag treten bei den Versuchstieren die typischen Erscheinungen der chronischen Fluoridvergiftung in Form von Zahn- und Knochenveränderungen auf.
Sie bestehen histologisch in Alteration der Ameloblasten in Form feinster Vakuo-
len sowie in der Bildung kleiner Kalkglobuli im Zytoplasma. Die Ameloblasten
werden flacher und die innere Begrenzung der Ameloblastenschicht verläuft un-
regelmäßig. An den Stellen einer vakuoligen Degeneration der Ameloblasten, die
bis zum Zelluntergang führen kann, unterbleibt die Schmelzbildung entweder ganz,
so daß die Dentinschicht von den vakuolisierten Ameloblasten begrenzt wird, oder
die Schmelzschicht ist bei mangelhafter Verkalkung der Schmelzprismen entsprechend verdünnt. Die Schmelzsubstanz solcher Zähne ist trüb, kalkig-weiß,
weist eine körnig-krümelige Beschaffenheit auf und fällt ab, so daß sich Erosionen
an der Zahnoberfläche und starke Abnutzungserscheinungen (Stummelzähne)
zeigen.

An den Odontoblasten sind meist keine histologischen Veränderungen zu erkennen, doch ist eine Hemmung der Phosphatasen nachweisbar, welche die Ablagerung von Mineral in der extrazellulären Matrix des Gewebes beeinträchtigt mit
der Konsequenz einer mangelhaften Verkalkung des Dentins. Auch eine Hypo-
plasie des Dentins kann eintreten, so daß die Dentinschicht schmaler als normal
ist. Im Gegensatz zu den Ameloblasten und Odontoblasten sind bei chronischer
Fluorose an den Zementoblasten und Osteoblasten in der Regel keine regressiven
Veränderungen zu finden. Im Gegenteil setzt hier frühzeitig eine Neubildung von
spongiösem Knochengewebe ein. Die für die chronische Fluorose typischen Knochenveränderungen bestehen bei Rind und Schwein in einer periostalen Hyper-
ostose, die sich bis zu einer klinisch in Erscheinung tretenden Exostosenbildung
steigern kann. Die Knochen weisen dabei rundliche oder flächenhafte, glatte oder
körnige Oberflächenerhabenheiten auf, die Bohnen- bis Taubeneigröße haben
können und sich am häufigsten am Metatarsus nachweisen lassen, aber auch an
Rippenknochen auftreten. Die Knochenveränderungen haben Bewegungsstörun-
gen, Fissuren oder Frakturen (hauptsächlcih an den Klauenbeinen) zur Folge.

Bei Schafen (Lämmern) wurde unter dem Einfluß von Natriumfluorid in toxischen Dosen eine erhebliche Gewichtsabnahme der Thymusdrüse festgestellt.

6. Osteoporosetherapie mit Fluorid

Die Osteoporose ist eine generalisierte oder lokale Atrophie des Skelettsystems, die durch einen gesteigerten Knochenabbau bei normal verlaufender Knochenneubildung (negative Bilanz des Knochenstoffwechsels) ausgelöst wird. Die erworbene Osteoporose tritt aus unbekannter Ursache im fortgeschrittenen Lebensalter bzw. bei Frauen nach der Menopause besonders häufig auf. Ihr Krankheitswert wird durch Schmerzen sowie durch das Auftreten von Kompressionsfrakturen der Wirbelkörper, Schenkelhals- und Unterarmbrüche bestimmt.

Für die Therapie der Osteoporose läßt sich die osteoklastenstimulierende Wirkung hoher Fluoriddosen ausnutzen. Bei täglicher oraler Gabe von 50−100 mg (fünfzig bis einhundert Milligramm!) NaF über einen Zeitraum von 1−2 Jahren lassen sich Neubildung und Remineralisierung des Knochens als Behandlungserfolg registrieren. Es ist bemerkenswert, daß bei dieser Therapie 20−50mal höhere Fluoriddosen als dem physiologischen Bedarf entsprechend, nebenwirkungsfrei toleriert werden.

Bei einer Studie von 1000 über 45 Jahre alten Bewohnern zweier Gebiete in North Dacota (USA) mit unterschiedlichem Fluoridgehalt im Trinkwasser zeigte sich, daß Frauen in den fluoridreicheren Gebieten signifikant viel seltener an Osteoporose und Wirbelkompressionsfrakturen erkrankt waren als in den fluoridarmen Gegenden.

VIII. Speicheldrüsen und Speichel

Der Speichel wird von den folgenden in der Mundhöhle und ihrer Umgebung liegenden Speicheldrüsen gebildet:

- Ohrspeicheldrüsen (Gl. parotis)
- Unterkieferdrüsen (Gl. submandibularis)
- Unterzungendrüsen (Gl. sublingualis)

Kleine und vereinzelte Schleimdrüsen finden sich an den Lippen und an der Zungenspitze (Gl. buccalis, retromolares), an den Zungenrändern, der Zungenwurzel und an der Vorderfläche des weichen Gaumens.

Die Sekretionsprodukte der Speichel- und Schleimdrüsen bilden zusammen mit z. T. lysierten Zellen und Bakterien sowie der Sulcusflüssigkeit die **Mundflüssigkeit.**

Neben seiner Aufgabe, für die Durchfeuchtung und Gleitfähigkeit der aufgenommenen und mechanisch zerkleinerten Nahrung zu sorgen, besteht die wichtigste Funktion des Speichels in der **biologischen Mundreinigung.** Sie umfaßt das Fortspülen und den enzymatischen Abbau der auf und zwischen den Zähnen verbleibenden Nahrungsreste. Dieser Effekt ist von unmittelbarer Bedeutung für die Kariesprophylaxe (S. 137).

Weitere nachfolgend beschriebene Eigenschaften bzw. Funktionen des Speichels sind

- Antibakterielle und antivirale Wirkung
- Bildung der Cuticula dentis
- Blutgruppenaktivität
- Calciumbindungsfähigkeit und
- Remineralisierung von Zahnschmelz (s. Kap. XI)

1. Stoffwechselleistungen der Speicheldrüsen

Die Speicheldrüsen sind stoffwechselaktive Organe, die nicht nur eine Reihe makromolekularer Syntheseprodukte herstellen und sezernieren (s. u.), sondern auch die Fähigkeit zum selektiven Transport von Elektrolyten besitzen, die aus dem Blutplasma aufgenommen und in höherer, aber auch geringerer Konzentra-

tion als im Blutplasma mit dem Speichel ausgeschieden werden. Das Schema gibt
eine Übersicht über den Stoffwechsel der Speicheldrüsen.

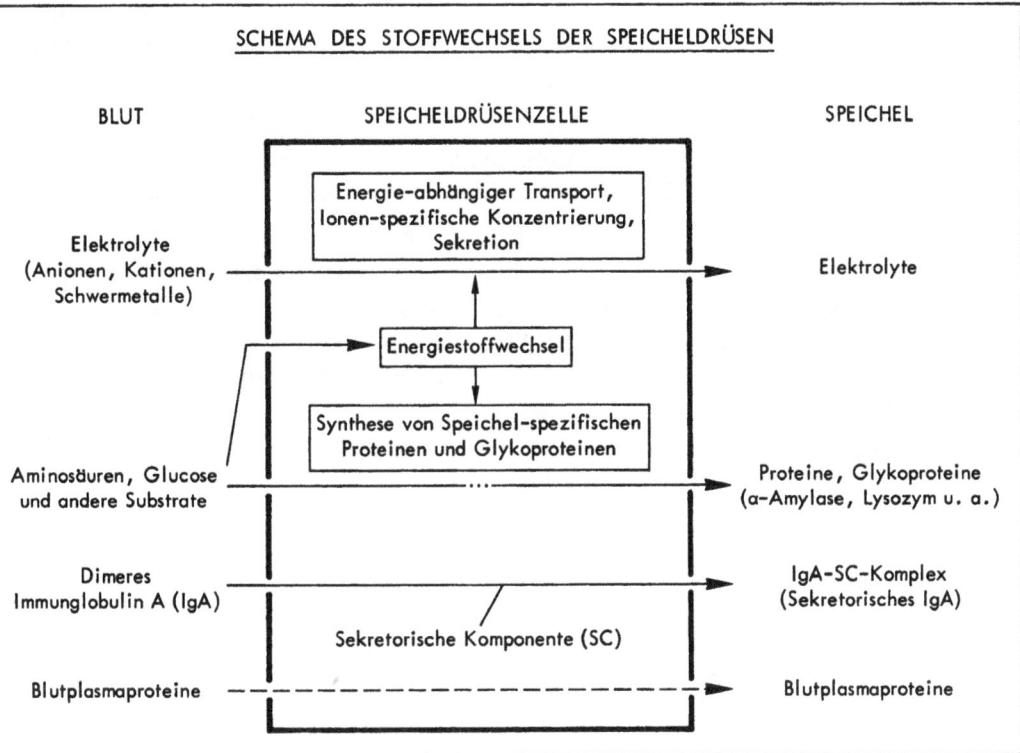

SCHEMA DES STOFFWECHSELS DER SPEICHELDRÜSEN

BLUT	SPEICHELDRÜSENZELLE	SPEICHEL

Energie-abhängiger Transport,
Ionen-spezifische Konzentrierung,
Sekretion

Elektrolyte
(Anionen, Kationen,
Schwermetalle)

Elektrolyte

Energiestoffwechsel

Synthese von Speichel-spezifischen
Proteinen und Glykoproteinen

Aminosäuren, Glucose
und andere Substrate

Proteine, Glykoproteine
(α-Amylase, Lysozym u. a.)

Dimeres
Immunglobulin A (IgA)

IgA-SC-Komplex
(Sekretorisches IgA)

Sekretorische Komponente (SC)

Blutplasmaproteine

Blutplasmaproteine

Die für die Synthese und Transportvorgänge erforderliche Energie gewinnt die
Speicheldrüse durch Aufnahme von Substraten, die mit dem Blutplasma ständig
in konstanter Konzentration angeboten werden. Energiestoffwechsel (Glykolyse,
Citratzyklus, Atmungskette) und Proteinbiosynthese vollziehen sich nach den
gleichen Prinzipien wie in anderen Organen.

Eine speicheldrüsenspezifische Leistung ist die Bildung der sekretorischen Komponente (SC), die nach Bindung an das von Plasmazellen gebildete und aus dem
Blut aufgenommene Immunglobulin A als IgA-SC-Komplex mit dem Speichel
sezerniert wird.

Auch die Ausschleusung des Speichels aus den Zellen in die Ausführungsgänge
ist ein energieabhängiger Vorgang. Die Energie liefert der durch die ATP-
abhängige Na^+/K^+-Pumpe hergestellte und aufrechterhaltene elektrochemische
Natriumgradient.

Auch ein geringer Teil der Blutplasmaproteine wird von den Speicheldrüsen-
zellen aufgenommen und mit dem Speichel wieder abgegeben.

2. Chemische Zusammensetzung

Die Sekrete der einzelnen Speicheldrüsen besitzen eine unterschiedliche Zusammensetzung, der jedoch keine praktische Bedeutung zukommt. Der Gesamtspeichel besteht aus 94% Wasser und 6% Trockensubstanz, die sich zu etwa $1/3$ auf anorganische und $2/3$ auf organische Substanzen verteilt.

Die chemische Zusammensetzung des Speichels unterliegt Schwankungen, die durch die Sekretionsrate, Stimulierung und circadiane Veränderungen beeinflußt werden. Ferner finden sich Seitenunterschiede und individuelle Unterschiede.

Der Stoffwechsel der Speicheldrüsen, der Speichelfluß und die Zusammensetzung des Speichels können weiterhin durch cholinergische Reflexe, durch mechanische Faktoren, durch Kontakt der Mundschleimhaut mit Säuren (z. B. Ascorbinsäure) durch Einbringen von Fremdkörpern in die Mundhöhle (Speichelproduktion durch Paraffinkauen) oder durch konditionierte Reflexe (z. B. optische oder olfaktorische Reize) stimuliert werden.

Die Abb. zeigt dies am Beispiel des Protein- bzw. Glykoprotein-Verteilungsmusters.

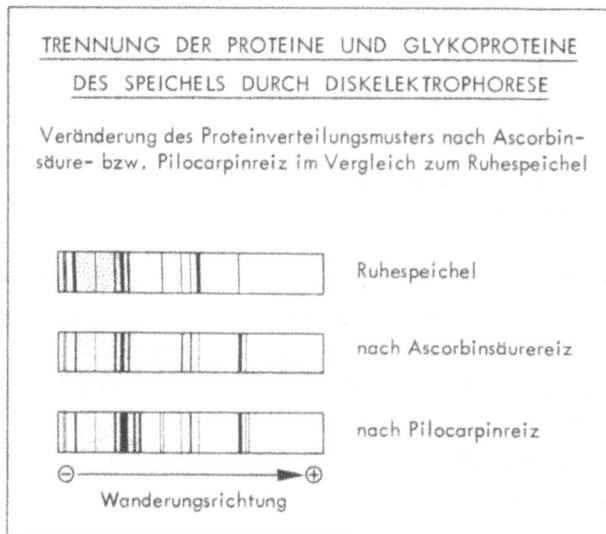

TRENNUNG DER PROTEINE UND GLYKOPROTEINE
DES SPEICHELS DURCH DISKELEKTROPHORESE

Veränderung des Proteinverteilungsmusters nach Ascorbin-
säure- bzw. Pilocarpinreiz im Vergleich zum Ruhespeichel

Ruhespeichel

nach Ascorbinsäurereiz

nach Pilocarpinreiz

Wanderungsrichtung

Bei geringen Sekretionsraten ist der Speichel hypoton, der osmotische Druck steigt jedoch mit zunehmender Sekretionsrate an und erreicht bei maximaler Sekretion isotonische Werte.

Weitere Daten über Menge und physiko-mechanische Eigenschaften des Speichels gibt die Tab.

Physikalisch-chemische Daten des Speichels
(Durchschnittswerte

	Werte für den Gesamtspeichel
Menge (ml/min)	2.2*
Spezifisches Gewicht (g/ml)	1.002
pH-Wert	6.4**
Viskosität η (Pa · s)	0.05−0.1***

   * Parotis 0.05, Submandibularis 0.14, Sublingualis 2.0
  ** bei Kindern 7.3
*** Blut 0.0044−0.0047

Anorganische Bestandteile. Die in der Tabelle angegebenen Werte sind Mittelwerte. Das Hydrogencarbonat entstammt vorwiegend dem Parotis- und Submandibularisspeichel. Es bestimmt den pH-Wert und die Pufferkapazität des Gesamtspeichels, wobei zu berücksichtigen ist, daß infolge Entweichung von CO_2 Speichelproben bei längerem Stehen alkalische Werte annehmen, und der pH-Wert mit zunehmender Sekretionsgeschwindigkeit ansteigt. Mit zunehmendem Minutenvolumen steigt der Hydrogencarbonatgehalt des Parotisspeichels bis auf einen Maximalwert von etwa 60 mmol/l.

Anorganische Bestandteile des Gesamtspeichels
im Vergleich zum Serum (Durchschnittswerte)

Kation bzw. Anion	mmol/l	
	Speichel	Serum
Kalium (K^+)	20	5
Natrium (Na^+)	15	130
Calcium (Ca^{2+})	1.5	2.5
Chlorid (Cl^-)	18	100
Phosphor (anorg.)*	4.5	1.0
Hydrogencarbonat (HCO_3^-)	20−60	24
	mg/l	
Rhodanid (SCN^-)	110	0.8
Ammonium (NH_4^+)	60	0.1
Fluorid (F^-)	0.04−0.15	0.15
Kupfer (Cu^{2+})	0.3	0.1
Jodid (J^-)	0.1	0.02

* als Phosphat

Der Kaliumgehalt ist in allen Speichelfraktionen höher, der Natriumgehalt dagegen geringer als im Serum. Mit steigender Sekretionsgeschwindigkeit steigt der Natrium-Kalium-Quotient des Speichels, der ferner auch im Zusammenhang mit der Funktion des Hypophysenvorderlappen-Nebennierenrindensystems steht. Unter Einwirkung von Aldosteron nimmt der Natrium-Kalium-Quotient infolge Natriumretention ab. Der Chloridgehalt des Speichels steigt bei exogener Stimulierung, ist aber immer geringer als der Chloridgehalt des Serums. Im Parotisspeichel nimmt der Chloridgehalt linear mit der Sekretionsgeschwindigkeit zu.

Das Ammoniak entsteht durch Einwirken bakterieller Urease auf den mit dem Speichel ausgeschiedenen Harnstoff (s. u.). Jodid und Rhodanid werden bevorzugt durch die Speicheldrüsen ausgeschieden. Der Jodidgehalt des Speichels ist 10–100 mal höher als der des Serums. Der Rhodanidgehalt des Speichels ist bei Rauchern signifikant höher als bei Nichtrauchern. Jodid- und Rhodanidgehalt des Speichels nehmen mit steigender Sekretionsgeschwindigkeit ab.

Eine Ausscheidungsfunktion übernehmen die Speicheldrüsen auch für Schwermetalle. Silber, Quecksilber und Blei werden – wenn sie in unphysiologischen oder toxischen Dosen in den Organismus gelangen – als Ag^+, Hg^+ und Pb^{2+} z. T. mit dem Speichel ausgeschieden. Durch Reaktionen mit H_2S, das durch Mikroorganismen im Sulcus gingivae gebildet wird (s. Kap. IX), entstehen die schwarz gefärbten Sulfide („Bleisaum der Zähne").

Organische Bestandteile. Unter den organischen Bestandteilen stellen Glykoproteine und Proteine die größte Fraktion. Von ihnen sind 90% Syntheseprodukte der Speicheldrüsen selbst (Glykoproteine, α-Amylase, Lysozym u. a.), 10% der Proteine sind Stoffwechselprodukte von Bakterien und entstammen dem Serum oder den Zellen der Mundschleimhaut. Die physiologische Bedeutung des aus dem Speichel isolierten **Sialins** – ein Tetrapeptid der Struktur Gly-Gly-Lys-Arg – ist unbekannt. Über seine mögliche kariesprotektive Funktion s. Kap. XI (S. 137). Die im Speichel nachgewiesenen freien Aminosäuren sind z. T. Stoffwechselprodukte der Bakterien, z. T. Abbauprodukte der Speichelproteine unter der Wirkung bakterieller Proteasen.

Zwischen dem Harnstoffspiegel des Serums und des Speichels (~ 200 mg/l) bestehen enge Korrelationen. Die Harnstoffkonzentrationen des Speichels liegen zwischen 75% und 90% des Blutserums. Die Bakterien der Mundhöhle utilisieren den Harnstoff – unter enzymatischem Abbau zu Ammoniumcarbonat – als Stickstoffquelle. Weitere niedermolekulare organische Bestandteile sind Harnsäure (15 mg/l), Lactat (10–50 mg/l), Citrat (bis 20 mg/l) und reduzierende Substanzen (2–50 mg/l).

3. Proteine und Glykoproteine

Im Gesamtspeichel bilden Proteine und Glykoproteine (etwa 2 g/l) ein komplexes Gemisch, dessen vollständige Auftrennung und Identifizierung der Einzelbestandteile noch nicht abgeschlossen ist. Als Hauptkomponenten (Angaben in g/l) lassen sich unterscheiden:

- α-Amylase (0,4−1,0)

- Glykoproteine (0,4−0,8)

- IgA und sekretorische Komponente (0,1)

- Lysozym (0,005)

- Lactoferrin (0,02)

Geringere Anteile stellen die Blutplasmaproteine (10 mg/l) sowie eine Reihe zellulärer Enzyme, die jedoch nicht Sekrete der Speicheldrüsen sind, sondern zellulären Elementen (Granulozyten, Lymphozyten, Erythrozyten, Mundschleimhautzellen, Bakterien) entstammen und bei zytolytischen Prozessen freigesetzt und so dem Speichel beigemischt wurden.

4. α-Amylase

Die α-Amylase des Gesamtspeichels (0,4−1,0 g/l) wird von den verschiedenen Speicheldrüsen in folgendem Umfang synthetisiert:

- Glandula parotis 0,5−1,5 g/l

- Glandula submandibularis 0,1−0,5 g/l

- Glandula sublingualis 0,1−0,5 g/l

Chemische Eigenschaften. Die α-Amylase läßt sich in 4 multiple Formen auftrennen, von denen 2 als Glykoproteine vorliegen. Die Proteinkomponente (und enzymatische Aktivität) aller 4 multiplen Amylaseformen ist jedoch identisch. Die Glykoproteinamylasen, die zusammen etwa 30% der α-Amylaseaktivität ausmachen, lassen sich in eine Fraktion mit einem isoelektrischen Punkt von 5,8 (≈ 80%) und in eine Fraktion mit einem isoelektrischen Punkt von 6,4 (≈ 20%) auftrennen. Die Unterschiede im isoelektrischen Punkt sind durch einen verschiedenen Gehalt an N-Acetylneuraminsäure bedingt. Die Kohlenhydratkomponente der glykosylierten α-Amylaseform besteht neben der N-Acetylneuraminsäure aus N-Acetylglucosamin, Mannose, Galaktose und L-Fucose.

Die Speichel-Amylase ist bei Säugetieren nicht regelmäßig vorhanden. Hund, Katze, Rind, Schaf, Ziege und Pferd enthalten keine α-Amylase-Aktivität im Speichel.

Enzymatische Aktivität. Die α-Amylase ist eine Endoglucosidase, die α-1,4-glucosidische Bindungen polymerer Homoglykane (Amylopektin, Amylose, Glykogen) angreift und als Endprodukte Maltose, Isomaltose und Glucose liefert (Abb.).

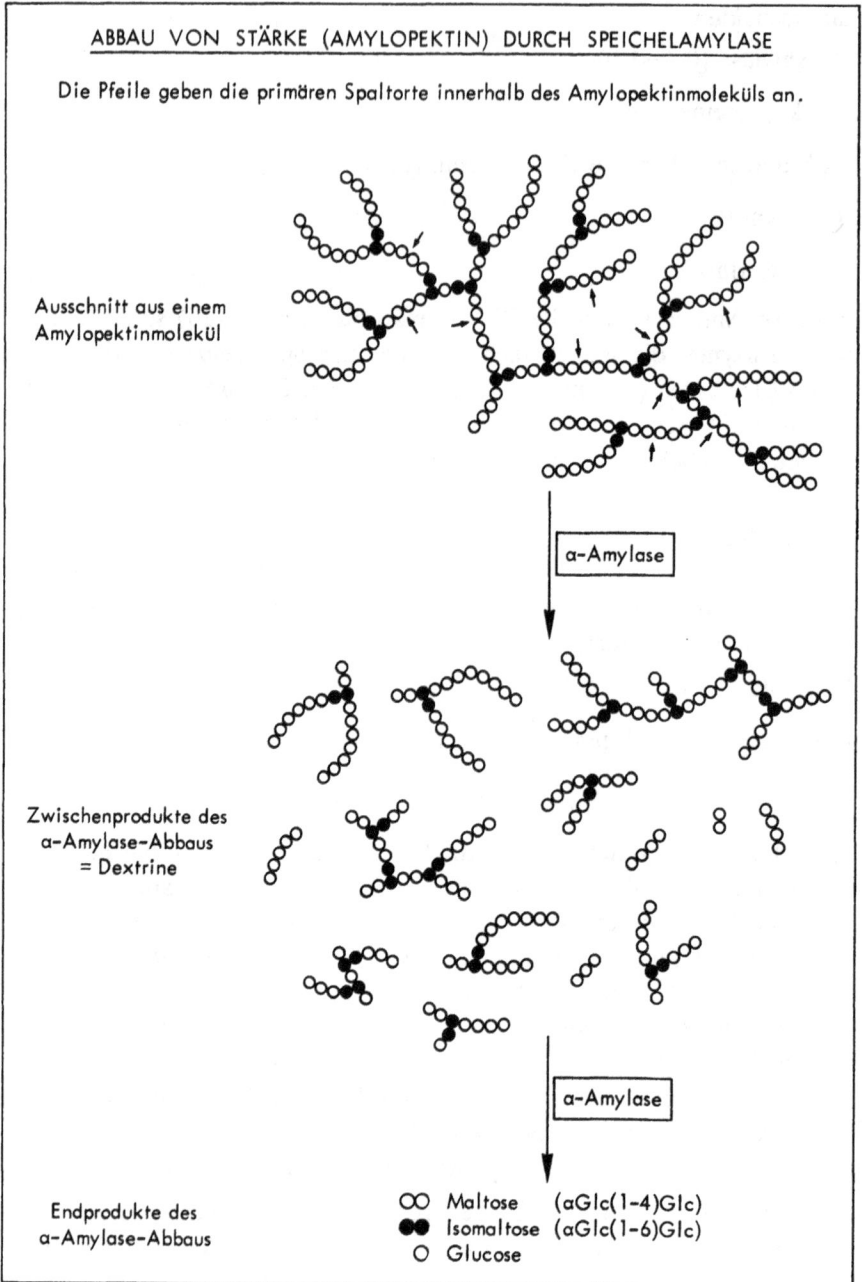

ABBAU VON STÄRKE (AMYLOPEKTIN) DURCH SPEICHELAMYLASE

Die Pfeile geben die primären Spaltorte innerhalb des Amylopektinmoleküls an.

Ausschnitt aus einem Amylopektinmolekül

α-Amylase

Zwischenprodukte des α-Amylase-Abbaus = Dextrine

α-Amylase

Endprodukte des α-Amylase-Abbaus

OO Maltose   (αGlc(1-4)Glc)
●● Isomaltose (αGlc(1-6)Glc)
O   Glucose

Die α-Amylase entfaltet ihre Aktivität über einen weiten pH-Bereich (pH 3,8−9,4) mit optimaler Wirkung bei neutralen pH-Werten. Calciumionen haben einen stabilisierenden, Chlorid-, Bromid- und Nitrationen einen aktivierenden Einfluß. Da sich die Wirkung der α-Amylase statistisch auf das Gesamtmolekül verteilt, entstehen beim α-Amylaseabbau verzweigter Homoglykane (z. B. Amylopektin) zunächst höhermolekulare Polysaccharidbruchstücke, die als **Dextrine** bezeichnet werden. Bei längerer Einwirkung der α-Amylase geht der Abbau bis zur Maltose bzw. Isomaltose, d. h. bis zu den Disaccharidbruchstücken. Aus ungeradzahligen Oligosacchariden kann dabei Glucose entstehen. Ein Glucosepentasaccharid wird durch die α-Amylase z. B. zu 2 Maltosemolekülen und 1 Glucosemolekül abgebaut.

Die α-Amylase des Speichels leitet den Abbau von Stärke bzw. Glykogen in der Mundhöhle ein, ihre Wirkung ist jedoch keine unbedingte Voraussetzung für den Abbau dieser Polysaccharide, da zahlreiche pflanzenfressende Säugetiere (s. o.) keine α-Amylase besitzen. Außerdem wird die Speichelamylase im sauren Milieu des Magensaftes (bei pH-Werten unterhalb 3,5) rasch inaktiviert.

Unabhängig von dem Vorhandensein oder dem Wirksamwerden der Speichelamylase erfolgt der Abbau bzw. weitere Abbau von Stärke oder Glykogen durch die α-Amylase des Pankreassekretes (die mit der α-Amylase des Speichels identisch ist) und wird durch die Maltase ($\alpha Glc(1-4)Glc \rightarrow 2\,Glc$) und Isomaltase ($\alpha Glc(1-6)Glc \rightarrow 2\,Glc$) des Dünndarmsekretes beendet.

5. Glykoproteine

Eine Übersicht über die Glykoproteine des Speichels gibt die nachfolgende Tabelle. Die verschiedenen Glykoprotein-Typen unterscheiden sich durch ihr Molekulargewicht, durch ihren anionischen bzw. kationischen Charakter, durch den Besitz

Glykoproteine des Speichels

Glykoproteintyp	Mol. Gew. $\times 10^{-3}$	Protein-anteil (%)	Kohlenhydrat-anteil (%)
Makromolekulare Glykoproteine*	500−1000	30−50	50−70
Kationisches Glykoprotein**	36.5	57	43
Anionische Glykoproteine	500−1000	58	42
Phosphorhaltige Glykoproteine***	12	94	5
Glykosylierte α-Amylasen	57	94	6
Sekretorische Komponente	75	88	12
Dimeres Immunglobulin A	320	90	10

   * enthalten Blutgruppenantigene A, B oder H bei Sekretoren
  ** Aminosäure- und Kohlenhydratgehalt s. Tabelle
*** Phosphorgehalt ≈ 1%

von Phosphatgruppen und durch die Art der Bindung der Oligosaccharidseitengruppen an die Proteinkomponente.

Die Biosynthese der Glykoproteine ist im Kap. III beschrieben.

6. Makromolekulare Glykoproteine

Aufgrund ihres makromolekularen Charakters (Molekulargewicht $0,5-1 \times 10^6$) und des hohen Kohlenhydratanteils sind die makromolekularen Glykoproteine stark hydratisiert. Ihre Fähigkeit zur Wasserbindung, d. h. zur Anlagerung geordneter Hydratstrukturen des Wassers wird jedoch nicht nur durch die Molekülgröße, sondern auch durch intramolekulare Ladungen und die Anwesenheit weiterer Ionen bestimmt. Die makromolekularen Glykoproteine sind (zusammen mit den anionischen Glykoproteinen, s. u.) für die Viskosität des Speichels verantwortlich.

Die **Viskosität** ist ein Maß für die innere Reibung benachbarter Moleküle in strömenden Flüssigkeitsschichten. Stark hydratisierte Moleküle sind in Flüssigkeiten so dicht benachbart, daß sie sich in ihrer Bewegung gegenseitig behindern. Damit ein Molekül an einen neuen Ort gelangen kann, muß es einen, eine gewisse Mindestenergie erfordernden, Platzwechsel vornehmen. Die Viskosität einer Flüssigkeit ist umgekehrt proportional zur Zahl der Moleküle, die pro Zeiteinheit einen Platzwechsel unter Überwindung einer Energiebarriere vollziehen können.

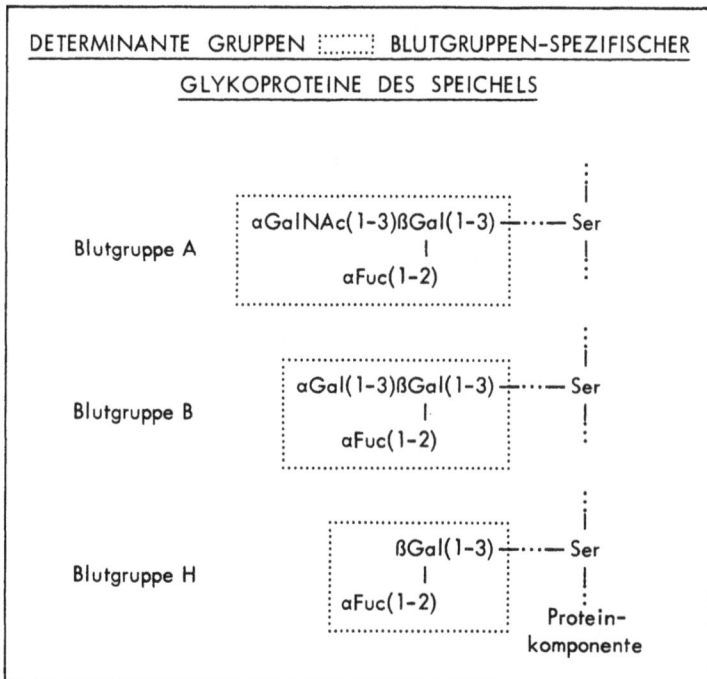

DETERMINANTE GRUPPEN ┊┄┄┄┊ BLUTGRUPPEN-SPEZIFISCHER
GLYKOPROTEINE DES SPEICHELS

Blutgruppe A

αGalNAc(1-3)ßGal(1-3)┄┄┄ Ser
|
αFuc(1-2)

Blutgruppe B

αGal(1-3)ßGal(1-3)┄┄┄ Ser
|
αFuc(1-2)

Blutgruppe H

ßGal(1-3)┄┄┄ Ser
|
αFuc(1-2)

Protein-
komponente

Die Proteinkomponente der hochmolekularen Proteine enthält vorwiegend Serin, Threonin, Prolin und Alanin. Die Oligosaccharidseitengruppen sind über Serinreste in glykosidischer Bindung mit dem Proteinanteil verknüpft.

Funktion. Der Kohlenhydratanteil der makromolekularen Glykoproteine des Speichels enthält Blutgruppenantigene des menschlichen ABO-Systems. Die Antigene A, B und H, die bei allen Menschen auf der Erythrozytenoberfläche vorhanden sind, werden von den „Sekretoren" (75% aller Menschen) auch in zahlreichen schleimhaltigen Sekreten (Speichel, Magensaft, Samenflüssigkeit, Muttermilch) ausgeschieden. Die determinanten antigenen Gruppen (Abb.) sind auf wenige Zucker beschränkt, die innerhalb einer Oligosaccharidseitenkette in terminaler Position das nichtreduzierende Ende der Kohlenhydratseitenketten bilden (Abb.). Träger der Blutgruppe O scheiden in ihren Sekreten die H-Substanz (H = Human) aus.

7. Kationisches Glykoprotein

Das kationische Glykoprotein ist die Hauptkomponente des Parotisspeichels und macht 25% des Gesamtproteins und 75% der Gesamtkohlenhydrate aus. Aminosäure- und Kohlenhydratanalyse sind der Tabelle zu entnehmen.

Aminosäure- und Kohlenhydratgehalt des kationischen Parotis-Glykoproteins

Molekulargewicht des Proteinanteils: 21 000
Molekulargewicht des Kohlenhydratanteils: 14 300

	Zahl der Reste/Molekül
Aminosäure	
Prolin	74
Glycin	46
Glutamin(säure)	40
Asparagin(säure)	10
Lysin	10
Arginin	9
Serin	8
Histidin	2
Alanin	2
Valin	2
Monosaccharide	
N-Acetylglucosamin	22
L-Fucose	22
Galaktose	19
Mannose	18
Sialinsäure	2

Der basische Charakter des kationischen Glykoproteins erklärt sich aus der Tatsache, daß Glutaminsäure und Asparaginsäurereste als Säureamide (Glutamin und Asparagin) vorliegen und der basische Charakter durch die Lysin-, Arginin- und Histidinreste bestimmt wird.

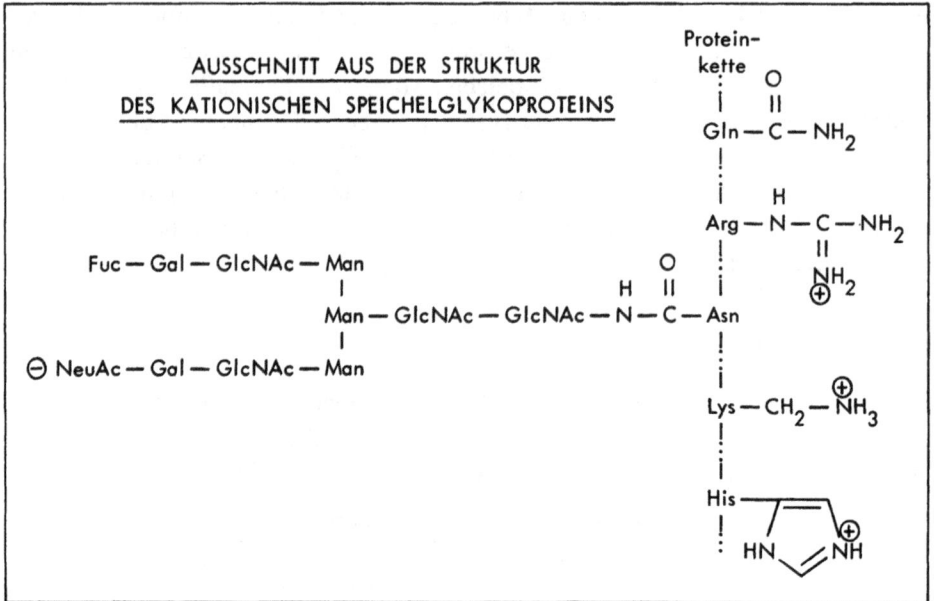

Funktion. Ein auffallendes Merkmal des kationischen Glykoproteins ist seine Fähigkeit, mit den Phosphatgruppen des Hydroxylapatits in Wechselwirkung zu treten. Nach der Sekretion wird das kationische Glykoprotein daher rasch an die Oberfläche des Zahnschmelzes, gegebenenfalls auch an die Oberfläche des Zahnzements, adsorbiert und ist damit ein wesentlicher Bestandteil der **Cuticula dentis** (Schmelzoberhäutchen, Zahnhäutchen).

Der die Cuticula dentis bildende Glykoproteinfilm wird zwar durch Kauprozesse rasch entfernt, jedoch durch Kontakt des sezernierten kationischen Glykoproteins ebenso rasch erneuert. Die initiale Adsorption des kationischen Glykoproteins an der Schmelzoberfläche ist mit einer Konformationsänderung und Übergang in ein Glykoprotein geringerer Löslichkeit verbunden (Abb.).

Auf der Cuticula dentis beginnen sich schon nach kurzer Zeit Bakterien anzusiedeln. Werden unter der Wirkung bakterieller Glykosidasen die Kohlenhydratseitenketten des kationischen Glykoproteins entfernt, geht die Cuticula dentis in einen wasserunlöslichen Zustand über.

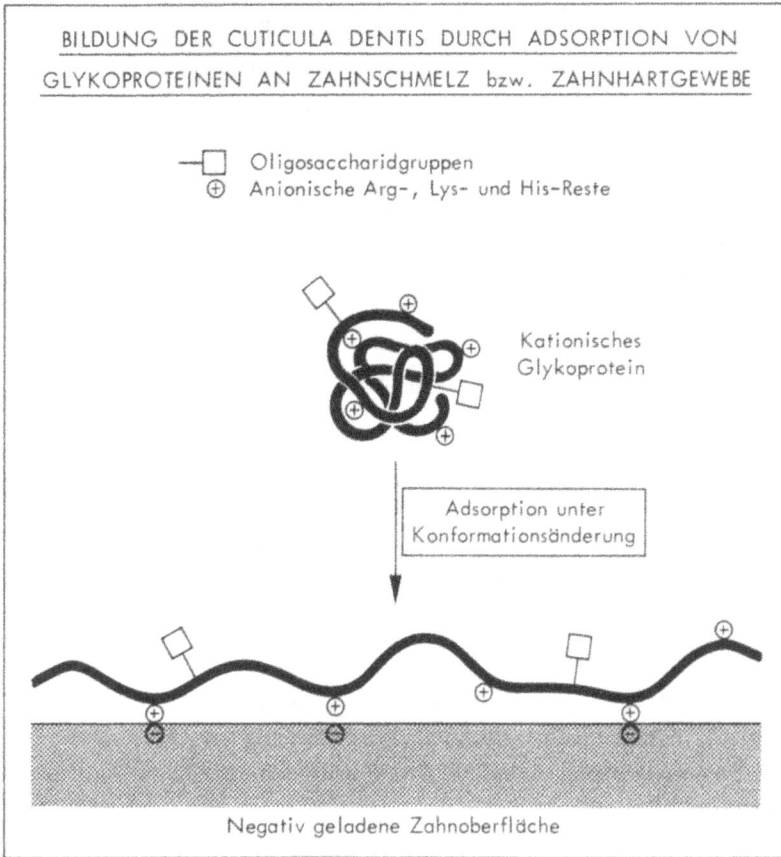

BILDUNG DER CUTICULA DENTIS DURCH ADSORPTION VON
GLYKOPROTEINEN AN ZAHNSCHMELZ bzw. ZAHNHARTGEWEBE

—☐ Oligosaccharidgruppen
⊕ Anionische Arg-, Lys- und His-Reste

Kationisches
Glykoprotein

Adsorption unter
Konformationsänderung

Negativ geladene Zahnoberfläche

8. Anionische (saure) Glykoproteine

Der stark saure Charakter der anionischen Glykoproteine ist durch ihren Gehalt an N-Acetylneuraminsäure bedingt, die die terminale Position der Oligosaccharidreste einnimmt. Ein anionisches Glykoproteinmolekül kann mehrere hundert Oligo(Di)-Saccharidseitenketten besitzen.

Funktion. Durch ihren hohen Neuraminsäuregehalt können die anionischen Glykoproteine eine Schutzfunktion gegenüber Virusinfektionen ausüben. Verschiedene humanpathogene Viren (z. B. Influenzaviren) tragen auf ihrer Außenfläche Neuraminidasemoleküle, mit deren Hilfe sie sich im Wirtsorganismus an Zellmembranen anheften. Die Neuraminsäuremoleküle, die zu den physiologischen Oberflächenstrukturen aller Zellen der Mund-, Rachen- und Nasenschleimhaut gehören, haben für die eindringenden Viren die Funktion von „Rezeptoren", deren Besetzung durch die Viruspartikel das Eindringen in die Wirtszellen ein-

```
┌─────────────────────────────────────────────────┐
│                                                   │
│      AUSSCHNITT  AUS  DER  STRUKTUR  EINES        │
│                                                   │
│      ANIONISCHEN  SPEICHELGLYKOPROTEINS           │
│                                                   │
│       (Submaxillarisglykoprotein vom Schaf)       │
│                                                   │
│                                                   │
│    Das Molekül enthält 600-800 Disaccharideinheiten.│
│      Der Seringehalt des Proteinanteils beträgt   │
│           18 Mol/100 Mol Aminosäurereste.         │
│                                                   │
│                                                   │
│                            Proteinkette           │
│                               |                   │
│                               :                   │
│                               |                   │
│      ⊖ αNeuAc(2-6)αGalNAc — Ser                   │
│                               |                   │
│                               :                   │
│                               |                   │
│      ⊖ αNeuAc(2-6)αGalNAc — Ser                   │
│                               |                   │
│                               :                   │
│                               |                   │
│      ⊖ αNeuAc(2-6)αGalNAc — Ser                   │
│                               |                   │
│                               :                   │
│                                                   │
└─────────────────────────────────────────────────┘
```

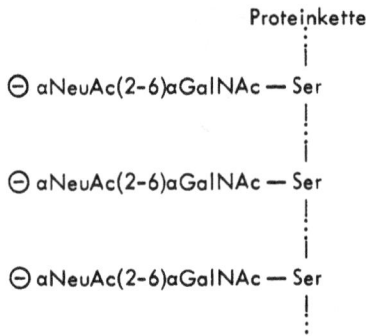

leitet. Durch Kontakt mit neuraminsäurehaltigen Glykoproteinen wird die Virus-
neuraminidase jedoch blockiert und das Viruspartikel verliert damit seine Infektiosität. Es gelangt mit dem Speichel in den Intestinaltrakt, wo es durch proteolytische Enzyme abgebaut wird.

9. Phosphorhaltige Glykoproteine

Durch Zusatz von Calcium läßt sich ein Teil der Glykoproteine des Speichels in
Form eines unlöslichen Calciumkomplexes präzipitieren. Diese Eigenschaft hängt
mit der Existenz von Phosphorsäureestergruppen zusammen, die etwa 1% des
Glykoproteins (bezogen auf Phosphor) ausmachen und über eine besonders hohe
Affinität zu den Calciumionen des Hydroxylapatitkristallgitters der Zahnoberfläche verfügen. Durch Adsorption an den Zahnschmelz tragen die phosphor-
haltigen Glykoproteine daher zusammen mit dem kationischen Glykoprotein
(s. o.) zur Bildung der **Cuticula dentis** bei.

10. Sekretorisches Immunglobulin A

Zu den spezifischen Immunsystemen des Menschen gehören die immunkompetenten B-Lymphozyten, die sich nach Kontakt mit einem Immunogen (Antigen) zu

Plasmazellen differenzieren und humorale Antikörper produzieren. Die humoralen (zirkulierenden) Antikörper gehören zu den γ-Globulinen (Immunglobuline, Ig), von denen man mehrere Klassen kennt, die sich durch Molekulargewicht, Sedimentationskonstante, Kohlenhydratgehalt, Konzentration im Serum und durch ihre chemische Konstitution unterscheiden.

Die Basisstruktur der Immunglobuline besteht aus 2 leichten (Molekulargewicht 25 000) und 2 schweren (Molekulargewicht 55 000) symmetrisch aufgebauten und durch Disulfidgruppen miteinander verbundenen Peptidketten. Sie werden abgekürzt als **L** (light)- und **H** (heavy)-**Ketten** bezeichnet. Jede Hälfte eines Immunglobulinmoleküls kann eine determinante Gruppe des Antigens binden (bivalente Antikörper).

Mit dem Speichel werden **Immunglobuline der Klasse A** (IgA) ausgeschieden. Das sekretorische IgA besitzt eine dimere Struktur mit einem Molekulargewicht von 380 000. Die beiden IgA-Monomeren sind über eine **J-Kette** zu einem dimeren IgA miteinander verbunden. Die dimeren IgA-Moleküle werden durch Plasmazellen gebildet und sezerniert. Die Aufnahme in die Acinuszellen der Speicheldrüsen erfolgt mit Hilfe der **sekretorischen Komponente** (SC), die als Rezeptor an der Zellmembran der Acinuszellen lokalisiert ist, sich mit dem IgA-Molekül verbindet und mit dem IgA-Molekül durch einen Endozytoseprozeß in

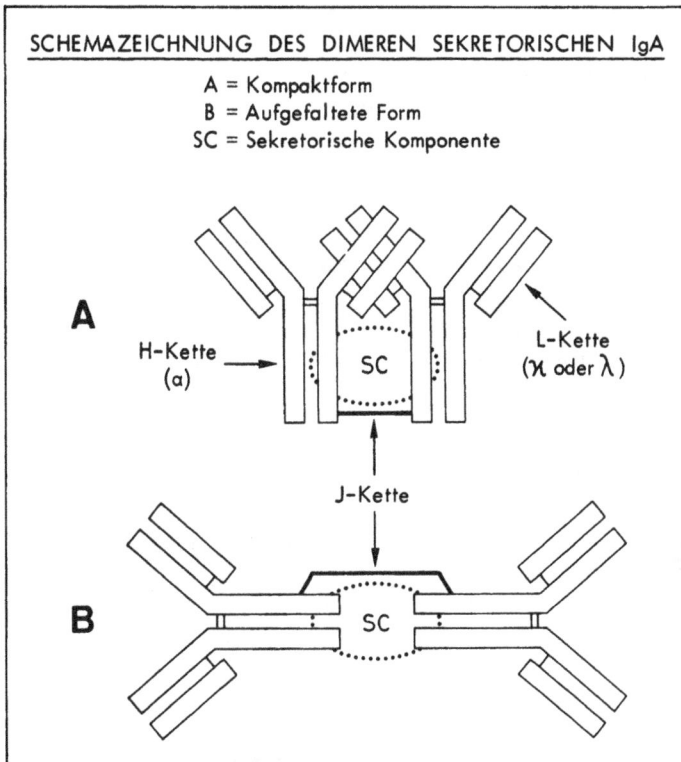

SCHEMAZEICHNUNG DES DIMEREN SEKRETORISCHEN IgA

A = Kompaktform
B = Aufgefaltete Form
SC = Sekretorische Komponente

A   H-Kette (α)   SC   L-Kette (ϰ oder λ)

J-Kette

B   SC

die Acinuszellen gelangt. Von der Acinuszelle werden IgA-Moleküle und sekretorische Komponente als Komplex (IgA-SC-Komplex) ausgeschieden, der entweder in einer kompakten oder in einer aufgefalteten Form vorliegen kann (Abb.). IgA-SC-Komplexe werden auch mit anderen Sekreten (Tränen, intestinale und bronchiale Sekrete) ausgeschieden und liegen dort in höherer Konzentration als im Serum (4 g/l) vor.

Wegen ihrer Anwesensheit in externen Sekreten gehören die Antikörper vom Typ IgA zur ersten Abwehrfront des Organismus gegen infektiöse Partikel (Bakterien, Viren). Durch die Antigen-Antikörperbindung kann ein unlösliches Immunpräzipitat oder eine Agglutination (Verklumpung von Bakterien oder Viren) eintreten, wodurch eine Infektion verhindert und der enzymatische Abbau nach endozytotischer Aufnahme durch Makrophagen eingeleitet wird.

Die sekretorische Komponente wird zum geringen Teil auch in freier Form (10–20 mg/l Speichel) abgegeben. Ihr Kohlenhydratanteil (s. Tab. S. 93) besteht aus N-Acetylglucosamin, Galaktose, Mannose, Fucose und Sialinsäure (N-Acetylneuraminsäure), Molekulargewicht 75 000.

11. Lysozym

Lysozym ist eine Endoglykosidase, die β-N-Acetylmuraminsäureglykoside oder β-N-Acetylglucosaminglykoside unter Anlagerung von Wasser hydrolysiert. Natürliche Substrate des Lysozyms sind das bei grampositiven Bakterien in der Zellwand vorkommende **Murein** und das im Exoskelett von Arthropoden enthaltene Chitin.

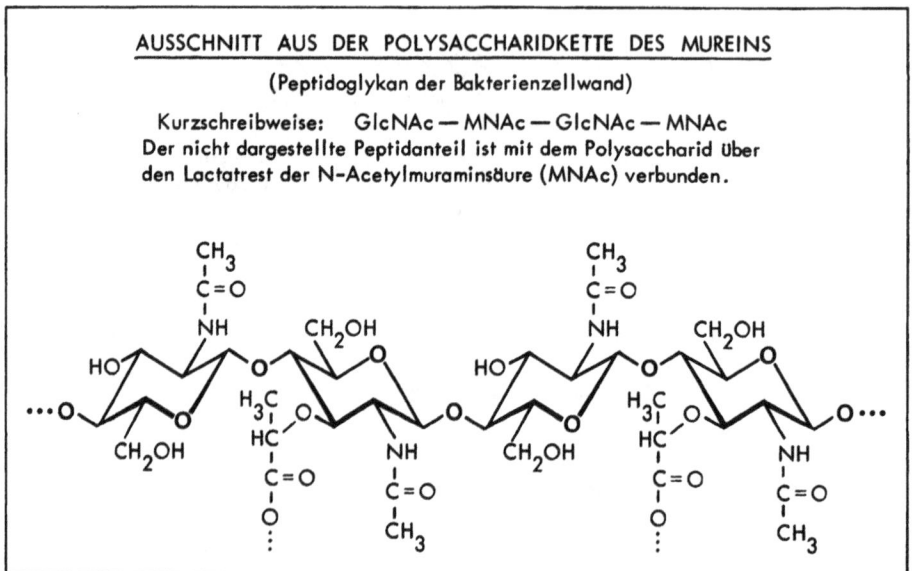

AUSSCHNITT AUS DER POLYSACCHARIDKETTE DES MUREINS
(Peptidoglykan der Bakterienzellwand)

Kurzschreibweise: GlcNAc — MNAc — GlcNAc — MNAc
Der nicht dargestellte Peptidanteil ist mit dem Polysaccharid über den Lactatrest der N-Acetylmuraminsäure (MNAc) verbunden.

Das **Murein** der Bakterienzellwände besteht aus einem Polysaccharidpeptid-komplex **(Peptidoglykan)** und kommt bei grampositiven Bakterien in besonders hoher Konzentration (bis zu 50% der Zellwand) vor, während der Anteil bei gramnegativen Bakterien etwa 10% der Zellwand beträgt.

Die Grundstruktur des Mureins besteht aus einem Polysaccharid, das alternierend aus β-1,4-glykosidisch verknüpften Monosacchariden zusammengesetzt ist, und zwar aus N-Acetylglucosamin und N-Acetylmuraminsäure. Die Muramin-säure ist ein 3-O-D-Lactatether des N-Acetylglucosamins.

Die Carboxylgruppe der Muraminsäure ist mit der terminalen Aminogruppe eines Tetrapeptids carbamidisch verknüpft, das als Besonderheit D-Aminosäuren (D-Glutamin, D-Alanin) sowie einen Lysinrest oder einen α,ε-Diaminopimelin-säurerest enthält. Das Lysin bzw. die α,ε-Diaminopimelinsäure bilden ihrerseits Verzweigungspunkte für die Verbindung mit einem Pentaglycin (Abb.).

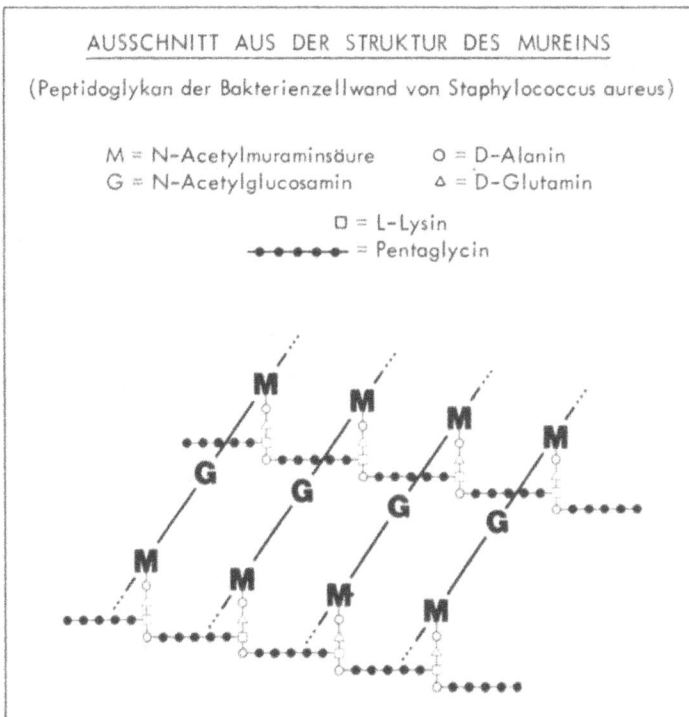

AUSSCHNITT AUS DER STRUKTUR DES MUREINS

(Peptidoglykan der Bakterienzellwand von Staphylococcus aureus)

M = N-Acetylmuraminsäure   O = D-Alanin
G = N-Acetylglucosamin   △ = D-Glutamin
                    □ = L-Lysin
        •••••• = Pentaglycin

Lysozym ist ein basisches Molekül (I. P. 11,4) mit einem Molekulargewicht von 14 000. Das Lysozym ist im Tierreich bei Säugetieren und Vögeln (aus dem Eiweiß der Vogeleier läßt sich Lysozym leicht kristallisieren) weit verbreitet und läßt sich beim Menschen in vielen Organen, Blut, Körperflüssigkeiten und Sekreten nach-weisen. Der größte Teil des Lysozyms wird in den Granulozyten und Monozyten produziert und nur einige Organe sind bezüglich der Lysozymsynthese autonom. Hierzu gehören auch die Speicheldrüsen, die Lysozym in Eigensynthese herstellen und mit dem Speichel 0.05−0.1 g/l) sezernieren.

Funktion. Lysozym vermag bei längerer Einwirkung das Murein der Bakterienzellwand zu spalten und damit die vollständige Auflösung der Bakterien herbeizuführen (Name des Lysozyms). Das Lysozym ist damit in die Abwehr bakterieller Infektionen eingeschaltet.

12. Lactoferrin

Das eisenbindende Glykoprotein Lactoferrin ist in zahlreichen Sekreten und auch im Speichel (20 mg/l) nachweisbar. Die analytischen Daten wurden am Lactoferrin aus Kolostrum gewonnen, sind aber vermutlich denen des Speichellactoferrins vergleichbar. Lactoferrin hat bakteriostatische Eigenschaften.

13. Lactoperoxidase-Thiocyanat-H_2O_2-System

Ein antibakterielles System im Speichel, das aus Lactoperoxidase, Thiocyanat (Rhodanid, SCN^-) und Wasserstoffperoxid (H_2O_2) besteht, ist wegen seiner

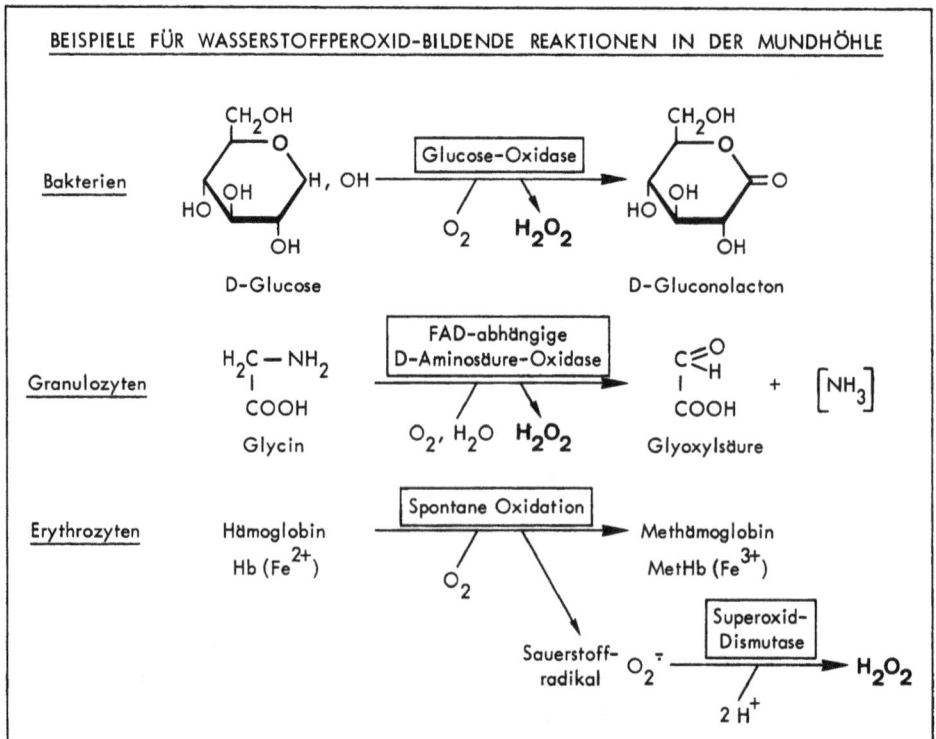

BEISPIELE FÜR WASSERSTOFFPEROXID-BILDENDE REAKTIONEN IN DER MUNDHÖHLE

Fähigkeit zur Wachstumshemmung des kariogenen Streptococcus mutans (S. 129) von Bedeutung.

Die drei Komponenten dieses Systems stammen aus verschiedenen Quellen. Während die Lactoperoxidase (die ihren Namen nach dem zuerst beschriebenen Vorkommen in der Milch erhalten hat) aus Granulozyten (und anderen zellulären Elementen) in den Speichel gelangt, das Thiocyanat dagegen aus dem Blut stammt und direkt mit dem Speichel sezerniert wird, ist das H_2O_2 vorzugsweise ein Produkt **nichtkariogener** Bakterienstämme der Mundhöhlenflora. Besonders hohe Konzentrationen von H_2O_2 können vom **Streptococcus mitis** gebildet werden. Werte von 250 µmol/l sind kein Extrem. An der H_2O_2-Produktion können sich auch zelluläre Enzyme des Wirtsorganismus beteiligen (Abb.).

In Anwesenheit von Lactoperoxidase und SCN^- wird das gebildete H_2O_2 für die Oxidation des SCN^- verwendet, wobei das antibakteriell (stärker als H_2O_2!) wirkende Hypothiocyanat ($OSCN^-$) entsteht. Bei dieser enzymatischen Reaktion ergeben 250 µmol SCN^-/l etwa 180 µmol $OSCN^-$/l, das in dieser Konzentration bereits bakterizide Wirkungen zeigt, die von H_2O_2 erst in 10fach höherer Konzentration (1,8 mmol/l) erreicht werden.

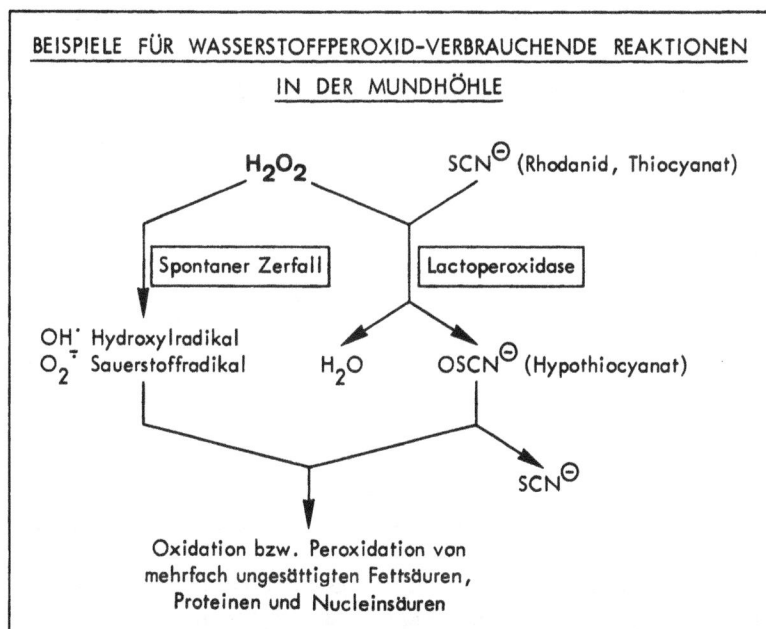

Aus dem durch enzymatische Reaktion gebildeten Hypothiocyanat bzw. Wasserstoffperoxid können spontan Hydroxylradikale oder Sauerstoffradikale entstehen. Sauerstoffradikale zeichnen sich durch hohe Reaktionsfähigkeit aus, die bevorzugt mit ungesättigten bzw. mehrfach ungesättigten Fettsäuren reagieren können. Die bakterizide Wirkung der Sauerstoffradikale hängt damit zusammen, daß mehrfach ungesättigte Fettsäuren regelmäßige Bestandteile der Bakterienzellmembran sind. Die ungesättigten Fettsäuren werden als Reaktionspartner aus 2 Gründen bevorzugt: Zum einen schwächt die Doppelbindung die benachbarte CH-Bindung und macht sie dadurch leichter angreifbar z. B. für das Sauerstoffradikal (Schema), zum anderen bilden die Fettsäuren hydrophobe Areale, in denen der Sauerstoff 7−8mal besser löslich ist als in hydrophilen Bezirken. Die Bildung von Peroxiden, die neben ungesättigten Fettsäuren auch Proteine, Kohlenhydrate und Nucleinsäuren betreffen kann, führt zu Strukturveränderungen (Kettenbruch, Polymerisation), so daß das Molekül seiner Funktion nicht mehr gerecht werden kann.

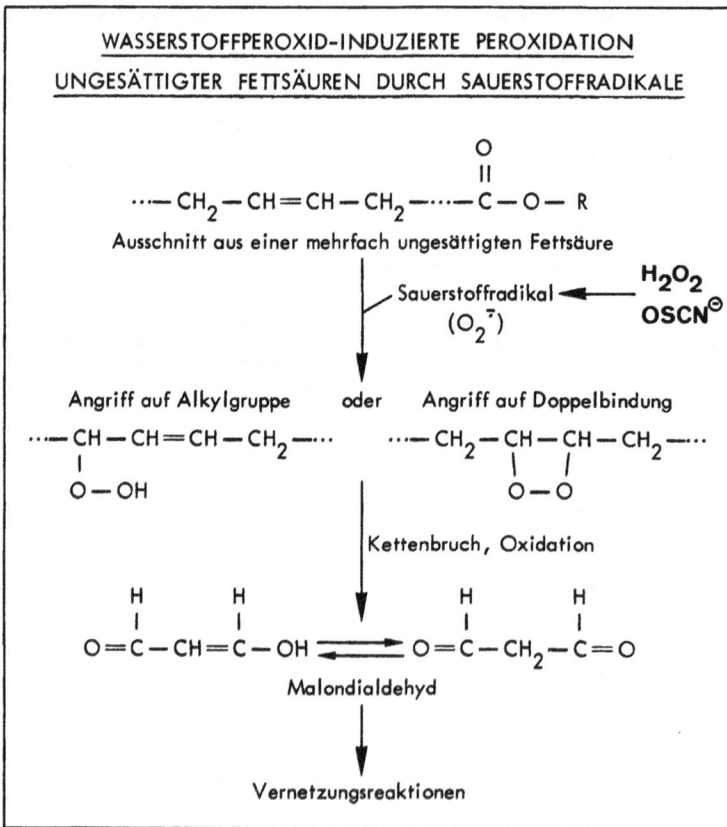

WASSERSTOFFPEROXID-INDUZIERTE PEROXIDATION UNGESÄTTIGTER FETTSÄUREN DURCH SAUERSTOFFRADIKALE

Die H_2O_2-bildenden Zellen schützen sich gegen eine Peroxidation ihrer Membranlipide dadurch, daß sie das entstehende H_2O_2 in einer enzymatischen Folgereaktion sofort umsetzen. An solcher Reaktion sind z. B. die Katalase ($2\,H_2O_2 \rightarrow O_2 + 2\,H_2O$), die Glutathionperoxidase (2 Glutathion + $H_2O \rightarrow$ Glutathiondisulfid + H_2O) oder unspezifische Peroxidasen H_2O_2 + Donor $\rightarrow 2\,H_2O$ + oxidierter Donor) beteiligt.

IX. Mikroorganismen der Mundhöhle

Die gleichmäßige Temperatur und Feuchtigkeit der Mundhöhle sowie die verschiedenen Oberflächenstrukturen der Mundhöhle bilden eine ideale Voraussetzung für das Wachstum von Mikroorganismen, die mit der Atemluft und Nahrung ständig in den Makroorganismus gelangen. Bakterien, Viren, Protozoen und Pilze bieten eine bunte Mischflora. Speisereste, Inhaltsbestandteile des Speichels, teilweise abgebaute Bakterien und Epithelzellen sind eine reiche Quelle der verschiedensten Substrate, die Mikroorganismen für Wachstum und Teilung benötigen.

Die Bakterien der Mundhöhle sind apathogene Kommensalen. Bei Koloniebildung von Bakterien und Entstehung einer **kariogenen Plaque** (s. u.) werden sie jedoch zu pathogenen Keimen, die für die Entstehung von Karies und Parodontose verantwortlich sind. Haftung und Wachstum von Mikroorganismen in der Mundhöhle werden durch den Speichelfluß gehemmt, der locker haftende Bakterien von den Oberflächenstrukturen der Mundhöhle abwäscht. Auch die hohe Umsatzrate der Epithelzellen der Mundhöhle, die abgestoßen und mit dem Speichel fortgespült werden, wirken einem Bakterienwachstum entgegen. Diese Selbstreinigungsprozesse schließen eine längere Haftung von Bakterien an der Mundschleimhaut aus. Die Zähne bilden dagegen eine nicht regenerierende Oberfläche, die damit für die Bakterienkoloniebildung prädestiniert ist. Die Ansiedlung von Bakterien in Fissuren des Schmelzes und in den interdentalen Räumen wird begünstigt, weil sie dort durch den normalen Speichelfluß und durch mechanische Reinigung nicht erreichbar sind und weil die Zahnoberfläche durch die Bildung der Cuticula dentis (s. S. 97) günstige Voraussetzungen für die Haftung von Bakterien bietet.

Das Verständnis der durch Bakterien ausgelösten Pathogenese von **Karies** und **Parodontose** setzt die Kenntnis einiger Besonderheiten der Biochemie der Mikroorganismen voraus.

1. Morphologie und Aufbau von Bakterien

Die Bedeutung der Mikroorganismen für die Zähne, den Zahnhalteapparat und die Mundhöhle resultiert aus der Tatsache, daß die beiden wichtigsten Erkrankungen der Zähne und des Zahnhalteapparates, die **Karies** und die **Parodontitis** (Parodontose) ihre eindeutige Ursache in einer Schädigung des Wirtsorganismus durch Mikroorganismen (s. S. 129) haben.

Mikroorganismen umfassen folgen Gruppen:

- Bakterien
- Pilze
- Algen
- Protozoen und
- Viren

Die Mikroorganismen der Mundhöhle bestehen vorwiegend aus **Bakterien.** Pilze und Protozoen sind vorhanden, aber zahlenmäßig in der Minderheit.

Morphologie. Bakterien sind einzellige Lebewesen mit variabler Gestalt und einer durchschnittlichen Größe von 0,5 − 5,0 μm. Nach der Form der Bakterien werden unterschieden:

- Kugelbakterien (Kokken) haben eine sphärische Gestalt. Sie können solitär (z. B. Mikrokokken), als Doppelkugel (Diplokokken z. B. Diplococcus pneumoniae) oder in Kettenform (Streptokokken, s. u.) auftreten.
- Stäbchenbakterien (s. u.) weisen eine gerade oder gekrümmte Form auf
- Schraubenbakterien (Spirochaeten), die jedoch nicht zu den regulären Bewohnern der Mundhöhle gehören.

Bakterien besitzen eine mehr oder weniger feste Zellwand, die ihre zytoplasmatische Membran umgibt. Sie verleiht der Bakterienzelle Form und Festigkeit und schützt sie gegen die osmotische Druckdifferenz zwischen Zellinnerem und Außenflüssigkeit. Die Bausteine der Bakterienzellwand sind für viele biologische Eigenschaften der Bakterien verantwortlich. Sie enthalten z. B. die für Bakterien spezifischen Antigene und die Rezeptoren für Phageninfektionen. Manche dieser Bausteine sind wirksame Endotoxine, andere stehen wiederum mit der Virulenz im Zusammenhang.

Färbung und Chemie der Bakterienzellwand. Der Aufbau der Bakterienzellwand und ihr Verhalten bei der **Gramfärbung** war lange Zeit Grundlage einer Klassifikation von Bakterien. Die Gramfärbung beginnt mit einer Einwirkung von Anilinfarbstoffen, der (nach ca. 1 min) eine Behandlung mit Jodjodkalium und (nach weiteren 3 min) eine Entfärbung mit Alkohol folgt. Bakterien, bei denen der Farbstoff durch Alkohol wieder aus der Zellwand herausgelöst wird, bezeichnet man als **gramnegative** Bakterien. Bakterien, bei denen eine Entfärbung der Zellwand durch die Alkoholbehandlung nicht möglich ist, gehören zu den **grampositiven** Bakterien. Für das unterschiedliche Verhalten bei der Gramfärbung ist in erster Linie die unterschiedliche Dicke des Mureinsacculus (Peptidoglykan-anteil der Zellwand) verantwortlich (Abb.).

Die innerste Schicht der Zellwand, die direkt der zytoplasmatischen Membran der Bakterienzelle aufliegt und nur durch einen geringen periplasmatischen Raum von ihr getrennt ist, besteht aus einem Polysaccharid-Peptidkomplex, der als **Murein** (Peptidoglykan) bezeichnet wird und bei fast allen Bakterien vorkommt. Murein ist in kovalenter Phosphodiesterbindung mit Teichonsäure (Formel S. 126) oder mit anderen für verschiedene Bakterienstämme charakteristischen Poly-sacchariden verknüpft.

Bei den gramnegativen Bakterien bestehen die äußeren Wandanteile aus kom-plex strukturierten Lipopolysacchariden, Phospholipiden und Proteinen. Ähnlich wie die (innen liegende) Zellmembran ist die „Außenmembran" als Lipiddoppel-membran angeordnet.

SCHEMATISCHER AUFBAU DER ZELLWAND GRAMNEGATIVER UND GRAMPOSITIVER BAKTERIEN

(P = Proteine bzw. Glykoproteine)

Zellwand grampositiver Bakterien

Zellwand gramnegativer Bakterien

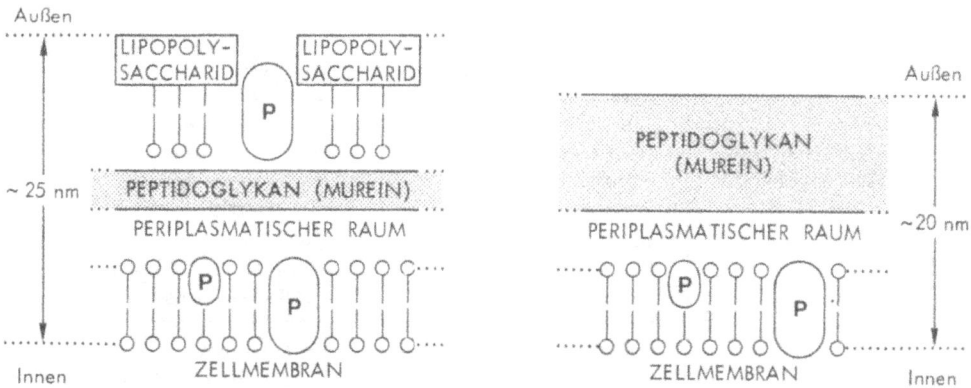

Außen

LIPOPOLY-SACCHARID   LIPOPOLY-SACCHARID

P

~ 25 nm   PEPTIDOGLYKAN (MUREIN)

PERIPLASMATISCHER RAUM

Außen

PEPTIDOGLYKAN (MUREIN)

PERIPLASMATISCHER RAUM   ~20 nm

P   P

Innen   ZELLMEMBRAN

P   P

ZELLMEMBRAN   Innen

Die Unterschiede im Aufbau grampositiver und gramnegativer Bakterien sind in der Abb. in schematischer Form dargestellt. Die Chemie des Mureins ist im Kap. Speichel, S. 100, die Struktur des Lipopolysaccharids im Kap XII, S. 156 beschrieben.

2. Keimbesiedlung der Mundhöhle

Zum Zeitpunkt der Geburt ist die Mundhöhle steril, jedoch stellt sich innerhalb 4–12 Stunden eine Streptokokkenflora (vorwiegend Streptococcus salivarius) ein, die bald durch Lactobazillen (Lactobacillus casei) und verschiedene Mikrokokken ergänzt wird. Streptokokken sind grampositive, in Ketten wachsende, Milchsäure produzierende Bakterien. Lactobazillen sind grampositive stäbchenförmige Bakterien und gehören ebenfalls zu den Milchsäurebildnern.

Nach Durchbruch der ersten Zähne erscheint der Streptococcus sanguis. Später kommen anaerobe Spirochaeten, Vibrionen, Fusobakterien und u. U. auch Hefen und Actinomyceten hinzu. Kommt es zur Entwicklung einer Karies, so ist auch immer der **Streptococcus mutans** nachweisbar. Bei einer Analyse von Glattflächen an Zähnen (13–14 Jahre alte Kinder) ergaben sich für die beteiligten Mikroorganismen folgende Durchschnittswerte: Actinomyceten 35%, Streptokokken 23%, Veillonellen 13%, Bacterioides 8%.

Die folgende Tabelle zeigt beispielhaft die in einer **kariogenen Plaque** (s. S. 128) nachgewiesenen Kokken und Stäbchen.

Mikroorganismen einer Zahnplaque

	GRAM-POSITIVE BAKTERIEN	
	KOKKEN	STÄBCHEN
Fakultative Anaerobier	Streptococcus mutans Streptococcus sanguis Streptococcus mitis Streptococcus salivarius	Corynebakterien Lactobazillen Nocardia Odontomyces viscosus Bacterionema matruchoti
Anaerobier	Peptostreptokokken	Actinomyceten Propionibacterium acnes Leptotrichia buccalis Corynebakterium
	GRAM-NEGATIVE BAKTERIEN	
Fakultative Anaerobier	Neisseria	
Anaerobier	Veillonella alcalescens	

3. Stoffwechsel, Wachstum und Vermehrung von Bakterien

Bakterienstoffwechsel. Bakterien unterscheiden sich durch zahlreiche Kriterien von vielzelligen Organismen:

- Bakterien gehören zu den Prokaryonten, bei denen das genetische Material (Desoxyribonucleinsäure) **nicht** von einer Kernmembran umschlossen ist.

- Das genetische Material der Mikroorganismen enthält nur **einen** kompletten Satz von Genen, der „Zellkern" ist also haploid angelegt.

- Bakterien besitzen meist eine starre Zellwand, die 10–100 nm dick sein kann und eine komplexe Struktur aufweist, an der sich neben Peptidoglykanen (S. 100) bei gramnegativen Bakterien auch Lipopolysaccharide (S. 156) und bei grampositiven Bakterien auch Teichonsäure (S. 126) beteiligen können.

- Mitochondrien und Lysosomen, die für Eukaryonten charakteristisch sind, fehlen bei Bakterien. Ribosomen sind dagegen lebenswichtige partikuläre Elemente aller Bakterienzellen.

- Mikroorganismen haben die Fähigkeit zur raschen Vermehrung. Einige Bakterien können ihre zelluläre Substanz alle 15–20 Minuten verdoppeln, während kultivierte Säugetierzellen für den gleichen Prozeß etwa 24 Stunden benötigen.

- Die hohe Aktivität der Bakterien-Enzyme gestattet einen hohen Stoffumsatz. Glucose kann z. B. von Bakterien zehn- bis dreihundertfach rascher verstoffwechselt werden als von Leberzellen. Die hohe Wachstumsgeschwindigkeit von Bakterien erhöht weiterhin die Chance einer Entstehung von Mutanten mit veränderten Eigenschaften.

- Die Bakterien besitzen die Fähigkeit zur Vermehrung und zum Stoffwechsel unter sehr verschiedenen und z. T. extremen Bedingungen. Auch im sauren oder alkalischen Milieu, bei hohen oder niedrigen Temperaturen oder in hypertonen Salzlösungen können Wachstum und Teilungsfähigkeit erhalten bleiben.

Trotz dieser Besonderheiten unterliegen auch die Bakterien dem Gesetz der Universalität molekularer Lebensvorgänge. Alle grundlegenden Prozesse des Energie- und Synthesestoffwechsels sind in Mikroorganismen und (vielzelligen) Makroorganismen im Prinzip dieselben. Dies gilt u. a. für die **Glykolyse,** den **Citratzyklus,** die **Atmungskette,** die **Proteinbiosynthese,** die **Synthese von Lipiden, Kohlenhydraten** und **Porphyrinen** sowie weitere Stoffwechselwege und Stoffwechselzyklen.

Darüber hinaus verfügen Mikroorganismen über zusätzliche Möglichkeiten ihres Energie- und Bau(Synthese)-stoffwechsels. Chemotrophe Mikroorganismen vollziehen ihren Baustoffwechsel unter Verwertung organischer oder anorganischer Verbindungen, wobei

- **chemo-lithotrophe Mikroorganismen** als Substrate für Wachstum und Teilung lediglich Kohlendioxid, anorganischen Stickstoff und Spurenelemente benötigen, während

- **chemo-organotrophe Mikroorganismen** ihre Substrate für den Stoffwechsel aus dem Abbau von organischen Verbindungen gewinnen, die von anderen Lebewesen produziert werden.

In Gegenwart geeigneter organischer Substrate vollzieht sich der Baustoffwechsel chemo-organotroph (heterotroph), stehen solche Substrate nicht zur Verfügung, erfolgt Umschaltung auf chemo-lithotrophe (autotrophe) Stoffwechselbedingungen.

Im Energiestoffwechsel unterscheiden sich die Mikroorganismen dadurch, daß sie Sauerstoff utilisieren können oder ihren Energiestoffwechsel unter anaeroben Bedingungen vollziehen.

- **Aerobe Mikroorganismen** benötigen Sauerstoff

- **Anaerobier** sind primär auf ein sauerstofffreies Milieu adaptiert

- **fakultative Mikroorganismen** können ihren Stoffwechsel – wenn notwendig – auf sauerstoffunabhängige Bedingungen umstellen.

Wachstum und Teilung. Unter Kulturbedingungen lassen sich Wachstum und Teilung von Bakterien verfolgen. Das zeitliche Intervall zwischen der Teilung eines Bakteriums und dem Beginn der Teilung der Tochterzelle nennt man **Generationszeit**. Für eine Zellpopulation ist der Zeitraum, der für die Verdoppelung der Zellzahl erforderlich ist, als **mittlere Generationszeit** definiert. In Kultur zeigen Bakterien ein sog. logarithmisches (exponentielles) Wachstum, währenddessen sich die Zellen in regelmäßigen Intervallen teilen. Die Wachstumsgeschwindigkeit veranschaulicht ein gedankliches Experiment: Eine einzelne mit einer Generationszeit von 1 Stunde sich teilende Zelle ergäbe nach 96 Stunden eine Population von 10^{29} Zellen mit einem ungefähren Gewicht von $2,5 \times 10^{13}$ kg.

Praktisch wird das Wachstum der Zellen (in Kultur) immer begrenzt durch Akkumulation toxischer Stoffwechselprodukte oder durch Verbrauch essentieller Substrate. Aus diesem Grunde flacht die logarithmische Wachstumskurve nach einer charakteristischen Zeitspanne ab, nach der die Zahl der lebenden Zellen konstant bleibt („stationäre Phase"). Unter unveränderten Kulturbedingungen geht die stationäre Phase schließlich in die Abnahmephase über, die durch Auflösung und Tod einzelner Zellen charakterisiert ist.

4. Bildung, Sekretion und Wirkung mikrobieller Enzyme

Im Stickstoff- und Kohlenstoffkreislauf der Natur spielen chemo-organotrophe (heterotrophe) Bakterien eine zentrale Rolle, da sie makromolekulare Verbindungen, einschließlich komplexer organischer Strukturen, die aus anderen lebenden Systemen (Pflanzen- und Tierreich) stammen, enzymatisch zu niedermolekularen und verwertbaren, d. h. die Bakterienmembran passierbaren Substraten abbauen. Hierfür sind Bakterien mit Enzymen ausgerüstet, die entweder an der Außenfläche der Bakterienzellmembran gebunden sind oder in freier Form an das umgebende Medium abgegeben werden. Polysaccharide, Proteine, Nucleinsäuren und Lipide können durch diese Enzyme bis zu den monomeren Bestandteilen zerlegt werden. Die so vorbereiteten Substrate werden anschließend von der Bakterienzelle über spezifische Transportmechanismen aufgenommen.

Beispiele Polysaccharid-spaltender Enzyme in Bakterien

Polysaccharid-Substrat	Bakterien-Enzym	Systematischer Enzymname	Reaktionsprodukte
Amylopektin	α-Amylase	1,4 α-D-Glukanohydrolase	Maltose, Isomaltose, Glc
Amylose	β-Amylase	1,4 α-D-Glukan-Malto-hydrolase	Maltose, Grenzdextrine
Cellulose, Lichenin	Cellulase	1,4 (1,3) β-D-Glukan-Glukanohydrolase	Cellobiose, Cellulose-oligosaccharide
Chitin	Chitinase	Poly (1,4 β-D-N-Acetyl-glucosaminid)-Glukano-hydrolase	Chitobiose, Chitin-Oligo-saccharide
Pektin	Pektinase	Poly (1,4 α-D-Galakturonid)-Glukanohydrolase	Galakturonsäure-oligo-saccharide
Hyaluronat	Hyaluronidase	Hyaluronat-Lyase	Δ 4,5 β-D-Glucuronyl(1−3) N-Acetylglucosamin
Chondroitin-sulfat	Chondroitin-sulfatlyase	Chondroitin ABC (AC)-Lyase	Δ 4,5 β-D-Glucuronyl(1−3) N-Acetylgalaktosamin-4 (6)-sulfat
Alginsäure	Alginatlyase	Poly (1,4 α-D-Mannuronid)-Lyase	Δ 4,5-Mannuronsäure-di (oligo)saccharide

Abbau von Polysacchariden. Mikroorganismen verfügen über Enzyme, die Homo- und Heteroglykane z. B. Stärke, Cellulose, Chitin, Hyaluronsäure und Chondroitinsulfat unter Spaltung glykosidischer Bindungen abbauen können. Allerdings verfügen die meisten Bakterien nicht über das volle Spektrum der

Polysaccharid-abbauenden Enzyme, sondern haben sich auf bestimmte Polysaccharide spezialisiert. Die Tabelle gibt eine Auswahl.

Cellulasen spalten spezifisch β-1,4-Bindungen der Cellulose und werden von vielen Bakterien (einschließlich der Pansenbakterien des Rindes) produziert. Unter den Stärke- und Glykogen-abbauenden Enzymen werden 2 Amylasetypen unterschieden, die α-Amylase und β-Amylase. Beide Enzyme hydrolysieren α-1,4-glykosidische Bindungen der Amylose und des Amylopektins, unterscheiden sich aber in der Art ihrer Wirkung und in der Natur ihrer Endprodukte. Die α-Amylase, die bei Bakterien, Pilzen, Pflanzen weit verbreitet ist und auch bei Säugetieren im Speichel und Pankreas vorkommt (s. Kap. VIII), greift innerhalb eines Amylopektin- oder Amylosemoleküls statistisch α-glykosidische Bindungen an und liefert bei prolongierter Einwirkung Maltose, Isomaltose und Glucose als Endprodukte. Dagegen spaltet die β-Amylase vom nichtreduzierenden Ende der Amylose bzw. Amylopektinketten Maltoseeinheiten ab, wobei der Abbau jedoch vor den Verzweigungsstellen stehen bleibt und neben Maltose als Endprodukt ein größeres Restpolymer (sogenanntes „Grenzdextrin") gebildet wird.

Die unter der Wirkung Polysaccharid-abbauender Enzyme entstehenden Di- bzw. Oligosaccharide können durch bakterielle Exoglykosidasen weiter zu den Monosacchariden abgebaut werden.

Abbau von Proteinen. Die Zahl der von Bakterien produzierten und in die Kulturflüssigkeit abgegebenen **Proteasen** ist außerordentlich groß und vielfältig. Sie gehören der Gruppe der **Serinproteasen, Metalloproteasen, Thiolproteasen** oder **sauren Proteasen** an und besitzen häufig eine breite Spezifität. Trotzdem tritt eine vollständige Spaltung von Proteinen durch extrazelluläre bakterielle Proteasen bis zu den Aminosäuren nicht ein. Die von den Bakterien aufgenommenen und im Stoffwechsel verwerteten Endprodukte des extrazellulären Proteinabbaus stellen eine Mischung von Aminosäuren und kurzkettigen Peptiden dar.

Die Gruppe der Clostridien bildet **Kollagenasen,** die natives Kollagen als Substrat angreifen, spezifisch die Bindung

$$-X-Gly \overset{\downarrow}{-} Pro-Y-$$

spalten und das Kollagenmolekül auf diese Weise in mehrere 100 Bruchstücke zerlegen. Clostridien gehören im allgemeinen zwar nicht zu den Bewohnern der Mundhöhle, wurden jedoch in Einzelfällen aus der Sulcusflüssigkeit periodontaler Taschen angezüchtet.

Flavobakterien bilden eine **Elastase,** die Elastin aber auch andere Proteine hydrolytisch spaltet.

Die bakteriellen Proteasen sind nicht nur für die Gewinnung stickstoffhaltiger Substrate des Bakterienstoffwechsels von Bedeutung, sondern spielen − insbesondere bei Anreicherung ihrer Aktivität in bakteriellen Plaques − auch bei der

Zerstörung des periodontalen Gewebes und der organischen Matrix der Zahn-hartsubstanz eine pathogenetische Rolle.

Abbau von Nucleinsäuren. Bakterien verfügen über alle Enzyme eines voll-ständigen intrazellulären Abbaus von DNA und RNA, die Abgabe von Desoxy-ribonucleasen und Ribonucleasen an den Extrazellulärraum erfolgt jedoch nicht regelmäßig.

Streptokokken sezernieren eine **Desoxyribonuclease,** welche die Esterbindun-gen zwischen dem Phosphatrest in der 3'-Position der Desoxyribose, und zwar vorzugsweise zwischen einer Purin- und Pyrimidinbase spaltet. Als Reaktionspro-dukte entstehen daher kurze Nucleotide mit einem terminalen 5'-Phosphatrest. Die Sekretion bakterieller Ribonucleasen durch Bakterien der Mundhöhle wird nur selten beobachtet.

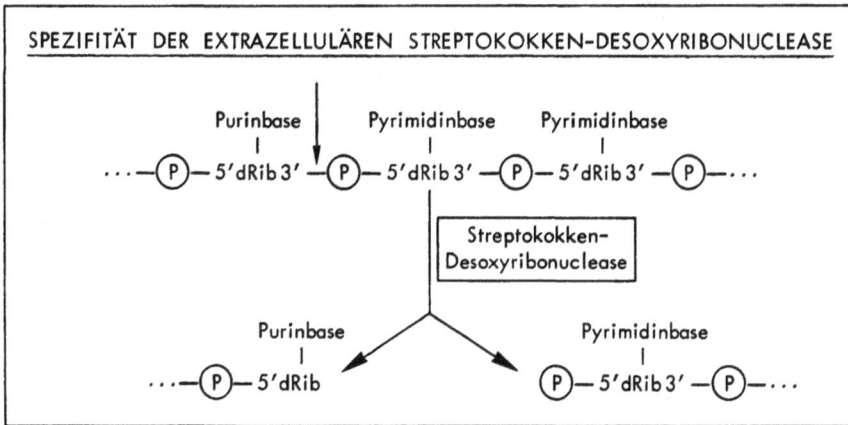

SPEZIFITÄT DER EXTRAZELLULÄREN STREPTOKOKKEN-DESOXYRIBONUCLEASE

Abbau von Lipiden. Eine Besonderheit im extrazellulären Abbau von Lipiden besteht darin, daß die von den Bakterien sezernierten wasserlöslichen Lipasen bzw. Phospholipasen wasserunlösliche Substrate angreifen müssen. Das Substrat der Lipasen bzw. Phospholipasen muß daher durch Micellenbildung, bei der sich eine Wasser-Lipidgrenzschicht ausbildet, vorbereitet werden.

Triacylglycerinlipasen (Triglyceridlipase), welche die Reaktion

Triacylglycerin + H_2O → Diacylglycerin + Fettsäureanion

katalysieren, sind bei Bakterien weit verbreitet.

In der Gruppe der **Phospholipasen** ist die Phospholipase C für Clostridien spezifisch und identisch mit dem α-Toxin dieser Bakterien. Die von der Phospho-lipase C katalysierte Reaktion

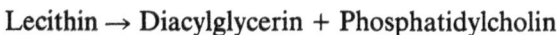

Lecithin → Diacylglycerin + Phosphatidylcholin

bewirkt an tierischem Gewebe Hämolyse bzw. Zellzerstörung.

5. Anaerobe Stoffwechselprozesse bei Bakterien

Die wichtigsten und quantitativ bedeutendsten Prozesse zur Energiegewinnung lebender Systeme sind:

- Biologische Oxidation (sauerstoffabhängig),

- Photosynthese (lichtenergieabhängig) und

- Anaerobe Glykolyse (Gärung)

Die **anaerobe Glykolyse** (Gärung) zeichnet sich als energieliefernder Prozeß dadurch aus, daß er weder an die Anwesenheit von molekularem Sauerstoff noch an die Zufuhr von Lichtenergie gebunden ist, sondern einen begrenzten Abbau von Substraten des Intermediärstoffwechsels (organische Moleküle) durchführt und Energie lediglich aus der Spaltung von Kohlenstoff-Kohlenstoff-Bindungen gewinnt. Die Endprodukte der Gärung befinden sich daher im gleichen Oxidationszustand wie die Ausgangsprodukte.

Die enzymatische Spaltung von organischen Verbindungen im Rahmen des Gärungsstoffwechsels zur Gewinnung von Energie spielt eine hervorragende Rolle im Stoffwechsel der obligaten und fakultativen Anaerobier. Die anaerob stoffwechselnden Bakterien verfügen hierfür über verschiedene Stoffwechselwege, die den vielzelligen Organismen fehlen.

Unter dem Begriff der **Gärung** (Fermentation) werden alle anaerob verlaufenden mikrobiellen Abbauprozesse zusammengefaßt. Der Ausdruck Fermentation wird aber auch auf mikrobielle Produktionsprozesse angewandt, stellt also einen technologischen Begriff dar, der die Produktion oder Veredelung von Produkten mit Hilfe von Mikroorganismen beschreibt.

In der mikrobiellen **Zahnplaque** überwiegen **fakultativ anaerobe** und **anaerobe** (grampositive) **Kokken** und **Stäbchen** (s. o.).

6. Anaerobe Vergärung von Kohlenhydraten

Die anaerobe Glykolyse ist für den menschlichen und tierischen Organismus ein zentraler Stoffwechselweg. Er spielt jedoch — mit Ausnahme der Erythrozyten — nur in wenigen Organen bzw. Geweben (Retina, Knorpelgewebe, Arteriengewebe) eine wesentliche Rolle bei der Energiegewinnung, sondern bereitet den oxidativen Endabbau der Kohlenhydrate im Citratzyklus bzw. in der Atmungskette vor.

Bei der anaeroben Glykolyse der Glucose wird nur ein geringer Anteil der nutzbaren Energie gewonnen. Dies zeigt ein Vergleich des Glucoseabbaus unter anaeroben und aeroben Bedingungen:

- **Anaerober Glucoseabbau (Glykolyse)**

$$\text{Glucose} \rightarrow 2\ \text{Lactat}^{\ominus} + 2\ \text{H}^+;\ \Delta G^{\circ} = -196\ \text{kJ/mol}$$

- **Aerober (oxidativer) Glucoseabbau**

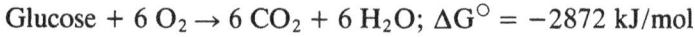

$$\text{Glucose} + 6\ O_2 \rightarrow 6\ CO_2 + 6\ H_2O;\ \Delta G^{\circ} = -2872\ \text{kJ/mol}$$

Das Prinzip der anaeroben Glucosevergärung (Glykolyse) ist bei Bakterien in vielfältiger Weise variiert worden. Der generelle Mechanismus dieser Art der Energiegewinnung besteht darin, daß die Carbonylgruppen, die nicht resonanz-stabilisiert sind, in Carboxylgruppen oder zu CO_2 umgewandelt werden. Nimmt man einen Wirkungsgrad von 30% an, so reicht die dabei gewonnene Energie für die Synthese eines ATP-Moleküls/gebildeter Carboxylgruppe oder CO_2 aus. Dabei lassen sich formal folgende Gärungsprozesse unterscheiden:

Homolactat- und alkoholische Gärung. Das Stoffwechselschema der Homo-lactat- und alkoholischen Fermentierung zeigt, daß die Glucose alternativ in Lactat **oder** in Ethanol und CO_2 umgewandelt werden kann. Streptokokken und Lacto-bazillen vergären Glucose zu Milchsäure, während Hefen die Ethanolbildung bevorzugen. Das gemeinsame Merkmal beider Stoffwechselwege besteht darin, daß der bei der Oxidation von Triosephosphat gebildete Wasserstoff ($NADH_2$) dazu benutzt wird, um die Endprodukte des Abbaus zu reduzieren und dabei selbst wieder in den oxidierten Zustand zurückversetzt wird. Die genaue äquivalente Kopplung zwischen oxidativen und reduktiven Reaktionsschritten ist charak-teristisch für alle anaeroben Fermentierungsprozesse. Das gleiche gilt für die dabei erfolgende Bildung von ATP aus ADP und Phosphat, das als Substrat-gebundener Phosphorsäureester bereitgestellt und im Rahmen der „Substratkettenphosphory-lierung" auf ADP übertragen wird.

Die Bildung von CO_2 und Ethanol an Glucose ist mit einer größeren Energie-ausbeute verbunden als die Bildung von Lactat (s. o.).

$$\text{Glucose} \rightarrow 2\ CO_2 + 2\ \text{Ethanol};\ \Delta G^{\circ} = -235\ \text{kJ/mol}$$

Die Ethanolbildung ist allerdings nur für Hefen charakteristisch, doch hat dieser Stoffwechselweg für die technische Gewinnung von Alkohol große Bedeutung erlangt.

Heterolactatbildung auf der Basis des Phosphogluconats und des Pentosephos-phatzyklus. Manche Bakterien vom Stamm der Lactobazillen, die auch Bewohner der Mundhöhle sind, produzieren Lactat auf einem nicht-glykolytischen Stoff-wechselweg, da ihnen das Schlüsselenzym für die Spaltung von Fructose-6-phos-phat in 2 Triosephosphatmolekülen, die Aldolase, fehlt. Unter diesen Bedingungen wird Glucose unter Benutzung der Enzyme des Pentosephosphatzyklus zunächst in Ribulose-5-phosphat überführt, das durch die Phosphoketolase zu Acetylphos-phat und Glycerinaldehyd gespalten wird. Während der Glycerinaldehyd über

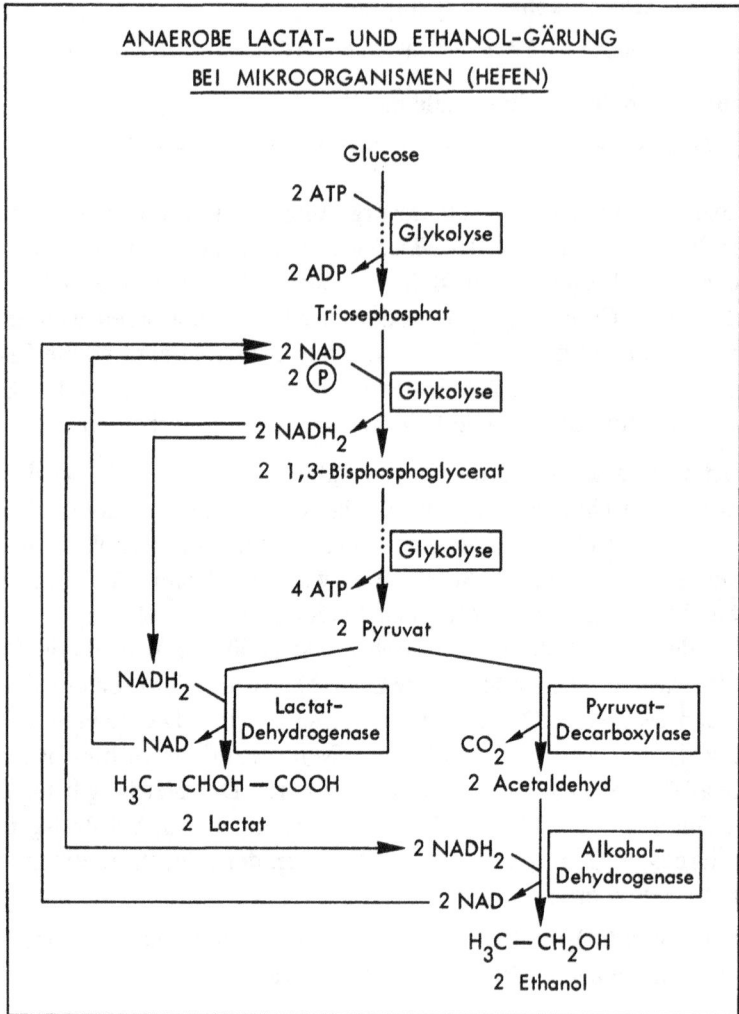

ANAEROBE LACTAT- UND ETHANOL-GÄRUNG
BEI MIKROORGANISMEN (HEFEN)

Glucose

2 ATP

Glykolyse

2 ADP

Triosephosphat

2 NAD
2 (P)

Glykolyse

2 NADH$_2$

2 1,3-Bisphosphoglycerat

Glykolyse

4 ATP

2 Pyruvat

NADH$_2$

Lactat-
Dehydrogenase

NAD

$H_3C - CHOH - COOH$

2 Lactat

Pyruvat-
Decarboxylase

CO_2

2 Acetaldehyd

2 NADH$_2$

Alkohol-
Dehydrogenase

2 NAD

$H_3C - CH_2OH$

2 Ethanol

Glycerinaldehydphosphat auf dem glykolytischen Stoffwechselweg weiter zu Pyruvat und Lactat abgebaut wird (unter Gewinnung von 2 ATP-Molekülen), kann Acetylphosphat über Acetyl-CoA zu Acetaldehyd und Ethanol reduziert werden.

Die gemischte Säuregärung. Während die homologe Lactat- und Ethanolbildung überwiegend von Hefen durchgeführt wird, bevorzugen zahlreiche Bakterien die gemischte Säuregärung.

Dabei wird Glucose zunächst zu 2 Molekülen Pyruvat umgewandelt. Das entstehende Pyruvat wird teilweise durch die Pyruvat-Formiat-Lyasereaktion in Acetyl-CoA und Formiat umgewandelt. Aus dem Acetyl-CoA kann entweder unter intermediärer Bildung von Acetylphosphat Acetat und ATP gewonnen

HETEROLACTAT-GÄRUNG BEI MIKROORGANISMEN

Glucose

ATP

ADP

Hexokinase

Glucose-6-phosphat

6-Phosphogluconsäure

Pentosephosphate

(P)

Phosphoketolase

Glycerinaldehyd-phosphat

Acetylphosphat

Pyruvat

Acetaldehyd

Lactat

Ethanol

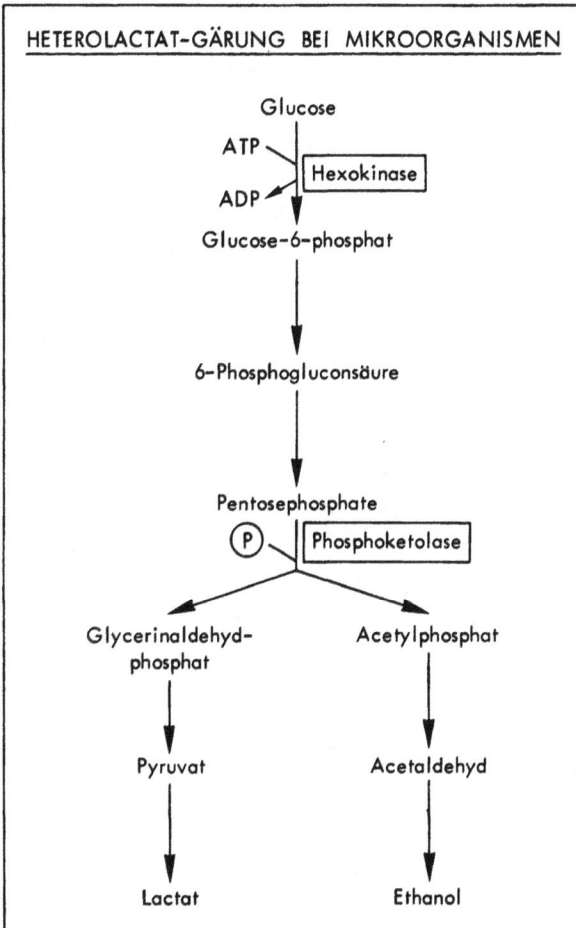

werden oder es kann nach zweifacher Reduktion über Acetaldehyd Ethanol entstehen. Das gebildete Formiat wird über die Ameisensäure-Wasserstofflyase in CO_2 und Wasserstoff überführt. Der Umsatz verläuft nach der Gleichung

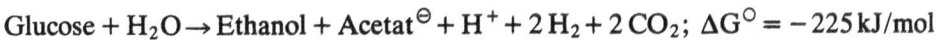

$$\text{Glucose} + H_2O \rightarrow \text{Ethanol} + \text{Acetat}^{\ominus} + H^+ + 2\,H_2 + 2\,CO_2; \quad \Delta G^{\circ} = -225\,\text{kJ/mol}$$

Da auf diesem Stoffwechselweg nur ein Teil der Glucose umgesetzt und ein anderer Teil jedoch zu Essigsäure (und Bernsteinsäure) verstoffwechselt wird, bezeichnet man diesen Stoffwechselweg als gemischte Säuregärung. Einige Mikroorganismen aus der Art der Aerobacter können Pyruvat unter Decarboxylierung zu Acetolactat kondensieren (das ein Zwischenprodukt bei der Biosynthese des Valins darstellt) und anschließend zu Acetoin decarboxylieren. Das Acetoin wird

```
┌─────────────────────────────────────────────────────────┐
│         GEMISCHTE ANAEROBE SÄUREGÄRUNG                    │
│              BEI ENTEROBAKTERIEN                          │
│                                                           │
│                     Glucose                               │
│                        │                                  │
│                   ┌──────────┐                            │
│                   │ Glykolyse │                           │
│                   └──────────┘                            │
│                     Pyruvat                               │
│              CoA ╲  ┌──────────────────────┐              │
│                   ╲ │ Pyruvat–Formiat–Lyase │             │
│                     └──────────────────────┘              │
│                                                           │
│        Acetyl–CoA                    Formiat              │
│                                                           │
│                                   ┌───────────┐           │
│              (P)  ┌──────────┐    │ Formiat–  │           │
│                   │ Phospho– │    │ Wasserstoff│          │
│                   │transacetylase│ │  Lyase    │          │
│                   └──────────┘    └───────────┘           │
│              CoA                                          │
│                                                           │
│  Acetaldehyd    Acetyl–(P)   CO₂          H₂              │
│              ADP ╲                                        │
│                  ┌────────┐                               │
│                  │ Acetat–│                               │
│                  │ Kinase │                               │
│              ATP └────────┘                               │
│                                                           │
│   Ethanol         Acetat                                  │
└─────────────────────────────────────────────────────────┘
```

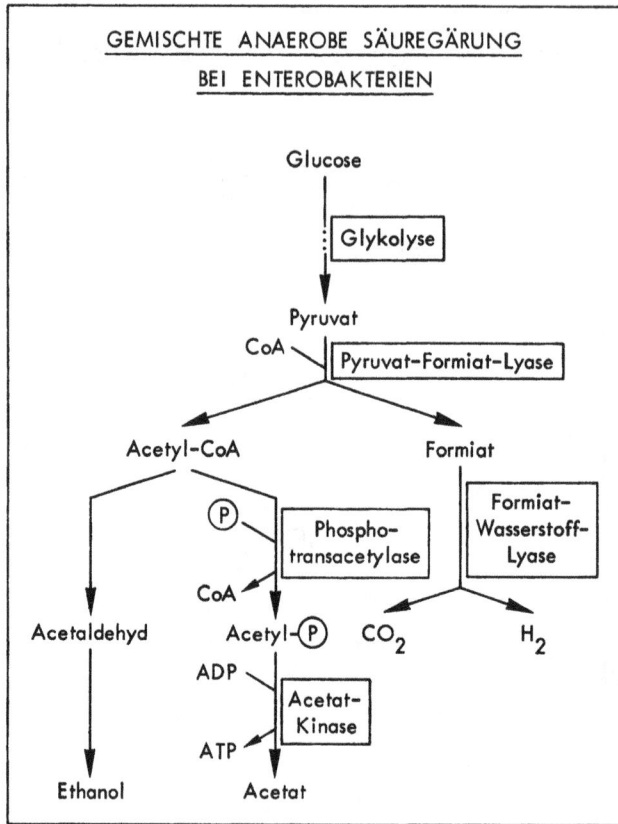

durch $NADH_2$ zu 2,3-Butandiol reduziert und gleichzeitig wird ein drittes Pyruvat-molekül zu Ethanol und Wasserstoff umgewandelt.

$$1,5 \text{ Glucose} \rightarrow \text{Butandiol} + 3\,CO_2 + \text{Ethanol}$$

Die gemischte Säuregärung ist nicht auf Bakterien beschränkt. Auch Trichomonaden und Flagellaten haben einen anaeroben Stoffwechsel, in dessen Verlauf Pyruvat in Acetat, Succinat, CO_2 und H_2 umgewandelt werden kann. Diese Organismen besitzen Mikrobody-ähnliche Partikel, die als „Hydrogenosomen" bezeichnet werden, in denen die Umwandlung von Pyruvat in Acetat, CO_2 und Wasserstoff stattfindet.

Auch manche Invertebraten sind fakultative Anaerobier, die über lange Perioden, gegebenenfalls sogar unbegrenzt lange ohne Sauerstoff existieren können. Dazu gehören der Ascaris lumbricoides (Bandwurm), die Austern und andere Mollusken. Der Bandwurm wandelt Pyruvat in Acetat um.

Propionsäuregärung. Propionsäure-produzierende Bakterien werden besonders häufig im Intestinaltrak von Wiederkäuern angetroffen, wo sie Cellulose enzymatisch in Glucose spalten und diese zu Lactat und anderen Säuren (Propionsäure,

Essigsäure) umwandeln. Die Endprodukte dieses Stoffwechsels werden vom Wirtsorganismus aufgenommen und utilisiert.

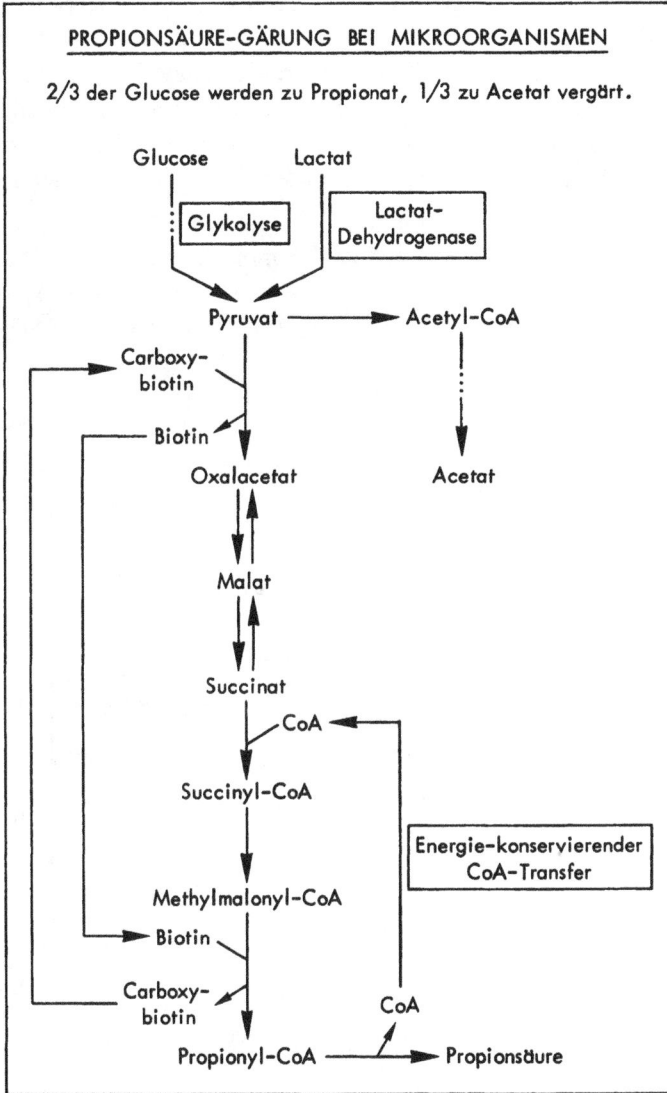

PROPIONSÄURE-GÄRUNG BEI MIKROORGANISMEN

2/3 der Glucose werden zu Propionat, 1/3 zu Acetat vergärt.

Glucose   Lactat

Glykolyse   Lactat-Dehydrogenase

Pyruvat ⟶ Acetyl-CoA

Carboxy-biotin

Biotin

Oxalacetat   Acetat

Malat

Succinat

CoA

Succinyl-CoA

Energie-konservierender CoA-Transfer

Methylmalonyl-CoA

Biotin

Carboxy-biotin   CoA

Propionyl-CoA ⟶ Propionsäure

Die Basis der Propionsäurebildung ist die Umwandlung des Pyruvats in Oxalacetat durch eine Carboxylasereaktion und die weitere Überführung unter intermediärer Bildung von Succinat und Succinyl-CoA in Methylmalonyl-CoA und Propionyl-CoA. Diese Reaktionskette entspricht genau der Rückreaktion bei der Oxidation von Propionat im tierischen Organismus.

Die Carboxylierung von Pyruvat zu Oxalacetat erfordert − im Gegensatz zum tierischen Organismus − nicht die Mitwirkung von ATP, vielmehr stammt die

Carboxylgruppe aus einem Carboxybiotin, das bei der Decarboxylierungsreaktion von Methylmalonyl-CoA zu Propionyl-CoA gebildet wurde. Auf diese Weise kann ein ATP-Molekül eingespart werden. Ebenso ist eine energetische Kopplung der Reaktion Succinat $\rightarrow$ Succinyl-CoA mit ATP nicht erforderlich, da die bei der Spaltung von Propionyl-CoA zu Propionat freiwerdende Energie für eine direkte Übertragung auf Succinat verwendet wird. Die Reaktionen Succinat $\rightarrow$ Succinyl-CoA und Propionyl-CoA $\rightarrow$ Propionat sind also energetisch gekoppelt. In der Bilanz werden 1,5 mol Glucose nach folgender Gleichung umgesetzt:

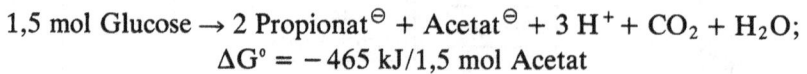

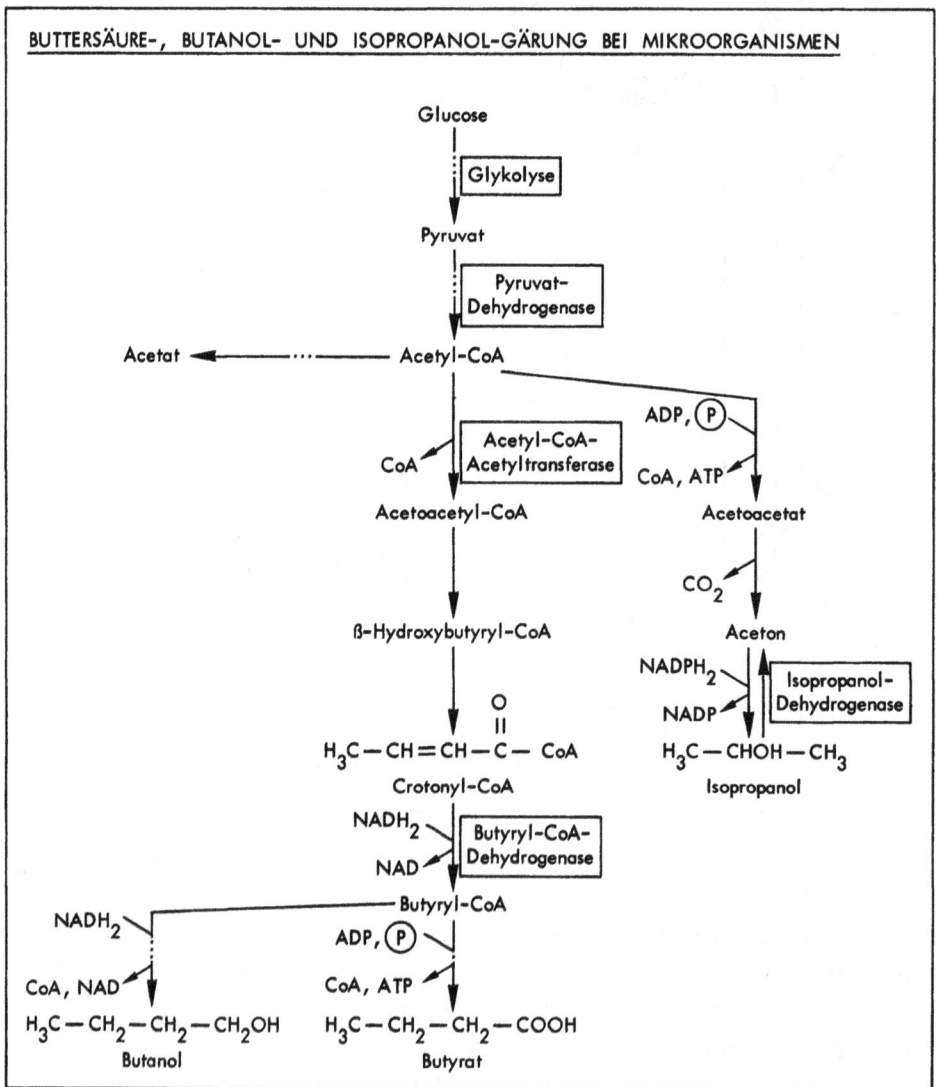

$$1{,}5 \text{ mol Glucose} \rightarrow 2 \text{ Propionat}^{\ominus} + \text{Acetat}^{\ominus} + 3\,H^+ + CO_2 + H_2O;$$
$$\Delta G^\circ = -465 \text{ kJ}/1{,}5 \text{ mol Acetat}$$

BUTTERSÄURE-, BUTANOL- UND ISOPROPANOL-GÄRUNG BEI MIKROORGANISMEN

Propionsäure-bildende Mikroorganismen sind auch zur Verwertung von Lactat in der Lage, das als Stoffwechselendprodukt von anderen Bakterien abgegeben wurde. Das Lactat wird – wie das Pyruvat – zu Propionat und Acetat umgesetzt mit einem Nettogewinn von 1 Molekül ATP:

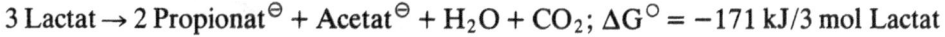

$$3 \, \text{Lactat} \rightarrow 2 \, \text{Propionat}^\ominus + \text{Acetat}^\ominus + H_2O + CO_2; \, \Delta G^\circ = -171 \, \text{kJ/3 mol Lactat}$$

Buttersäure- und Butanol-bildende Abbauprozesse. Clostridien und Butyribakterien können Glucose in Buttersäure und Essigsäure unter Bildung von CO_2 und H_2 nach folgender Gleichung umwandeln:

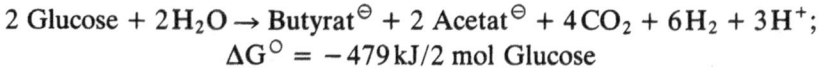

$$2 \, \text{Glucose} + 2 H_2O \rightarrow \text{Butyrat}^\ominus + 2 \, \text{Acetat}^\ominus + 4 CO_2 + 6 H_2 + 3 H^+;$$
$$\Delta G^\circ = -479 \, \text{kJ/2 mol Glucose}$$

Bei einer Ausbeute von 2,5 mol ATP/mol Glucose ergibt sich ein Wirkungsgrad von etwa 50%.

Auf einem weiteren Stoffwechselweg können Butanol und Isopropanol entstehen, wobei die Übernahme des bei der Umwandlung von Glucose in Acetyl-CoA entstehenden Wasserstoffs durch eine Ferridoxin-abhängige Hydrogenase auf NAD übertragen werden kann.

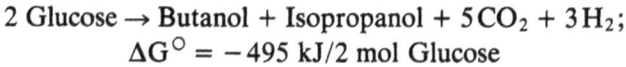

$$2 \, \text{Glucose} \rightarrow \text{Butanol} + \text{Isopropanol} + 5 CO_2 + 3 H_2;$$
$$\Delta G^\circ = -495 \, \text{kJ/2 mol Glucose}$$

7. Mikrobielle Ammoniak- und Sulfidbildung in der Mundhöhle

Beim Abbau von Nahrungsbestandteilen oder Inhaltsstoffen des Speichels durch Mikroorganismen können als Stoffwechselendprodukte u. a. Ammoniak (NH_3) und Schwefelwasserstoff (H_2S) entstehen. Während Ammoniak zur Neutralisation kariogener organischer Säuren beitragen kann, reagiert Schwefelwasserstoff gegebenenfalls mit Schwermetallen unter Sulfidbildung (Kap. XIV).

Ammoniakbildung. Die Hauptquelle der oralen NH_3-Bildung ist der mit dem Speichel sezernierte Harnstoff (Kap. VIII, S. 90). Im Gegensatz zu den Wirbeltieren verfügen Invertebraten (Krebse, Muscheln), Pflanzensamen (z. B. Sojabohne) und zahlreiche Mikroorganismen über eine **Urease,** die Harnstoff in neutraler oder schwach saurer Lösung als Substrat nach der Reaktion:

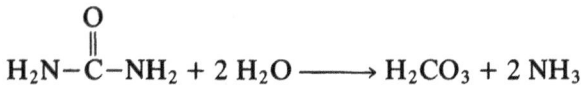

$$\underset{\displaystyle H_2N-\overset{\textstyle \|}{\overset{\textstyle O}{C}}-NH_2}{} + 2 \, H_2O \longrightarrow H_2CO_3 + 2 \, NH_3$$

hydrolysiert (Harnstoff-Amidohydrolase). Carbonat und Ammoniak werden z. T. für Synthesen (z. B. von Aminosäuren) nutzbar gemacht, können jedoch auch an das Medium abgegeben werden.

Einige Hefen (und Grünalgen), denen die Urease fehlt, verwerten Harnstoff mit Hilfe der **Harnstoff-Amidolyase-Reaktion:**

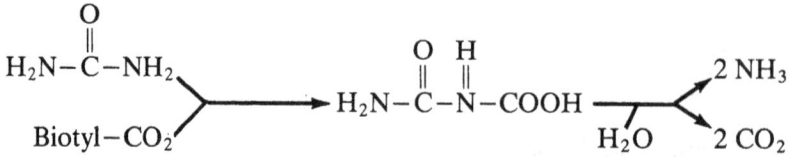

$$\begin{array}{c}
\underset{\text{Biotyl}-CO_2}{\overset{\displaystyle H_2N-\overset{\displaystyle O}{\overset{\|}{C}}-NH_2}{}}
\end{array}
\;\longrightarrow\;
H_2N-\overset{\displaystyle O}{\overset{\|}{C}}-\overset{\displaystyle H}{\overset{\|}{N}}-COOH
\;\longrightarrow\;
\begin{array}{c} 2\,NH_3 \\ H_2O \quad 2\,CO_2 \end{array}$$

Die Harnstoff-Amidolyase ist ein biotinabhängiger Multienzymkomplex, der Harnstoff in Gegenwart von ATP und Biotin zunächst durch die Harnstoff-Carboxylase in Allophansäure umwandelt, die in einer Sekundärreaktion durch die Allophanat-Hydrolase in Hydrogencarbonat und Ammoniak gespalten wird.

Sulfatreduktion durch Mikroorganismen und H_2S-Bildung. Einige obligate Anaerobier der Mundhöhle sind zur Energiegewinnung durch Reduktion des Sulfats durch Wasserstoff unter Bildung von Schwefelwasserstoff nach folgender Gleichung fähig:

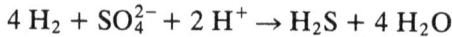

$$4\,H_2 + SO_4^{2-} + 2\,H^+ \rightarrow H_2S + 4\,H_2O$$

ΔG° (pH 7,0) $= -154\,kJ/mol$ reduziertes Sulfat.

Da jedoch das Reduktionspotential für Sulfat sehr gering ist: E_0 (pH 7,0) $= -0,454$ V, muß Sulfat für die Reduktion durch ATP aktiviert werden. Das

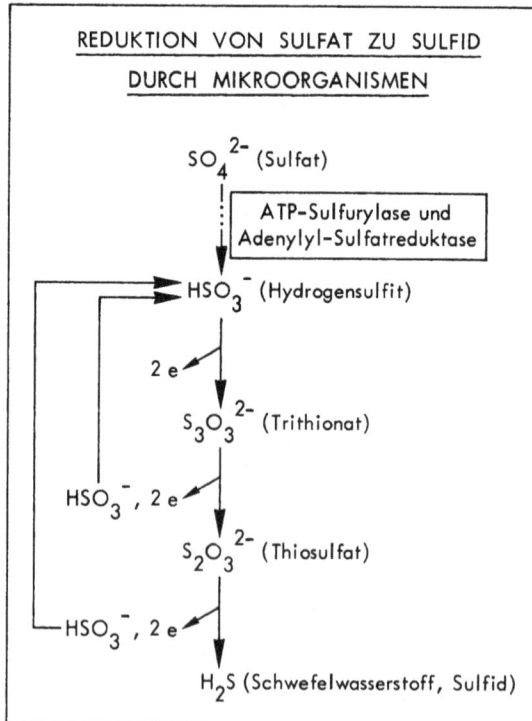

REDUKTION VON SULFAT ZU SULFID
DURCH MIKROORGANISMEN

SO_4^{2-} (Sulfat)

ATP-Sulfurylase und
Adenylyl-Sulfatreduktase

HSO_3^- (Hydrogensulfit)

2 e

$S_3O_3^{2-}$ (Trithionat)

HSO_3^-, 2 e

$S_2O_3^{2-}$ (Thiosulfat)

HSO_3^-, 2 e

H_2S (Schwefelwasserstoff, Sulfid)

entstehende Hydrogensulfit kann anschließend in 3 Reduktionsschritten über Trithionat und Thiosulfat zu H_2S reduziert werden (Abb.).

Die Aktivität schwefelwasserstoffbildender Mikroorganismen in der Mundhöhle zeigt sich darin, daß mit dem Speichel ausgeschiedene Schwermetalle (Blei, Quecksilber) mit H_2S dunkelgefärbte, am Zahnfleischrand lokalisierte Sulfide bilden.

Das für die H_2S-Bildung benötigte Sulfat beziehen die Mikroorganismen aus der Mundflüssigkeit. Es wird vom Wirtsorganismus beim Abbau der schwefelhaltigen Aminosäuren Cystein und Cystin gewonnen, deren organisch gebundener Schwefel schrittweise unter Bildung von Sulfinylpyruvat

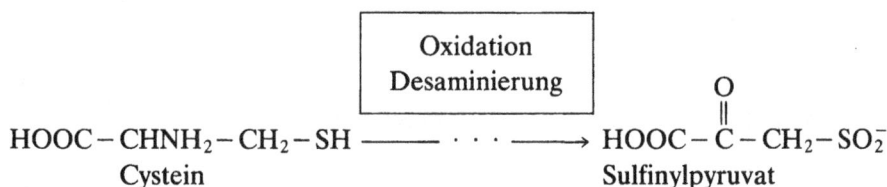

$$\text{HOOC} - \text{CHNH}_2 - \text{CH}_2 - \text{SH} \xrightarrow[\text{Desaminierung}]{\text{Oxidation}} \cdots \longrightarrow \text{HOOC} - \overset{\overset{\text{O}}{\|}}{\text{C}} - \text{CH}_2 - \text{SO}_2^-$$

Cystein   Sulfinylpyruvat

oxidiert wird. Sulfinylpyruvat reagiert weiter zu Pyruvat und Sulfit, das unter der Wirkung einer Sulfit-Oxidase in Sulfat umgewandelt wird.

X. Pathobiochemie der Karies

Die Karies (Caries dentium, Zahnfäule, engl. Caries, tooth decay) ist eine lokalisierte Demineralisierung der Zahnhartsubstanz (Schmelz, Dentin) und Auflösung der organischen Matrix durch Mikroorganismen der Mundhöhle. Die Kariogenese ist ein mehrphasischer Prozeß, in dessen Verlauf es zur Haftung, Aggregation und Koloniebildung kariogener Mikroorganismen auf der Zahnoberfläche kommt (kariogene Plaque). Die von den Mikroorganismen gebildeten organischen Säuren und Enzyme sind Ursache für die kariöse Zerstörung des Zahnes und für die Entstehung einer **Kavität**.

1. Haftung von Bakterien an Zahnoberflächen

Die Haftung von Bakterien an der Zahnoberfläche kann durch chemische Bindung oder durch physikochemische Kräfte zustande kommen. Grundlage ist eine spezifische Wechselwirkung zwischen der **Cuticula dentis** (S. 97) und chemischen Gruppierungen der **Bakterienzellwand.**

Die primäre Haftung der Bakterien muß berücksichtigen, daß sowohl das Schmelzhäutchen als auch die Bakterienoberflächen negativ geladen sind. Daß trotzdem eine Haftung zustandekommt, läßt sich erklären unter der Annahme, daß Calcium als komplexierendes Kation einen stabilen gemischten Komplex einerseits mit chemischen Gruppen des Schmelzhäutchens und andererseits mit der Bakterienoberfläche bildet. Überschüssige Ca^{2+}-Konzentrationen können diesen Effekt allerdings wieder aufheben (Abb.).

An der initialen Adhäsion der Bakterien an der Cuticula dentis können weitere Bindungskräfte beteiligt sein. Modelle für solche nicht-heteropolaren Bindungen sind Kohlenhydrat-Protein-Wechselwirkungen, hydrophobe Bindungskräfte zwischen Proteinen oder Wasserstoffbrückenbindungen zwischen Cuticula dentis und Bakterienzellwandstrukturen.

Die Wirksamkeit solcher Bindungskräfte läßt sich dadurch bestätigen, daß z. B. Galaktose in der Lage ist, die Bindung von Streptococcus mutans an einem auf Hydroxylapatit aufgezogenen Speichelfilm zu verhindern oder daß der Zusatz von Kationen, der das elektrische Oberflächenpotential verändert, die Haftung von Mikroorganismen verhindern oder verzögern kann. Bei der Bindung der Bakterien an Zahnoberflächen können auch die Fimbrien oder Geißeln, die z. B. am Streptococcus sanguis vorhanden sind, eine spezielle Rolle spielen.

Bei der Haftung von Bakterien an der Zahnoberfläche ist zu unterscheiden zwischen der initialen Haftung von Bakterien, die sich direkt auf das Schmelzhäutchen anlagern, und den weiteren Schichten von Bakterien, die sich auf eine

A   Bindung von Bakterien an Glykoproteine der Cuticula dentis ("Zahnoberhäutchen") durch Calciumkomplexbildung

B   Aufhebung der Bindung durch Sättigung anionischer Liganden bei Calciumionenüberschuß

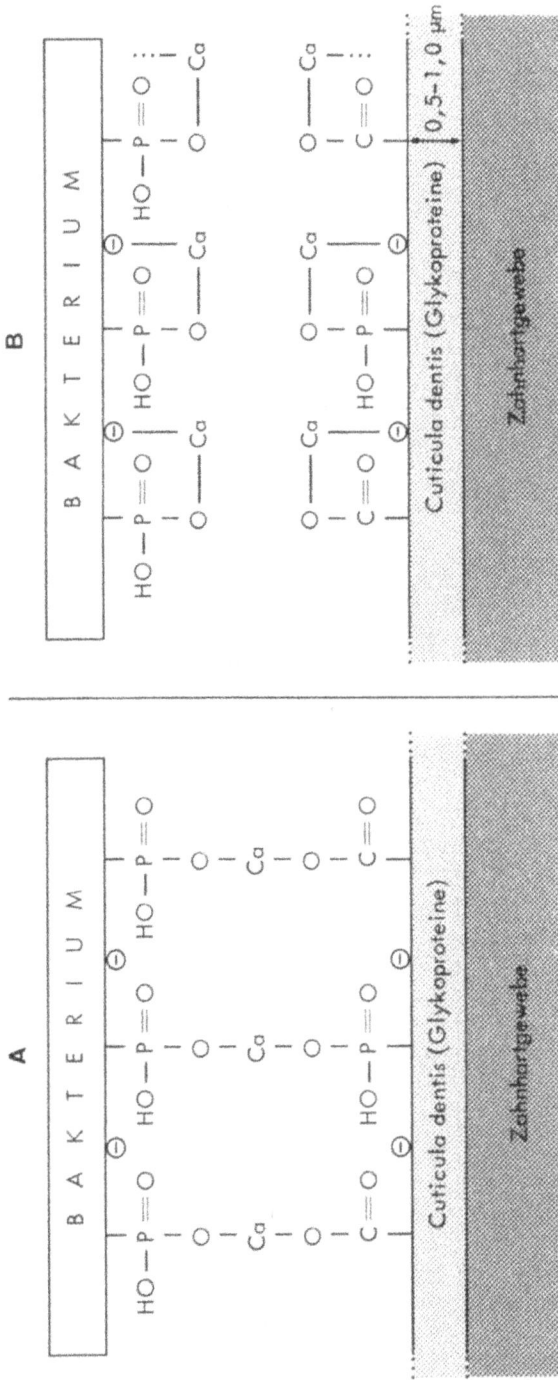

B

BAKTERIUM

Cuticula dentis (Glykoproteine)   0,5–1,0 µm

Zahnhartgewebe

A

BAKTERIUM

Cuticula dentis (Glykoproteine)

Zahnhartgewebe

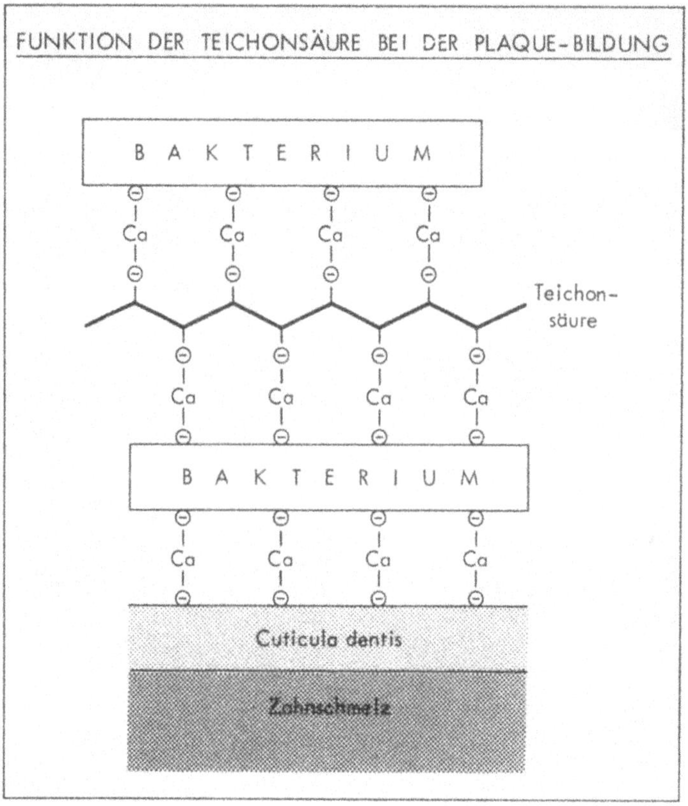

FUNKTION DER TEICHONSÄURE BEI DER PLAQUE-BILDUNG
BAKTERIUM
Ca
Teichon-
säure
BAKTERIUM
Cuticula dentis
Zahnschmelz

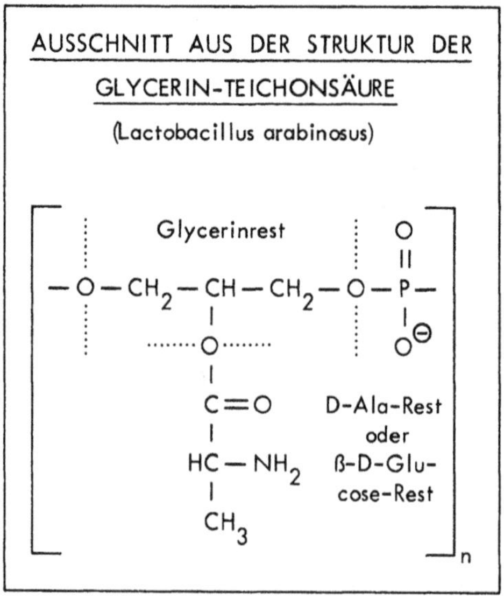

AUSSCHNITT AUS DER STRUKTUR DER
GLYCERIN-TEICHONSÄURE
(Lactobacillus arabinosus)
Glycerinrest
D-Ala-Rest
oder
ß-D-Glu-
cose-Rest

größere Distanz anlagern und deren Haftung untereinander durch andere Kräfte bestimmt wird. Hierzu gehören die von kariogenen Bakterien produzierten extrazellulären Dextrane mit Klebstoff-artiger Konsistenz (s. u.) und die von anderen Mikroorganismen an das Medium abgegebene **Teichonsäure,** die mit Bakterien stabile gemischte Calciumkomplexe bilden kann (Abb.).

Teichonsäure (engl. teichoic acid) ist ein Polymeres aus Glycerinphosphat, in dem der Glycerinrest mit Glucose über eine glykosidische Bindung oder mit D-Alanin esterartig verknüpft ist.

2. Mikrobielle Plaquebildung

Ohne Selbstreinigung des Gebisses durch Kauen bzw. ohne Mundhöhlenhygiene, d. h. mechanische Entfernung der auf der Cuticula dentis haftenden Mikroorganismen setzt ein rasches Wachstum der Bakterien ein, so daß die Zahnoberfläche von einem weichen Aggregat von Bakterien, Speichelproteinen und anorganischen Salzen bedeckt ist. Dieses Aggregat wird als **Zahnplaque** bezeichnet.

Ohne effektive Zahnpflege können sich innerhalb weniger Tage 100 mg Feuchtgewicht einer Plaque, die 10^{11} Bakterien enthält, auf der Zahnoberfläche anreichern. Eine Plaque besitzt jedoch keine definierte Struktur. Ihre chemische und mikrobielle Zusammensetzung modifiziert sich mit der zeitlichen Länge der Bakterieninvasion und der Größe der Plaque. Während der ersten Stadien der Plaquebildung überwiegen aerobe Bakterien wie Streptococcus mutans, während mit fortschreitender Entwicklung einer bakteriellen Plaque **anaerobe** Bakterien, wie Actinomyces, Veillonellen, Fusobakterien die Plaquebiomasse ausmachen. Dies hat zur Folge, daß der Sauerstoffpartialdruck von der Plaqueoberfläche in Richtung auf das Plaquezentrum innerhalb einer Schicht von 0,3 mm auf Null abnimmt.

Mehr als die Hälfte des Plaquevolumens bilden jedoch Polysaccharid-Syntheseprodukte der Mikroorganismen, Glykoproteine und Proteine des Speichels und Mineralien.

Für die Bildung zusammenhängender Kolonien ist die Eigenschaft der Bakterien extrazelluläre Polysaccharide (Dextrane) zu bilden, die eine klebrige bis radiergummiähnliche Konsistenz aufweisen, notwendig. Die Synthese solcher Dextrane (s. u.) ist für das kariogene Potential einer Plaque mitbestimmend. Eine weitere wichtige Eigenschaft der Bakterien ist ihre Fähigkeit zur intrazellulären Polysaccharidspeicherung. Ihre Bedeutung für die Kariesentstehung liegt darin, daß sie der Bildung von Reservekohlenhydrat dient, das einerseits zu organischen Säuren abgebaut werden kann, und andererseits das Überleben der Plaque-Mikroorganismen gewährleistet, wenn exogene Substrate nicht verfügbar sind.

Die Rolle der Speichelglykoproteine bei der Bildung der Plaquematrix gewinnt dadurch einen wichtigen Aspekt, daß die Speichelglykoproteine unter der Wirkung bakterieller Enzyme einen Teil ihrer Kohlenhydrate verlieren und die verbleibende Proteinkomponente zur Aggregation und Präzipitation neigt. Diese Reaktion kann zur Bildung einer unlöslichen Proteinmatrix der Plaques beitragen.

3. Die mikrobielle Plaque als pathogenetischer Faktor für Karies und marginale Parodontopathie

Nach ihrer Lokalisation wird die mikrobielle Plaque als

- dento-gingivale Plaque (auf den Glattflächen der Zähne entlang dem Zahnfleisch),

- approximale Plaque (zwischen den Zähnen) oder

- subgingivale Plaque (unterhalb des Zahnfleischrandes im gingivalen Sulcus) bezeichnet.

Die mikrobielle Plaque ist der entscheidende pathogenetische Faktor für die zwei häufigsten Erkrankungen der Zähne und des Zahnhalteapparates:

- Karies und

- marginale Parodontopathie

Ursache der Karies sind in erster Linie die von den Plaquebakterien durch Vergärung von Nahrungskohlenhydraten gebildeten organischen Säuren. Die marginale Parodontopathie (Parodontitis) entsteht unter der Wirkung bakterieller Toxine, Enzyme und Antigene (Abb.).

Die Pathogenese der Karies ist in den nachfolgenden Abschnitten, die Parodontopathie in Kap. XII abgehandelt.

Die mikrobielle Plaque läßt sich in situ durch Anfärbung (z. B. mit Fuchsin, Erythrosin oder bei 450—500 nm fluoreszierenden Verbindungen) sichtbar machen.

Plaque-Index. Für die objektive Plaqueregistrierung und die Dokumentation von Behandlungserfolgen bzw. Mundhygiene wurden verschiedene Plaque-Indices eingeführt. Der Plaque-Index bewertet die Ausbreitung, Lokalisation und flächenhafte Verteilung der Zahnbeläge in einer numerischen Skala (z. B. Plaque-Index nach Silness-Löe 0 bis 3, nach Quigley-Hein 0 bis 5).

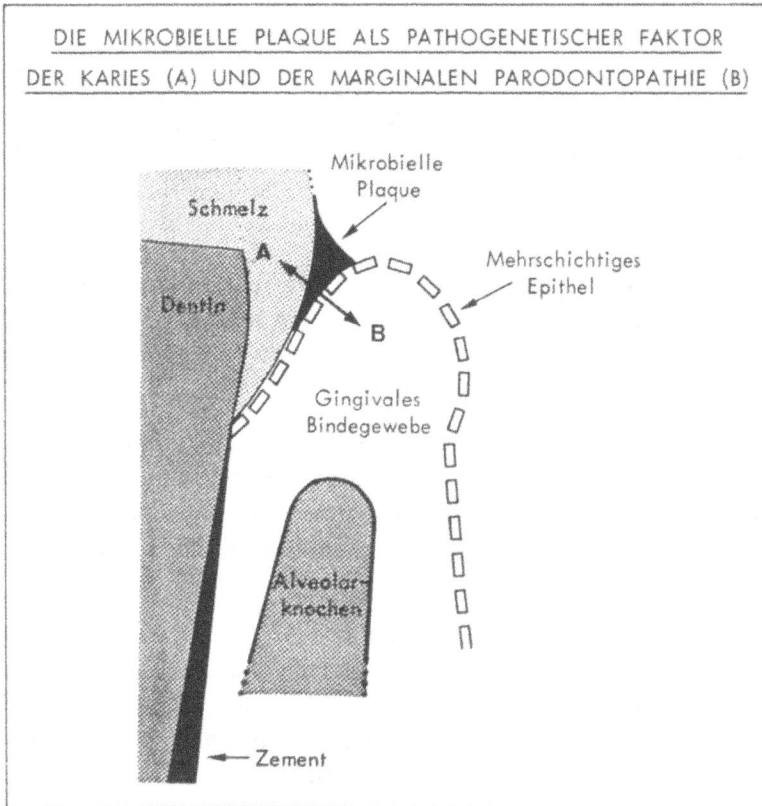

DIE MIKROBIELLE PLAQUE ALS PATHOGENETISCHER FAKTOR
DER KARIES (A) UND DER MARGINALEN PARODONTOPATHIE (B)

Mikrobielle Plaque

Schmelz

A

Mehrschichtiges Epithel

Dentin

B

Gingivales Bindegewebe

Alveolarknochen

Zement

4. Streptococcus mutans und Kariespathogenese

Die Entstehung der Karies ist an folgende Bedingungen gebunden:

- Orale Aufnahme von vergärbaren, d. h. durch säurebildende Mikroorganismen abbaubaren Kohlenhydraten

- Besiedlung der Zahnoberfläche mit kariogenen Mikroorganismen, die die Fähigkeit zur Bildung

  - organischer Säuren

  - extrazellulärer Dextrane (Polysaccharide) und

  - intrazellulärer Reservekohlenhydrate besitzen (Plaquebildung)

- Langzeiteinwirkung kariogener Mikroorganismen infolge fehlender Plaqueentfernung (mangelhafte Zahnpflege)

- Prädisponierende Faktoren der Mundhöhle (Retentionsmöglichkeiten an den Zähnen, Struktur, Verkalkungsgrad und Fissuren von Schmelz und Dentin, Hemmung des Speichelzutritts zu bestimmten Zahnflächen)

Fehlt nur ein Glied in der Kausalkette dieser Faktoren, ist die Entstehung der Karies praktisch unmöglich.

Der Streptococcus mutans vereinigt in sich alle Eigenschaften eines kariogenen Mikroorganismus. Er siedelt sich in der Mundhöhle, vor allem in den Zahnbelägen (Zahnplaques) an, die als Ausgangspunkt der Kariesentwicklung angesehen werden. Das kariogene Potential von Streptococcus mutans beruht auf folgenden Faktoren:

• Streptococcus mutans besitzt die Fähigkeit, niedermolekulare Kohlenhydrate (vor allem Saccharose) aufzunehmen, abzubauen und dabei große Mengen organischer Säuren − vorzugsweise Lactat − zu bilden, die eine Entmineralisierung des Zahnschmelzes herbeiführt.

• Streptococcus mutans besitzt außerdem die Fähigkeit, aus dem Glucoseanteil der Saccharose extrazellulär dextranähnliche Polymere (Glukane) aufzubauen, die das Festhaften der Zahnplaque auf den Zahnoberflächen einerseits sowie die Aggregation der Streptococcus mutans-Keime untereinander unterstützen.

• Die bei der enzymatischen Hydrolyse von Saccharose entstehende Fructose wird von Streptococcus mutans aufgenommen und über einen Syntheseweg in ein intrazellulär abgelagertes Fructosepolysaccharid („Lävan") umgewandelt, das im nahrungsfreien Intervall als Reservekohlenhydrat dient (und dabei wiederum unter Säurebildung abgebaut wird).

Der Saccharosestoffwechsel des Streptococcus mutans ist nachfolgend schematisch dargestellt.

Säurebildung. Unter den von Streptococcus mutans durch Verstoffwechselung von Saccharose und Glucose gebildeten organischen Säuren herrscht Milchsäure vor, weiterhin wurden jedoch auch Essigsäure, Propionsäure, Buttersäure und Valeriansäure nachgewiesen. Streptokokken sind die stärksten Säurebildner, die Glucose anaerob ausschließlich zu Milchsäure abbauen. Die Vergärung von [^{14}C]Glucose durch eine gemischte Plaque-Bakterienflora ergab folgende für die gebildeten organischen Säuren Prozentwerte

Lactat	43
Propionat	32
Acetat	13
Butyrat	10
Valerianat	< 1
nicht identifiziert	2−3

Die Bildung organischer Säuren führt zu einer Erniedrigung der Wasserstoffionenkonzentrationen in der Plaque selbst. Die in der Plaque gemessenen pH-

SACCHAROSE-STOFFWECHSEL BEI STREPTOCOCCUS MUTANS

Saccharose
(ß-D-Fructofuranosyl-α-D-glucopyranosid)

| Aufnahme |
| Enzymatische Spaltung |

~ Glucose | Fructose ⟶ | Glucose, Fructose

| Polysaccharid-synthese | | Aufnahme | | Abbau |
| | | Polysaccharid-synthese | |

Extrazelluläres verzweigtes Homoglykan Dextran (α 1 - 3, α 1 - 6) "Plaque-Polysaccharid" | Intrazelluläres Fructose-Polysaccharid | Organische Säuren (Lactat u. a.)

Abbau ⟶ | Abgabe an extrazelluläres Medium

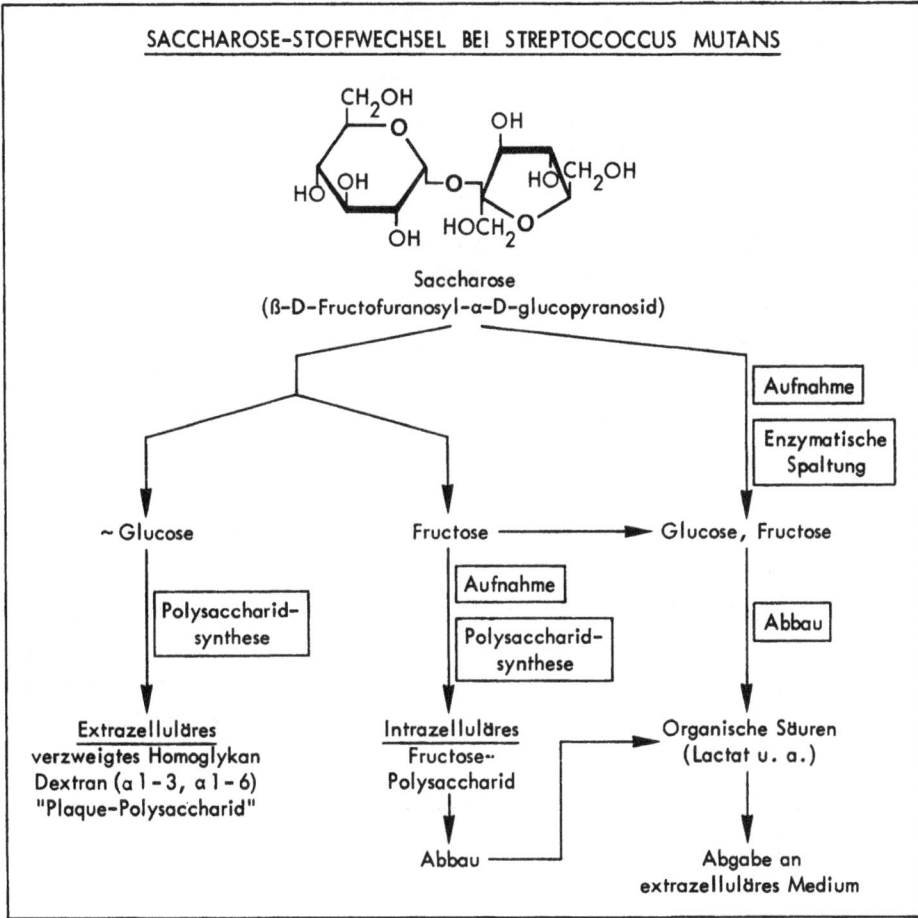

Werte liegen nach Verabfolgung zuckerhaltiger Nahrungsmittel meist unter pH 5,0 und zeigen damit jene kritische Wasserstoffionenkonzentration an, von der ab eine Entmineralisierung des Schmelzes erfolgt.

Der Angriff der **organischen Säuren** auf das Zahnmineral, der formal nach der Gleichung

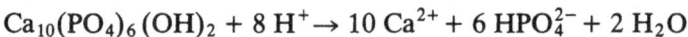

$$Ca_{10}(PO_4)_6 (OH)_2 + 8 H^+ \rightarrow 10 Ca^{2+} + 6 HPO_4^{2-} + 2 H_2O$$

abläuft, bewirkt eine **Solubilisierung des Apatits,** dessen Ca^{2+} und Phosphat-Ionen durch die Mundflüssigkeit ausgewaschen und fortgespült werden.

Eigenartigerweise beginnt die Demineralisierung **unterhalb** der Schmelzoberfläche. Die Ursache hierfür liegt in dem hohen Fluorapatitgehalt der oberflächennahen Schmelzschichten (S. 80), die eine höhere Resistenz gegen Säuren aufweisen als Hydroxylapatit-haltige tiefere Schmelzareale. Die von der Oberfläche her einwirkende Säure durchdringt dabei die feinen zwischen den Schmelzprismen liegenden Poren und beginnt ihren **Auflösungsprozeß unter der intakten Ober-fläche,** die dadurch das Aussehen eines weißen opaken Flecks erhält. Schreitet der Zerstörungsprozeß fort, bricht die kontinuierlich dünner werdende Oberfläche schließlich ein, und die Kavität wird sichtbar. Eine solche Entwicklung vollzieht sich häufig innerhalb von 12−14 Monaten.

Synthese extrazellulärer Dextrane. Der Aufbau Dextran-ähnlicher Glukane durch Mikroorganismen erfolgt mit Hilfe einer extrazellulären Glucosyltransferase, die Saccharose hydrolysiert und das Hydrolyseprodukt Glucose zu polymeren Homoglukanen aufbaut. Das Homoglukan setzt sich aus α-1,6-gebundenen Glu-cosemolekülen mit unterschiedlich α-1,3- oder α-1,2-glykosidisch verknüpften Seitenketten zusammen. Die für die Synthese der glykosidischen Bindungen be-nötigte Energie stammt aus der Spaltung der α-glykosidischen Bindung der Saccharose

$$\alpha\text{-Glc}(1 \overset{\downarrow}{\vphantom{|}} 2)\,\beta\text{-Fru}$$

Es handelt sich um einen energiekonservierenden Glucosyltransfer, der nach folgender allgemeiner Reaktion verläuft:

$$\text{Saccharose} + \text{Akzeptor} \rightarrow \text{Glucosylakzeptor} + \text{Fructose,}$$

wobei als Akzeptor niedermolekulare Glukane, aber auch Saccharose fungieren können. Durch sukzessive Glucosyltransferschritte wird ein hochmolekulares Poly-glukan aufgebaut, das aus 1,6-Bindungen besteht und vorwiegend über 1,3-Bin-dungen verzweigt wird (Formel).

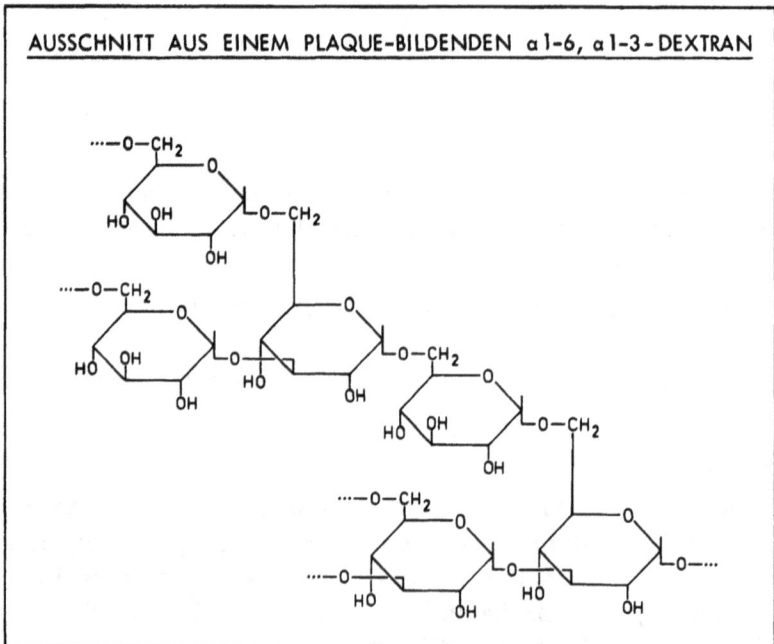

AUSSCHNITT AUS EINEM PLAQUE-BILDENDEN α1-6, α1-3-DEXTRAN

Die extrazellulären Plaquepolysaccharide, wie sie vor allem von Streptokokken synthetisiert werden, sind nicht homogen, sondern lassen sich in verschiedene Unterfraktionen trennen. Die **wasserunlöslichen extrazellulären Polysaccharide vom Glukantyp** machen nur etwa 10% der gesamten extrazellulären Polysaccharide aus und sind als „Strukturbestandteil" der Plaque einem nur geringen Umsatz unterworfen. Dagegen stellen die **wasserlöslichen Polysaccharide** extrazelluläre Reservekohlenhydrate dar und können von den Mikroorganismen durch Dextranasen (Glukanohydrolasen) hydrolysiert werden. Die entstehenden Spaltprodukte können als Primer für den Neuaufbau von makromolekularen Dextranen fungieren oder aber von den Mikroorganismen aufgenommen und intrazellulär unter Energiebildung abgebaut werden.

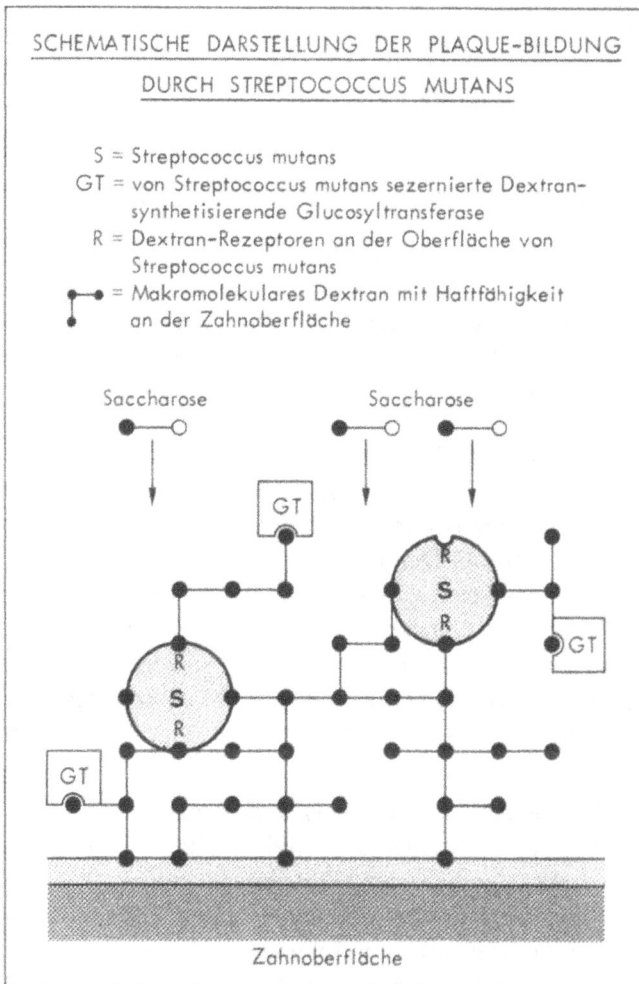

SCHEMATISCHE DARSTELLUNG DER PLAQUE-BILDUNG
DURCH STREPTOCOCCUS MUTANS

S = Streptococcus mutans
GT = von Streptococcus mutans sezernierte Dextran-
     synthetisierende Glucosyltransferase
R = Dextran-Rezeptoren an der Oberfläche von
    Streptococcus mutans
= Makromolekulares Dextran mit Haftfähigkeit
  an der Zahnoberfläche

Saccharose   Saccharose

GT

Zahnoberfläche

Zu einer Synthese extrazellulärer Polysaccharide sind neben dem **Streptococcus mutans** auch **Streptococcus sanguis, Streptococcus salivarius** und **Lactobacillus casei** fähig.

Bei der Synthese der dextranähnlichen Homoglukane mit Hilfe der extrazellulären Glucosyltransferase bildet sich ein Glucosyl-Transferase-Glukankomplex, der einerseits die Fähigkeit besitzt, mit Rezeptoren der Zellwandoberfläche zu reagieren und damit den Streptococcus mutans-Zellen untereinander adhaesive Eigenschaften verleiht, andererseits aufgrund seiner hohen Viskosität (Klebrigkeit) jedoch auch an glatten Oberflächen – wie z. B. der Zahnoberfläche – haftet.

Die gebildeten Dextrane sind hochviskose Polysaccharide, die ein Diffusionshindernis für die von Streptococcus mutans gebildeten, das Zahnmineral auflösenden, organischen Säuren (Milchsäure) bilden. Die Dextrane verhindern also einerseits die Abdiffusion der Säuren aus der Plaque und hemmen andererseits das Eindringen neutralisierender Substanzen aus dem Speichel in die Plaques. Dadurch verlängert sich der Einfluß schmelzschädigender Säuren, die Bildung einer Initialkaries wird begünstigt.

Synthese intrazellulärer Fructosepolysaccharide. Die bei der Synthese extrazellulärer Glukane aus Saccharose entstehende freie D-Fructose wird vom Streptococcus mutans aufgenommen und teilweise abgebaut, teilweise jedoch durch eine Fructose-Transferase unter Bildung von β-2,6-Homofructanen zu einem Fructosepolymer aufgebaut. Die Gesamtmenge der gebildeten Polyfructosane (Lävan, Fructosepolymere) ist allerdings geringer. Sie dienen als Kohlenhydratreserve, die in Zeiten mangelnder Nahrungszufuhr vom Streptococcus mutans unter Lactatbildung verstoffwechselt werden können.

Kariogenese durch mikrobielle Enzyme. Neben der mikrobiellen Dextransynthese und Säurebildung, die für die Ätiologie der Karies eine dominierende Rolle spielen, ist auch ein enzymatischer Abbau der Proteine und anderer organischer Bestandteile von Schmelz und Dentin für die Kariogenese von Bedeutung. Unter den von den Mikroorganismen produzierten Proteinen wurden u. a. zahlreiche Proteasen, Peptidasen, Kollagenase, Hyaluronidase, β-Glucuronidase und Chondroitinsulfatlyase nachgewiesen, die als Substrate das Schmelzprotein, Kollagen und die Proteoglykane der entmineralisierten Grundsubstanz des Zahnes angreifen können. Auf diesen Erkenntnissen basieren die sogenannten **proteolytischen Kariestheorien.**

Auch die Glykoproteine des Speichels sind dem Abbau durch mikrobielle Enzyme ausgesetzt. Nach partieller oder vollständiger Entfernung der prosthetischen Kohlenhydratgruppe geht der verbleibende Protein- bzw. Peptidanteil in eine unlösliche Form über (S. 96) und bildet einen Teil der nichtbakteriellen Plaquematrix, die zusammen mit den Polysacchariden mikrobieller Genese und anorganischen Bestandteilen zu einer Verfestigung der Plaque beiträgt. Aus dem

Speichel stammendes Calciumphosphat und Carbonat können zu einer vollständigen **Mineralisierung** (Zahnsteinbildung, S. 175) **der Plaque** führen.

5. Kariogene Nahrungsbestandteile

Epidemiologische Studien konnten eine klare Korrelation zwischen Karieshäufigkeit und Ernährung, vor allem dem Konsum von mikrobiell leicht abbaubaren
Kohlenhydraten nachweisen. Dabei ist jedoch nicht der Gesamtkohlenhydratgehalt der Nahrung, sondern der Anteil an leicht für die Mikroorganismen utilisierbaren Kohlenhydraten entscheidend. Dies trifft vor allem für Saccharose und
Glucose, in geringerem Umfang auch für Maltose, Lactose und Fructose zu. Pentosen (Xylulose, Xylose, Xylit) sind nur in geringem Maße vergärbar.

Die Sonderstellung der Saccharose liegt darin, daß die α-Glucosido-1,2-fructosid-Bindung im Saccharosemolekül mit 27,6 kJ/mol (ca. 6,6 kcal/mol) als energiereich anzusehen ist gegenüber den glykosidischen Bindungen anderer Disaccharide
wie Maltose (α-Glucosido-1,4-glucose) oder Lactose (β-Galaktosido-1,4-glucose),
deren Bindungsenergie in der Größenordnung von 12,5 kJ/mol (ca. 3,0 kcal/mol)
liegen.

Die Bindungsenergie des Saccharosemoleküls kann von den kariogenen Mikroorganismen für die Synthese extrazellulärer Polysaccharide (Dextrane) ausgenutzt
werden. Trotzdem sind auch die in der menschlichen Nahrung nächst häufigen
Disaccharide Lactose und Maltose sowie die aus ihnen entstehenden Monosaccharide kariogen.

Eine deutlich geringere Kariogenität weist das Hauptnahrungskohlenhydrat, die
pflanzliche Stärke, auf. Chemische Analysen des Mundinhalts und eine Kontrolle
der pH-Werte zeigen jedoch, daß Stärke unter dem Einfluß von Speichel sehr
schnell zu Spaltprodukten (S. 92) abgebaut wird, die von Plaquebakterien unter
Säurebildung verstoffwechselt werden.

Die Kariogenität verschiedener Brotsorten (Schwarzbrot, Mischbrot, Weißbrot)
ist praktisch sehr gering, aber gleich groß. Der Brotbelag kann die Kariesfrequenz
erheblich steigern (Honig, Marmelade) oder erheblich herabsetzen. Das letztere
gilt z. B. für Butter und Käse, da fetthaltige Nahrungsmittel einen Film auf der
Schmelzoberfläche bilden, der den Zutritt der Säuren weitgehend verhindert.

Neben der chemischen Struktur und dem Polymerisationsgrad der Kohlenhydrate spielt auch ihre **Haftfähigkeit** an der Zahnoberfläche eine wichtige pathogenetische Rolle. Saccharose und saccharosehaltige Süßwaren sind um so kariogener, je klebriger sie sind. Honig − der zu 70% aus freier D-Glucose und
L-Fructose besteht und nur etwa 1% Saccharose enthält − ist nach dem Ergebnis
von Tierversuchen stärker kariogen als Saccharose und erzeugt bei den Versuchstieren vor allem Fissurenkaries.

Ein weiteres wichtiges Problem der Kariesentstehung sind die sog. „Zwischen-mahlzeiten". Je häufiger der Kontakt der Kohlenhydrate mit dem Schmelz erfolgt, desto höher ist die Kariesfrequenz. Es kommt also nicht auf die absolute Menge der aufgenommenen niedermolekularen Kohlenhydrate, sondern auf **Häufigkeit des Konsums** und der damit jeweils verbundenen Saccharoseexposition der Zahn-oberfläche an.

Nach jedem Süßwarenverzehr verbleiben – unabhängig von der konsumierten Menge – etwa 0,1 g kariogene Kohlenhydrate an den Zähnen. Schon die Spülung der Mundhöhle mit einer Glucoselösung (z. B. gesüßter Kaffee) führt innerhalb von 2 Minuten zu einem Abfall des pH-Wertes auf 5,5, der erst nach 30–40 Minuten wieder den Ausgangswert erreicht. Die durch Vergärung der Glucose gebilde-ten Säuren wirken kariogen, wenn der lokale pH-Wert an der Zahnoberfläche unter einen kritischen Wert von 5,5 absinkt.

XI. Kariesabwehr und Kariesprophylaxe

Eine Schädigung der Zähne und des Zahnfleisches durch Mikroorganismen, die aus der Umwelt des Menschen beim Atmen und bei der Nahrungsaufnahme in die Mundhöhle geraten, ist kein gesetzmäßiges Ereignis. Der Makroorganismus begegnet diesem Angriff mit vielfältigen Abwehrmaßnahmen, die physiologischerweise in der gesunden Mundhöhle erfolgreich sind.

Für die humorale Immunabwehr haben die Tonsillen und das gesamte **lymphatische Gewebe** der Rachen- und Mundschleimhaut eine zentrale Bedeutung. Die in diesen Geweben von den Plasmazellen gebildeten Antikörper gelangen mit Speichel und Sulcusflüssigkeit in die Mundhöhle und bilden dort die Grundlage der **humoralen Immunabwehr.**

Die antibakterielle Wirkung des **Speichels** und der Mundflüssigkeit beruht auf zusätzlichen zellulären und nichtimmunologischen Abwehrsystemen.

Beginn und Fortschreiten der Karies hängt aber auch in hohem Maße von erworbenen Faktoren (z. B. Mundhygiene, Ernährungsgewohnheiten) ab und kann schließlich auch durch gezielte prophylaktische oder therapeutische Maßnahmen beeinflußt werden.

1. Antikariogene Wirkung des Speichels

Die Entwicklung einer Karies kann durch die Speichelsekretion verzögert oder verhindert werden. Neben dem Spüleffekt, der zur Entfernung von Speiseresten und Bakterien führt, bestimmen Menge, Inhaltsbestandteile und Viskosität des sezernierten Speichels seine antikariogene Wirkung. Dabei sind folgende Faktoren mitbestimmend:

- Die **Pufferwirkung** des im Speichel enthaltenen Hydrogencarbonats bzw. Carbonats begünstigt eine Neutralisierung der von den Plaquebakterien gebildeten organischen Säuren.

- Der im Speichel enthaltene **Harnstoff** (S. 90) wird durch die Urease der Plaquebakterien in Ammoniak und CO_2 gespalten. Das Ammoniak entfaltet einen stark neutralisierenden Effekt gegenüber den organischen Säuren.

- Das aus dem Speichel isolierte **Tetrapeptid Sialin** (S. 137) kann von zahlreichen Plaquebakterien unter Bildung von Ammoniak metabolisiert werden.

- Das im Speichel vorhandene eisenbindende Protein **Lactoferrin** (S. 102) vermag mit Mikroorganismen erfolgreich um das Fe^{3+} zu konkurrieren, so daß das für Bakterienwachstum notwendige Eisen nicht mehr zur Verfügung steht.

- Über das antibakterielle **Lactoperoxidase-Thiocyanat-Wasserstoffperoxid-system** und das **Lysozym** wurde im Kapitel Speichel berichtet (S. 102).

- Aufgrund seines Gehaltes an Calcium und Phosphat, stellt der Speichel eine „flüssige Apatitphase" dar, die durch Kariesentwicklung entstandene entmineralisierten Zonen der Zahnoberfläche vollständig remineralisieren kann, sofern noch keine Zerstörung der organischen Matrix stattgefunden hat. Die Remineralisierung kann durch F⁻ entscheidend gefördert werden (s. u.).

- Die im Speichel enthaltenen **Immunglobuline** vom Typ **IgA** können spezifisch gegen antigene Strukturen des Streptococcus mutans gerichtet sein (s. u.) und dadurch antikariogen wirken.

- Die **Mineralisierung einer kariösen Plaque** durch Ablagerung von Calciumphosphat, Calciumcarbonat (Zahnsteinbildung) kann zu einer völligen Inaktivierung der Plaque führen.

Die kariesprotektive Wirkung des Speichels wird durch die Tatsache belegt, daß bei tierexperimenteller Entfernung der Speicheldrüsen (Rattenversuche) oder nach Schädigung der Speicheldrüsen durch ionisierende Strahlen beim Menschen (im Rahmen einer radiologischen Behandlung von Tumoren im Kopf- und Halsbereich) die Kariesrate signifikant ansteigt.

2. Immunologische Aspekte der Kariesabwehr

Die kausale Rolle des Streptococcus mutans bei der Kariesentstehung bildet den Ansatzpunkt für Versuche, die Zahnkaries auch mit immunologischen Methoden zu bekämpfen. Für die Abwehr exogener oder bereits intraoral etablierter Bakterien, Pilze oder Viren stehen in der Mundhöhle humorale und zelluläre Immunmechanismen zur Verfügung, die zum Teil angeboren sind und sich in einer unspezifischen Resistenz ausdrücken (natürliche Immunität), zum Teil jedoch streng spezifische Immunreaktionen darstellen, die sich erst nach Kontakt mit einer als nichtkörpereigen erkannten Struktur (Antigen) ausbilden (erworbene Immunität).

Humorale und zelluläre Immunmechanismen in Speichel und Sulcusflüssigkeit. Die spezifische **humorale Immunabwehr** durch Immunglobuline wird durch die verschiedenen Antikörperklassen repräsentiert, von denen die Immunglobuline vom Typ IgA über die **Speicheldrüsen** als IgA-SC-Komplex ausgeschieden werden (s. Kapitel VIII). Der Parotisspeichel enthält etwa 4 mg IgA/100 ml, die Konzentration des IgA in den von den übrigen Speicheldrüsen gebildeten Sekreten ist niedriger. Unter Annahme einer durchschnittlichen Sekretionsmenge von 1000—1500 ml Mundflüssigkeit pro 24 Stunden läßt sich eine innerhalb dieses Zeitraumes in die Mundhöhle abgegebene IgA-Menge von 60—100 mg berechnen.

Das sekretorische IgA überzieht sämtliche Schleimhautoberflächen und kann damit Adhäsionsfähigkeit und Infektiosität oraler Mikroorganismen und Viren durch Antigenblockade herabsetzen.

Die Mundflüssigkeit enthält außer dem sekretorischen IgA auch unterschiedliche Mengen an IgG und IgM, die jedoch aus dem Serum stammen und im Rahmen von Entzündungsprozessen des parodontalen Gewebes mit der Sulcusflüssigkeit in die Mundhöhle gelangen. Das Volumen und die Zusammensetzung der Sulcusflüssigkeit werden durch Schwere und Ausbreitung parodontaler Entzündungsprozesse (s. Kap. XII) entscheidend beeinflußt. Je stärker eine Entzündung des parodontalen Gewebes ausgeprägt ist, um so intensiver werden Permeabilitätserhöhung der lokalen Blutkapillaren und Exsudation von Blutplasma in das Entzündungsgebiet. Die Zusammensetzung der Sulcusflüssigkeit kann in Abhängigkeit vom Grad der Permeabilitätserhöhung und vom Ausmaß der Exsudationsprozesse weitgehende Übereinstimmung mit der Zusammensetzung des Blutplasmas aufweisen und enthält daher auch die unspezifischen humoralen Immunmechanismen des Blutes (Komplementsystem, Properdin). In das Entzündungsgebiet einwandernde Granulozyten, Makrophagen und Lymphozyten übernehmen die zelluläre Abwehr.

Tierexperimente. Für tierexperimentelle Immunisierungsversuche war die Tatsache grundlegend, daß die verschiedenen Streptococcus mutans-Stämme zwar phänotypisch einheitlich sind, sich jedoch in mindestens 7 unterschiedliche Serotypen (a−g) sowie mehrere Geno- und Biotypen unterteilen lassen.

Immunisierung von Affen mit Streptococcus mutans-Stämmen führt zur Bildung von spezifischen gegen Streptokokken-Antigene gerichtete Antikörper, die im Blut und im Speichel nachweisbar werden. Eine nachfolgende Infektion mit Streptococcus mutans vermochte eine der menschlichen Karies ähnliche morphologische Veränderung der Zähne zu hemmen.

Die verschiedenen Streptococcus mutans-Typen zeigten allerdings keine Kreuzreaktion untereinander. So reagieren z. B. Antikörper vom Typ IgGA in Serum und Speichel, die nach Immunisierung mit dem Serotyp d auftraten, zwar auch mit dem Serotyp a, nicht jedoch mit den Stämmen des Serotyps b und c. Eine Immunisierung mit gereinigter Glucosyltransferase war dagegen ohne Effekt, obwohl im Speichel vorwiegend IgA-Antikörper gegen die verwendeten Glucosyltransferasen nachgewiesen werden konnten. Antikörper, die gegen Streptococcus mutans gerichtet sind, können über verschiedene Mechanismen wirksam werden:

- Antikörper sind direkt gegen antigene Determinanten des Dextran-Glucosyltransferase-Komplexes gerichtet, Dextransynthese und Plaque-Bildung werden gehemmt.

- Antikörper blockieren die Dextran-Rezeptoren, die auf der Oberfläche der Zellwände von Streptococcus mutans lokalisiert sind. Dadurch wird der Haftmechanismus der Zellen untereinander und an der Zahnoberfläche gestört (S. 133).

● Antikörper gegen antigene Determinanten der Glucosyltransferase beeinträchtigen die Aktivität dieses Enzyms. Die Synthese extrazellulärer Dextrane durch Streptococcus mutans wird unterbunden. Die Voraussetzungen für die Entstehung einer Karies sind damit nicht mehr gegegen.

In vitro Versuche zeigen, daß sowohl gegen Glucosyltransferasen gerichtete Antikörper vom Typ IgG und IgA als auch ein diese Antikörper enthaltendes Antiserum in Streptococcus mutans-Saccharosekulturen die Synthese der Glukane zu hemmen vermochte.

Probleme der Immunabwehr beim Menschen. Auch beim Menschen lassen sich im peripheren Blut gegen Streptococcus mutans gerichtete Antikörper nachweisen. Da beim Menschen die Plaque-Entwicklung auf der Schmelzoberfläche der Zähne gewöhnlich vom Gingivalrand zur okklusalen Oberfläche hin erfolgt, kann eine immunologische Abwehr der bakteriellen Plaque in erster Linie im Sulcusbereich erwartet werden. Die normale Sulcusflüssigkeit enthält Antikörper vom Typ IgA, IgG, IgM und die C3-Komplement-Komponente (S. 159), ferner Granulozyten, Makrophagen sowie B- und T-Lymphozyten.

In den Zahnplaques konnten Antikörper vom Typ IgA und IgG nachgewiesen werden, die sowohl aus der Sulcusflüssigkeit als auch aus dem Speichel stammten.

Die Erfolgschancen einer immunologischen Kariesabwehr scheinen jedoch problematisch. Dies ergibt sich aus folgenden Tatsachen:

● Die Mikroorganismen der kariogenen Plaque befinden sich außerhalb des immunologisch kontrollierten Raums. Ihre immunogene Aktivität, d. h. die Auseinandersetzung mit den immunologischen Abwehrmechanismen wird dadurch eingeschränkt.

● Die Karies ist keine Infektionskrankheit im klassischen Sinne, sondern wird durch eine heterogene Keimflora verursacht, die nur durch ein breites Spektrum von Antikörpern verschiedener Spezifität zu beeinflussen wäre.

● Der Angriff durch Antikörper ist wegen der stark erschwerten oder unmöglichen Diffusibilität von Makromolekülen in eine mikrobielle Plaque hinein wenig erfolgreich.

● Der Gesamtanteil der Immunglobuline am Plaque-Trockengewicht beträgt maximal 0,5%. Unter Zugrundelegung des Molekulargewichts der Antikörper läßt sich berechnen, daß die vorhandenen Immunglobulin-Moleküle nur mit weniger als 1% der in der Plaque vorhandenen Bakterien immunologisch reagieren können. Die IgG-Antikörper dürften an solchen Reaktionen in geringerem Maße beteiligt sein als die IgA-Moleküle, da sie gegen proteolytische Enzyme, die in den Plaques nachweisbar sind, empfindlich sind.

Die Wirksamkeit einer immunologischen Kariesabwehr wird auch dadurch in Frage gestellt, daß serologische Untersuchungen des Gesamt- bzw. Parotisspeichels keine Korrelation zwischen dem IgA-Titer und dem Kariesbefall erkennen ließen. Dabei sind allerdings die großen individuellen Schwankungen der IgA-Sekretion mit dem Speichel und – als unbekannte Größe – der Speichelfluß pro Minute zu berücksichtigen.

Ob sich durch prophylaktische Immunisierung eine Schutzwirkung gegen Karies erreichen läßt, erscheint fraglich. Vor allen Dingen scheint es problematisch zu sein, eine bereits etablierte kariogene Keimflora in den Plaques zu kontrollieren, insbesondere, wenn die Interproximalräume und okklusalen Oberflächen von kariogenen Keimen besetzt sind, da die Beeinflussung von Plaqueschichten, die unmittelbar der Schmelzoberfläche aufliegen, durch Antikörper – wegen der stark erschwerten oder unmöglichen Diffusibilität von Makromolekülen in eine Zahnplaque hinein – begrenzt ist. Möglicherweise versprechen Immunisierungen einen Erfolg, die **vor** dem ersten Zahndurchbruch vorgenommen werden, also **bevor** die Zahnoberfläche für eine Besiedlung mit Streptococcus mutans verfügbar und dieser Keim auch noch nicht in der Mundhöhle vorhanden ist. Die immunologische Kontrolle eines praktisch außerhalb des Körpers befindlichen Antigens durch mögliche Antikörper dürfte jedoch immer problematisch bleiben.

3. Kariesprophylaxe durch Fluoridanwendung

Die Zahnkaries ist mit einer Morbiditätsrate von nahezu 100% die meist verbreitete Erkrankung der mitteleuropäischen Bevölkerung. Sie ist damit ein beträchtliches volkshygienisches aber auch volkswirtschaftliches Problem. Präventivmaßnahmen sind daher eine zwingende Notwendigkeit.

Die Bedeutung des **Fluoridions** für die Kariesresistenz ergab sich induktiv aus statistischen Untersuchungen, die 1943–1945 in den Vereinigten Staaten an mehr als 7000 Schulkindern aus 21 amerikanischen Städten mit verschiedenem natürlichen Fluoridgehalt des Trinkwassers durchgeführt wurden. Umfangreiche statistische Erhebungen in weiteren Ländern haben den Nachweis der prophylaktischen Wirkung des Fluorids überzeugend bestätigt (Abb.).

Die Tatsache, daß erst die Untersuchung eines großen Kollektivs den kausalen Zusammenhang zwischen Kariesfrequenz und Fluoridaufnahme aufzeigte, macht deutlich, daß die Kariesfrequenz eine Funktion zahlreicher Variablen ist. Unter ihnen kommt allerdings der Fluoridaufnahme und der daraus zu folgernden **Kariesprophylaxe durch Fluorid** besondere Bedeutung zu.

KARIESFREQUENZ UND FLUORID IM TRINKWASSER

Epidemiologische Daten zum Kariesbefall bei Jugendlichen (bis 14. Lebensjahr) in Abhängigkeit von der Fluoridkonzentration des Trinkwassers (nach R. Naujoks)

Angaben in Zahl der befallenen Zähne/Proband (sog. DMF-Zähne, D = decayed, M = missing, F = filled)

Schweden
Dänemark
USA
England

DMF-Zähne

10

5

1   2   3   4

mg Fluorid/l Trinkwasser

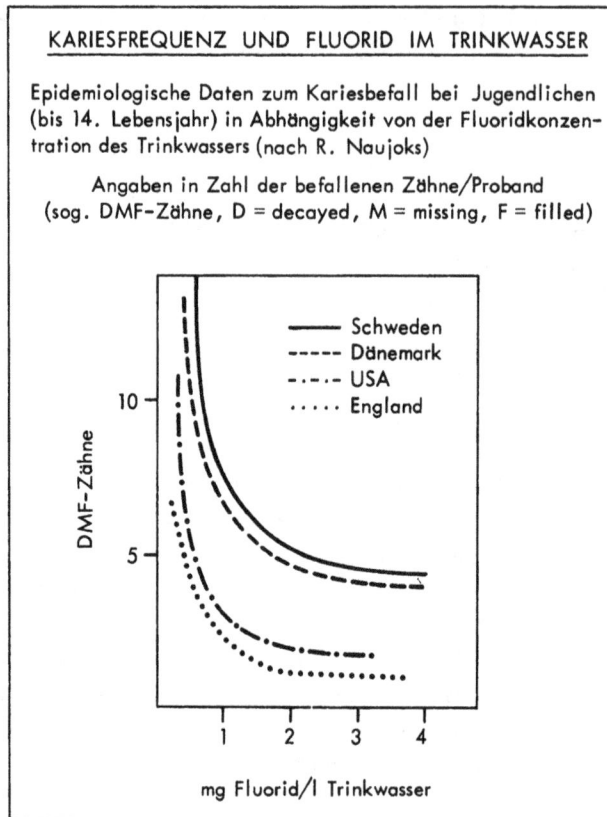

Wirkungsmechanismus des Fluorids. Die Hemmung einer Karies durch Fluorid beruht auf folgenden Faktoren:

- Erhöhung der Säureresistenz des Schmelzes

- Verminderte Säureproduktion in den Zahnbelägen

- Verbesserung der Remineralisation des Schmelzes

Die von der mikrobiellen Plaque produzierten organischen Säuren diffundieren längs der Spalten zwischen den Schmelzprismen, wobei die Apatitkristalle angelöst oder aufgelöst werden. Dies hat eine Auflockerung des Schmelzes unter der Plaque zur Folge. Die Absenkung der Wasserstoffkonzentration durch die organischen Säuren auf einen Wert von pH 5 verhindert jedoch eine Remineralisation des Schmelzes, da die Hydroxylionenkonzentration bei pH 5 10^{-9} mol/l beträgt und das Löslichkeitsprodukt des Hydroxylapatits bei diesem pH-Wert nicht überschritten werden kann. Eine Bildung von Hydroxylapatit kann also unter diesen

Voraussetzungen nicht erfolgen und eine Remineralisation des aufgelockerten Schmelzes bleibt aus.

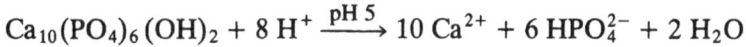

$$Ca_{10}(PO_4)_6(OH)_2 + 8\,H^+ \xrightarrow{pH\,5} 10\,Ca^{2+} + 6\,HPO_4^{2-} + 2\,H_2O$$

Treten an die Stelle der Hydroxylionen jedoch Fluoridionen, deren Konzentration in der Größenordnung 10^{-5} mol/l (entsprechend der Fluoridkonzentration im Speichel bei optimaler Fluoridzufuhr) liegen, so kommt es infolge des kleineren Löslichkeitsproduktes des Fluorapatits trotz des sauren Plaquemilieus zu einer **Remineralisation des Schmelzes,** deren Geschwindigkeit in den meisten Fällen größer ist als die Auflösungsgeschwindigkeit. Dies bedeutet, daß sich das Verhältnis von Entmineralisierung und Remineralisierung zugunsten der Remineralisierung verschiebt und keine Karies eintritt.

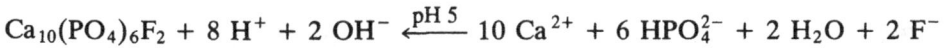

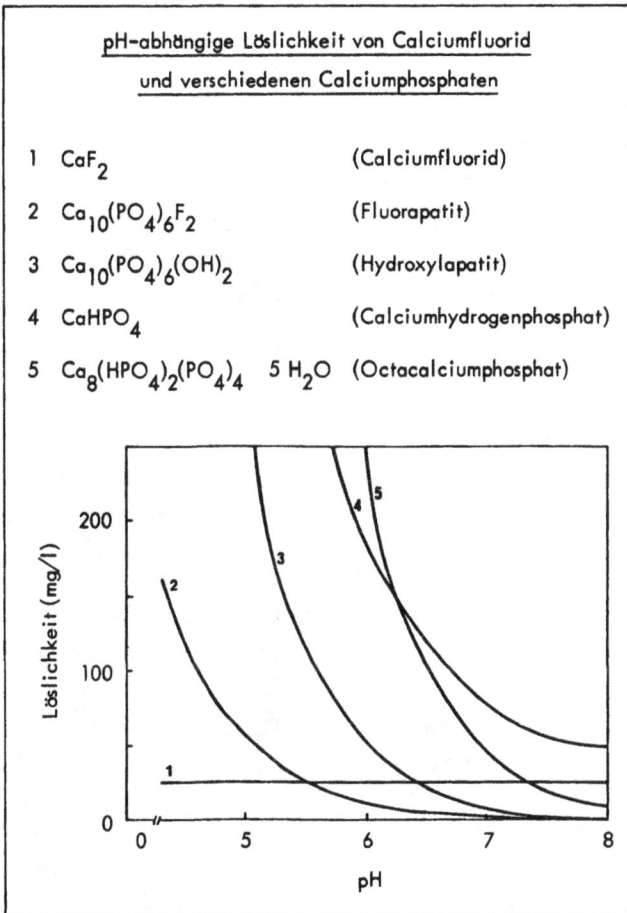

$$Ca_{10}(PO_4)_6F_2 + 8\,H^+ + 2\,OH^- \xleftarrow{pH\,5} 10\,Ca^{2+} + 6\,HPO_4^{2-} + 2\,H_2O + 2\,F^-$$

pH-abhängige Löslichkeit von Calciumfluorid und verschiedenen Calciumphosphaten

1 CaF_2 (Calciumfluorid)

2 $Ca_{10}(PO_4)_6F_2$ (Fluorapatit)

3 $Ca_{10}(PO_4)_6(OH)_2$ (Hydroxylapatit)

4 $CaHPO_4$ (Calciumhydrogenphosphat)

5 $Ca_8(HPO_4)_2(PO_4)_4$ 5 H_2O (Octacalciumphosphat)

Der mineralisationsbegünstigende Effekt des Fluorids wird durch die Unterschiede der Löslichkeit von Hydroxylapatit und Fluorapatit in Abhängigkeit vom pH-Wert der Lösung deutlich (Abb.).

Fluorid wird auch in der mikrobiellen Plaque akkumuliert und liegt dort z. T. in anorganischer Form (CaF_2), z. T. in organischer Bindung vor. Nach Aufnahme in die Mikroorganismen kann Fluorid die Synthese von intrazellulären Polysacchariden hemmen. Dadurch können von den Plaquebakterien weniger Reservekohlenhydrate in der Zelle entstehen, so daß sich auch die Fähigkeit der Bakterienzellen reduziert, bei mangelhafter Substratzufuhr aus intrazellulären Polysacchariden Säuren zu bilden. Für den Streptococcus salivarius wurde eine Hemmung der Enolaseaktivität und eine dadurch bedingte Hemmung der Glucose-6-phosphat-Bildung durch Fluorid beschrieben.

Trinkwasserfluoridierung. Umfangreiche statistische Untersuchungen, die aus allen Teilen der Welt an ca. 300 Millionen Menschen vorliegen, haben zweifelsfrei gesichert, daß bei Aufnahme von Trinkwasser mit einem natürlichen Fluoridgehalt von 1 mg/l oder bei entsprechender Trinkwasserfluoridierung bei Jugendlichen bis zum 15. Lebensjahr Kariesfrequenz und Kariesbefall um 50–60% zurückgehen und unter diesen Voraussetzungen auch bei jahrzehntelanger Anwendung **Gesundheitsstörungen nicht beobachtet** werden.

Die epidemiologischen Untersuchungen ergaben zwar einerseits eine negative Korrelation zwischen Fluoridkonzentration im Trinkwasser und Kariesfrequenz, andererseits aber auch eine positive Korrelation zwischen Fluoridkonzentration im Trinkwasser und dem **Auftreten von Zahnfluorose bei Jugendlichen** (Fluorose, S. 83), wenn die Fluoridkonzentration im Trinkwasser einen Wert von 2 mg/l überschreitet. Die Schmelzfluorose wird als Zeichen einer geringgradigen (aber nicht toxischen) Überdosierung von Fluorid angesehen. Sie tritt jedoch ebenso häufig bei Unterdosierung des Fluorids auf.

1977 wurde durch Zufall bekannt, daß in 2. Wasserversorgungsgebieten Nordbayerns das Trinkwasser seit Jahren Fluoridkonzentrationen von ca. 3 mg Fluorid/l Trinkwasser enthält. Kinder, die von der Geburt an in diesem Gebiet lebten, hatten einen deutlich geringeren Kariesbefall gegenüber vergleichbaren Kontrollgruppen. Allerdings war auch der Befall der Zähne mit Schmelzflecken gegenüber Kontrollgruppen deutlich erhöht. Keine Unterschiede wurden dagegen im Zeitpunkt des Zahndurchbruchs beobachtet.

Die von der Weltgesundheitsorganisation (WHO) empfohlenen Grenzwerte für Fluoride im Trinkwasser bewegen sich je nach dem Jahresmittel der höchsten Tagestemperatur (die für die Menge des täglich aufgenommenen Trinkwassers maßgeblich ist!) zwischen 0,7 mg/l (Südeuropa) und 1,7 mg/l (Nordeuropa). Für die Bundesrepublik Deutschland ist durch die Neufassung der **Trinkwasserverordnung vom Februar 1976** die zulässige Maximalkonzentration auf 1,5 mg Fluorid/l

Trinkwasser festgelegt worden. Der Fluoridgehalt im Trinkwasser der meisten Großstädte in der Bundesrepublik (Tab. S. 77) liegt weit unterhalb des von der WHO empfohlenen Grenzwertes.

Bei einer Diskussion, die das Für und Wider der Trinkwasserfluoridierung (die in der Bundesrepublik bisher **nicht** eingeführt wurde) behandelt, sind folgende Fakten wesentlich:

- Die für eine Kariesprophylaxe angewandte Fluoridmenge mit Tagesaufnahmen von 1–2 mg Fluorid (entsprechend einer Trinkwasseraufnahme von 1–2 l/Tag) sind grundsätzlich nicht so groß, daß eine Gefahr im Sinne akuter Toxizität oder chronischer Toxizität mit den Symptomen einer Skelettfluorose besteht. Nur bei exorbitant hoher Flüssigkeitsaufnahme von 15 l und mehr pro Tag, wie sie in Einzelfällen bei Hitzeberuflern und Leistungssportlern gegeben sein kann, muß demineralisiertes Wasser bereitgehalten werden.

- Durch die Fluoridierung (Natriumfluorid, Fluorwasserstoffsäure oder Magnesiumsilicofluorid) wird das Trinkwasser weder in Geschmack, Geruch oder Klarheit beeinträchtigt.

- Bei einer täglichen Aufnahme von 2 mg Fluorid oder mehr als 2 mg Fluorid besteht allerdings die Gefahr des Auftretens einer Dentalfluorose (gefleckter Schmelz). Eine Dentalfluorose, die bei Milchzähnen selbst bei länger dauernder Überfluoridierung von 2–3 mg Fluorid/l nicht nachweisbar ist, tritt nur bei den permanenten Zähnen und auch nur während der Periode der Mineralisation auf, die mit dem 8. Lebensjahr abgeschlossen ist. Vom 8. Lebensjahr an, wenn alle bleibenden Zähne mineralisiert sind, ist kein Risiko zur Dentalfluorose mehr vorhanden.

- Der Einwand, beim Industriewasser im Recycling-Verfahren könne es zu Fluoridakkumulationen kommen, ist durch 20jährige amerikanische Erfahrungen widerlegt.

- Das Argument, es handele sich bei der Trinkwasserfluoridierung um eine Massen-Zwangsmedikation, trifft nicht zu, weil es sich um die optimale Dosierung eines **natürlicherweise immer vorhandenen Wasserbestandteiles** handelt.

- Allgemeinmedizinische Untersuchungen in Verbindung mit umfangreichen Morbiditäts- und Mortalitätsstatistiken bei Personen aller Altersgruppen, welche in gemäßigten Klimazonen in Fluoridtrinkwassergebieten zwischen 1–8 mg Fluorid/l leben, haben keinerlei Anhaltspunkte oder Hinweise für Fluorid-bedingte Allgemeinerkrankungen erbracht. Insbesondere erwies sich die (1975 aufgestellte) Behauptung eines Zusammenhangs zwischen Trinkwasserfluoridierung und vermehrter Krebshäufigkeit als Ergebnis einer fehlerhaften statistischen Behandlung von Mortalitätsraten. Ebenso hat sich ein älterer Bericht (1959) über das gehäufte Vorkommen von Mongolismus in Gegenden mit natürlichem hohen Fluoridgehalt des Trinkwassers bei Nachprüfungen als unzutreffend erwiesen. Ferner gibt es keine Zusammenhänge zwischen der Schilddrüsenfunktion und der Zufuhr von Fluorid, nachdem zweifelsfrei feststeht, daß Fluorid weder in der Schilddrüse akkumuliert noch die Jodaufnahme der Schilddrüse beeinträchtigt.

Tablettenfluoridierung. Erfolgt keine ausreichende Aufnahme von Fluorid durch das Trinkwasser, wird eine Zufuhr von Fluorid in Tabletten (als Natriumfluorid) empfohlen. Dabei werden praktisch von der Geburt an während

der ersten beiden Lebensjahre 0,25 mg Fluorid/Tag,

im 3. und 4. Lebensjahr 0,5 mg Fluorid/Tag,

im 5. und 6. Lebensjahr 0,75 mg Fluorid/Tag,

ab 8. Lebensjahr 1,0 mg Fluorid/Tag

als Tabletten verabreicht.

Bei Einnahme von Natriumfluoridtabletten tritt im Blutplasma kurzzeitig eine Konzentrationsspitze auf (S. 79), die nur über einen begrenzten Zeitraum des Tages dem wachsenden oder ausgewachsenen Zahn Fluorid zur Einlagerung anbietet. Dagegen ist bei Zufuhr mit dem Trinkwasser und/oder mit der Nahrung eine dauernde Erhöhung des normalen Fluoridspiegels gewährleistet, die auch in die Nachtstunden hereinreicht. Es ist jedoch nicht geklärt wie sich diese beiden unterschiedlichen Aufnahmeformen auf die Kariesprophylaxe auswirken.

In den meisten Kantonen der Schweiz ist seit einigen Jahren mit Fluorid angereichertes Kochsalz im Handel (250 mg Fluorid/kg Kochsalz). Gelegentlich werden auch Milch oder Mehl fluoridiert.

Lokale Fluoridierung. Die Induktion von Remineralisierungsprozessen im Schmelzapatit bei lokaler Fluoridapplikation ist in Kap. VII (S. 82) beschrieben. Die wöchentliche oder jährliche mehrmalige Anwendung von 2–6% Fluorid-Lösungen, -Lacken oder -Gelen führt zu einer eindeutigen Hemmung des Karieszuwachses (Tab.).

Nach Applikation eines Fluoridlackes (Fluorgehalt 2,3% als Natriumfluorid, Dosis bei der Anwendung 2,3–5,2 mg Fluorid) traten innerhalb 2 Stdn. nach der Behandlung Plasmafluoridwerte von 0,06–0,12 µg/l auf. Die Harnausscheidung von Fluorid betrug etwa 550–1100µg. Die Plasmafluoridspiegel lagen weit unter jenen Werten, die als toxisch angesehen werden.

Obwohl die Methode der lokalen Fluoridierung arbeitsaufwendig ist, sind die Unkosten nachweislich geringer als der anderenfalls notwendige Sanierungsaufwand.

Hemmung des Karieszuwachses durch lokale Fluoridapplikation
(nach F. Brudevold und R. Naujoks)

Anwendungsart	Alter der Probanden (Jahre)	Dauer der Untersuchung (Jahre)	Hemmung des Karieszuwachses (% der Kontrolle)
Fluorid-Pinselung	10–12	2–9	32–49
Fluorid-Gel	8–12	3	40–48
Fluoridierte Zahnpasten* (überwacht)	7–14	2–3	40–80

* Bei nicht überwachter Zahnpastaanwendung betrug die Hemmung 0–35%

Für die lokale Fluoridapplikation werden anorganische oder organische Fluorid-
verbindungen eingesetzt, von denen nachstehend einige Beispiele aufgeführt sind.

FLUORIDE FÜR LOKALE APPLIKATION ODER ALS
ZUSATZ ZU ZAHNPASTEN

1. Anorganische Fluoride

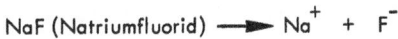

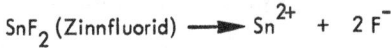

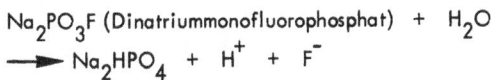

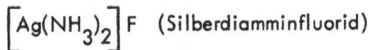

NaF (Natriumfluorid) $\longrightarrow Na^+ + F^-$

SnF_2 (Zinnfluorid) $\longrightarrow Sn^{2+} + 2\,F^-$

Na_2PO_3F (Dinatriummonofluorophosphat) $+ H_2O$
$\longrightarrow Na_2HPO_4 + H^+ + F^-$

$\left[Ag(NH_3)_2\right]F$ (Silberdiamminfluorid)

2. Organische Aminfluoride

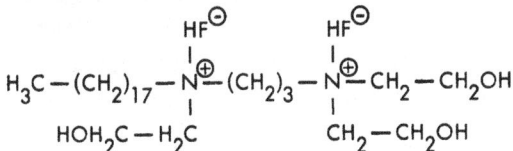

$$H_3C-(CH_2)_{17}-\underset{HOH_2C-H_2C}{\overset{HF^{\ominus}}{N^{\oplus}}}-(CH_2)_3-\underset{CH_2-CH_2OH}{\overset{HF^{\ominus}}{N^{\oplus}}}-CH_2-CH_2OH$$

Bis-(Hydroxyethyl)aminopropyl-N-hydroxyethyl-
octadecylamin-Dihydrofluorid

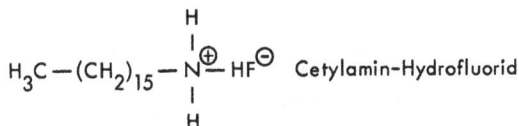

$$H_3C-(CH_2)_{15}-\underset{H}{\overset{H}{N^{\oplus}}}-HF^{\ominus}\quad \text{Cetylamin-Hydrofluorid}$$

Die verzögerte Abgabe von F^- aus einigen Verbindungen wirkt im Sinne eines Fluorid-Depoteffekts. Bei Behandlung mit Silberdiamminfluorid bildet sich neben CaF_2 auch unlösliches Ag_3PO_4, dessen Phosphat die Remineralisierung begünstigen soll.

Die genaue Erforschung der Remineralisationsphänomene wird dadurch erschwert, daß sich die Remineralisationsprodukte nicht eindeutig identifizieren lassen. Es besteht jedoch kein Zweifel, daß in präkariösen, entmineralisierten Zonen stets auch Remineralisierungsvorgänge ablaufen, wobei das deponierte Mineral entweder aus der aufgelösten Zahnhartsubstanz selbst, aus dem Speichel oder aus exogenen Quellen stammt. In vitro Versuche mit experimenteller Entmineralisierung (durch Hydroxyethylcellulose bei pH 4) und Anwendung von Remineralisierungslösungen (2 mM Ca^{2+}, 1,2 mM HPO_4^{2-}, 0.05 mM F^-, pH 7) zeigen die Mineralisationsinduzierende Wirkung des Fluorids.

4. Mineralien

Strontium. Bei weiteren Untersuchungen über die kariesprophylaktische Wirkung natürlicher Trinkwasserbestandteile wurde eine enge Korrelation zwischen dem geographischen Vorkommen von Strontium und der Kariesfrequenz festgestellt. Strontium gehört zu den weniger häufigen Elementen und kommt in der Natur als Strontiumcarbonat (Strontianit, $SrCO_3$) und Strontiumsulfat (Coelestin, $SrSO_4$) vor. Bei Untersuchung eines Kollektivs in Nordwest Ohio (USA) zeigte sich, daß das geringste Kariesvorkommen jeweils in den Gebieten mit dem höchsten Strontiumgehalt korrelierte. Im Tierversuch hatte Strontium jedoch lediglich einen kariostatischen Effekt, wenn es während der Entwicklungsphase der Zähne verabfolgt wurde, während posteruptive Applikationen keinen Einfluß zeigte.

Selen. Ein Zusatz von 0,8 mg Selen/Liter Trinkwasser (in anorganischer oder organischer Form) während der Zahnentwicklungsphase führte bei Ratten zu einer signifikanten Reduktion des Kariesvorkommens bei Vergleich mit einer Kontrollgruppe und einer Gruppe mit einem dreimal höheren Selengehalt (2,4 mg/l) im Trinkwasser. Die Ergebnisse deuten auf einen noch näher zu bestimmenden Optimalbereich für die Selenzufuhr hin, dessen Über- oder Unterschreiten gleichermaßen die Kariesentstehung begünstigt.

5. Zuckeraustauschstoffe

Die Kenntnis von der führenden Rolle der Nahrungskohlenhydrate − insbesondere der Saccharose − bei der Entstehung der Karies hat zur Suche nach modifizierten Kohlenhydraten, den sog. Zuckeraustauschstoffen, geführt.

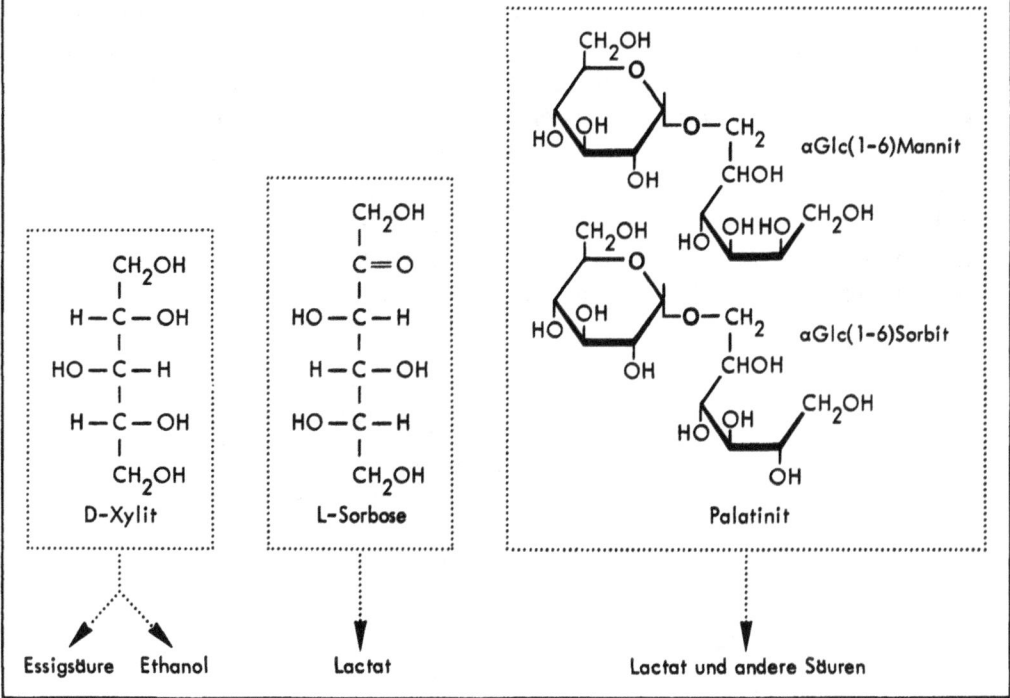

"ZUCKERAUSTAUSCHSTOFFE" ZUR KARIESPROPHYLAXE

Keine nennenswerte Säurebildung durch Streptococcus mutans. Langsamer Abbau durch Lactobazillen.

αGlc(1-6)Mannit

αGlc(1-6)Sorbit

D-Xylit

L-Sorbose

Palatinit

Essigsäure   Ethanol

Lactat

Lactat und andere Säuren

Zuckeraustauschstoffe, die zur Kariesverhütung geeignet sind, müssen folgende Voraussetzungen erfüllen:

- Herabgesetzte Nutzung bzw. Verwertbarkeit für Plaquebakterien

- Ungeeignet als Substrate der Plaquebakterien für die Bildung von Polysacchariden und organischen Säuren

- Fehlende Toxizität und Cancerogenität

- Indifferentes Verhalten bei oraler Aufnahme größerer Mengen an Zuckeraustauschstoffen und Abbau durch die Mikroflora des Dickdarms

Die besondere Kariogenität der Disaccharide vom Saccharose- bzw. Lactose-Typ weist auf die Bedeutung der glykosidischen Bindung hin, die bei der Synthese der Plaquepolysaccharide für einen direkten Glykosyltransfer ausgenutzt werden kann. Bei Veränderungen der glykosidischen Bindung, wie dies in den Disacchariden, Palatinose (Glc(1−6)Mannitol), Isomaltulose (Glc(1−6)Sorbitol) und β-Lactulose (Glc β(1−6)Dulcit) der Fall ist, geht die enzymatische Angreifbarkeit und damit die Kariogenität stark zurück. Die Disaccharide werden von den Plaquebakterien nur langsam verstoffwechselt, ihre antikariogene Wirkung wird dadurch verstärkt, daß sie mit den Dextranrezeptoren des Streoptococcus mutans reagieren und dessen Bindung an das Dextranpolysaccharid kompetitiv hemmen. Auch Modifikationen an kariogenen Monosacchariden (Glucose, Fructose, Galaktose) können zu einer **Reduktion** von Plaque- und Säurebildung beitragen. Dies gilt z. B. für die L-Sorbose (ein Stereoisomeres der D-Fructose) oder für die Zuckeralkohole Xylit, Mannit und Sorbit, die vom Streptococcus mutans nur sehr langsam verstoffwechselt und nicht oder nur begrenzt für die Synthese extrazellulärer Polysaccharide genutzt werden. Eine unter Zusatz von 1% Xylit oder L-Sorbose kultivierte Plaquemischflora vermochte den pH-Wert der Kulturflüssigkeit nur auf Werte zwischen 6,5 und 7 (gegenüber der Kontrolle 7,4) abzusenken. Die Abb. zeigt ein analoges Experiment mit Streptococcus mutans.

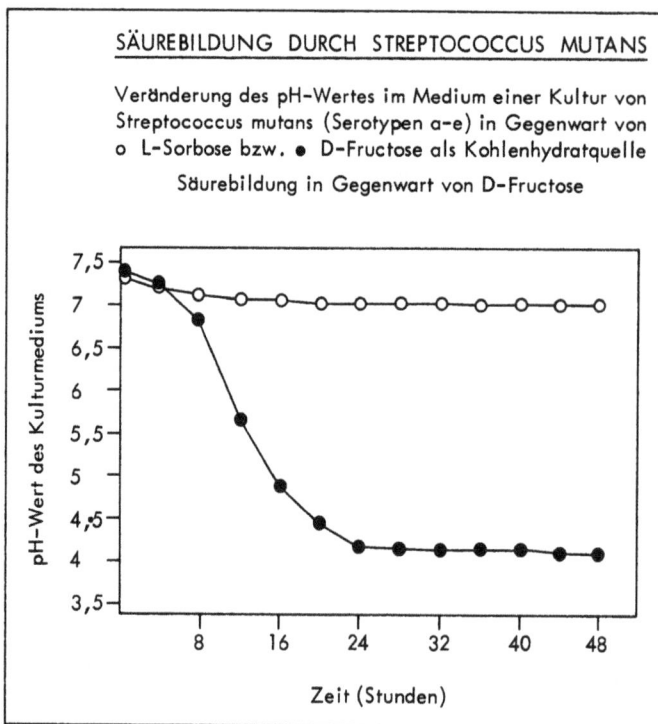

SÄUREBILDUNG DURCH STREPTOCOCCUS MUTANS

Veränderung des pH-Wertes im Medium einer Kultur von Streptococcus mutans (Serotypen a-e) in Gegenwart von o L-Sorbose bzw. ● D-Fructose als Kohlenhydratquelle

Säurebildung in Gegenwart von D-Fructose

Unter den Lactobazillen gibt es jedoch Stämme, die auch Xylit, L-Sorbose und Palatinit unter Säurebildung verstoffwechseln. Die dabei beobachteten Unterschiede in der Intensität der mikrobiellen Säurebildung sind dadurch bedingt, daß beim Abbau von L-Sorbose durch Lactobazillen nahezu ausschließlich Milchsäure entsteht, während beim mikrobiellen Xylitabbau als Stoffwechselendprodukte

Essigsäure und Ethanol entstehen. Xylit hat die gleiche Süßkraft wie Rohrzucker und die doppelte Süßkraft wie Sorbit oder Mannit, erzeugt jedoch bei der Maus bösartige Tumoren der Harnblase und der Nebenniere.

Alle Zuckeralkohole können außerdem bei Aufnahme größerer Mengen aufgrund ihrer Vergärbarkeit durch die intestinale Mikroflora zu Diarrhoe führen. Als Stoffwechselendprodukte entstehen dabei u. a. molekularer Wasserstoff, der über Blutstrom und Lunge mit der Atemluft abgegeben wird und Methan. L-Sorbose wird vom menschlichen Organismus nur begrenzt genutzt, jedoch z. T. resorbiert. Bei Ratten, die eine Diät mit 10% L-Sorbose erhielten, waren Lebergewicht und Lactatdehydrogenase-Aktivität im Serum signifikant gegenüber einer Kontrollgruppe erhöht. 10% der aufgenommenen Sorbose wurden mit dem Harn ausgeschieden.

Die Lebensmittelsicherheit der Zuckeraustauschstoffe erfordert gründliche weitere Studien, bevor eine uneingeschränkte Verwendung empfohlen werden kann. Einer breiteren Anwendung der Zuckeraustauschstoffe als Ersatz für Saccharose stehen nicht nur die unzureichenden Kenntnisse ihres Stoffwechsels im menschlichen Organismus, sondern auch die hohen Herstellungskosten entgegen.

Die nichtkalorischen Süßstoffe **Saccharin** (300× süßer als Rohrzucker) und **Cyclamat** (30× süßer als Rohrzucker) erzeugen im Tierversuch − allerdings in Dosen, die wesentlich höher liegen als sie für die Anwendung beim Menschen infrage kommen − Tumoren der Harnblase. Versuche mit **Aspartam** (L-Aspartyl-L-phenylalanin-methylester), einem Dipeptid, das 180× süßer ist als Rohrzucker, sind noch nicht abgeschlossen.

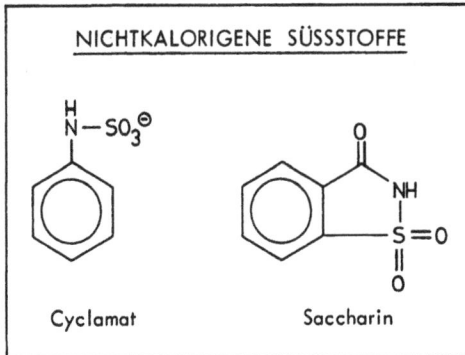

XII. Gingiva, marginales Parodont und Parodontopathien

Die Gingiva umschließt die Zähne am Zahnhals und sichert die Kontinuität der epithelialen Oberflächenauskleidung der Mundhöhle. Die histologischen Bausteine der Gingiva sind Epithel und Bindegewebe. Das mehrschichtige Epithel wird gemäß seiner Funktion in orales Epithel und Saumepithel unterteilt.

Das gingivale derbfaserige Bindegewebe strahlt zapfen- oder leistenförmig in das Epithel ein. An der Oberfläche ist das orale Epithel verhornt. Die Kollagenfibrillen des gingivalen Bindegewebes sind für den Tonus der Gingiva verantwortlich.

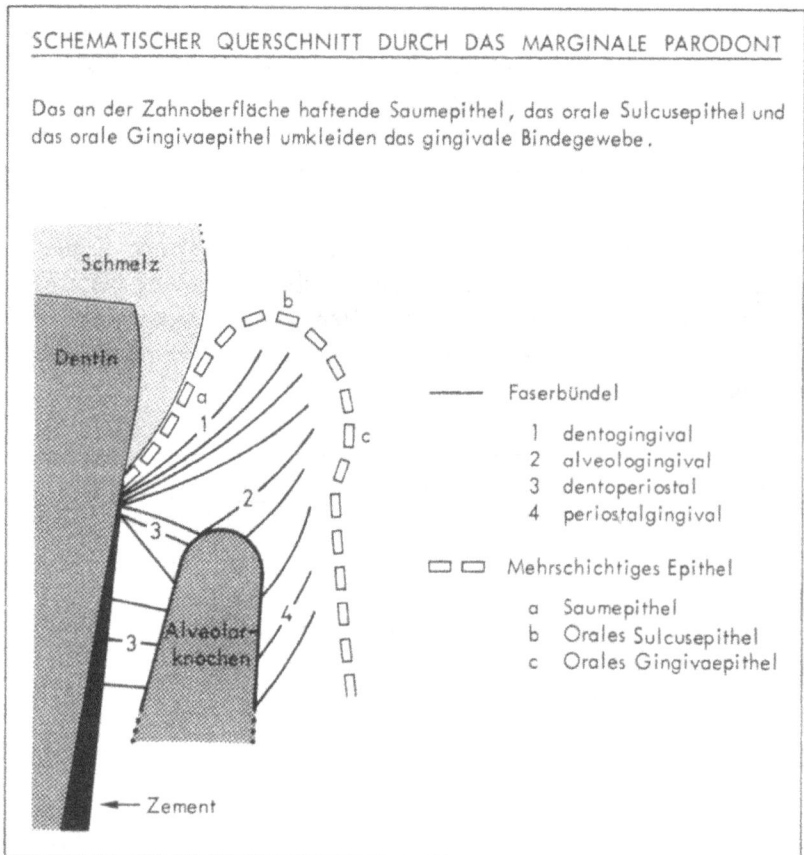

SCHEMATISCHER QUERSCHNITT DURCH DAS MARGINALE PARODONT

Das an der Zahnoberfläche haftende Saumepithel, das orale Sulcusepithel und das orale Gingivaepithel umkleiden das gingivale Bindegewebe.

Schmelz

Dentin

Faserbündel

1 dentogingival
2 alveologingival
3 dentoperiostal
4 periostalgingival

Mehrschichtiges Epithel

a Saumepithel
b Orales Sulcusepithel
c Orales Gingivaepithel

Alveolar-knochen

Zement

Das innere Saumepithel verbindet die Gingiva mit der Zahnoberfläche. Die Haftung wird über eine Basallamina und Halbdesmosomen vermittelt, die von den Epithelzellen des Saumepithels gebildet werden. Der Ansatz des Epithels auf der Zahnoberfläche beruht auf einer aktiven metabolischen Leistung der Zellen des Saumepithels. Zwischen den sandwichartig übereinanderliegenden Strukturelementen:

Zahnoberfläche-Basallamina-Halbdesmosomen-Saumepithel

bestehen adhäsive und kohäsive Kräfte, die in ihrer Gesamtheit die Haftung der Saumepithelzellen an der Zahnoberfläche garantieren.

Der **Gingiva-Sulcus** ist eine rillenartige Vertiefung. Er wird begrenzt von der Schmelz- oder Zementoberfläche, von der Kuppel der freien Gingiva und von der Oberfläche des nicht verhornenden Saumepithels. Der Sulcus gingivae ist beim Menschen normalerweise weniger als 0,5 mm tief.

1. Sulcusflüssigkeit

Aus dem Gingiva-Sulcus fließt kontinuierlich das sogenannte **Zahnfleischexsudat** (Sulcusflüssigkeit, Sulcusfluid, Gingivalfluid), das vom Bindegewebe her das Saumepithel passiert. Unter physiologischen (klinisch gesunden) Bedingungen wird Sulcusflüssigkeit nicht oder nur in sehr kleinen Mengen produziert. Mit zunehmender Zahl von Entzündungszellen in der Gingiva und der damit verbundenen Permeabilitätserhöhung steigt die Menge der Sulcusflüssigkeit, die dann den Charakter eines entzündlichen Exsudats annimmt.

Die Sulcusflüssigkeit enthält Elektrolyte, Aminosäuren, Plasmaproteine einschließlich der Immunglobuline, des fibrinolytischen Systems und des Komplementsystems. Unter den Zellen finden sich zahlreiche polymorphkernige Granulozyten, Lymphozyten, Monozyten, desquamierte Epithelzellen und Mikroorganismen.

Die Bedeutung der Sulcusflüssigkeit besteht einerseits in der mechanischen Spülung des Sulcus, andererseits enthält die Sulcusflüssigkeit zahlreiche Substrate für Mikroorganismen und begünstigt somit die Plaquebildung.

2. Parodontopathie

Der Begriff „Parodontopathien" umfaßt alle degenerativen und involutiven Erkrankungen des Parodonts. Ihre Einteilung erfolgt nach ätiologischen, klinischen bzw. pathologischen Gesichtspunkten. Die klinischen Bilder sind vielfältig. Die Diagnose basiert auf der Symptomatik, der Röntgenuntersuchung und der Funktionsanalyse des Kauapparates.

Gingivitis und **Parodontitis** sind entzündliche Reaktionen des marginalen Parodonts. Sie werden durch die supra- und subgingival lokalisierte mikrobielle Plaque ausgelöst. Dehnt sich die Entzündung entlang des Zahnes in Richtung auf die

Alveolarknochen aus, wobei das charakteristische Merkmal die Bildung einer Zahnfleischtasche ist, liegt eine **marginale Parodontitis** vor (Definition der Weltgesundheitsorganisation von 1961). Ihre Symptome bestehen in Zahnfleischentzündung, Zahnfleischbluten und ödematöser Schwellung der Gingiva.

Die mikrobielle Plaque ist ein Reservoir, das chronische Entzündungen hervorruft und unterhält. Entzündungsauslösende Substanzen sind die von den Mikroorganismen abgegebenen zytotoxischen Substanzen und Enzyme, auf deren schädigenden Einfluß das Gewebe mit Entzündung reagiert. Die von immunkompetenten Zellen als fremd erkannten Antigene der Mikroorganismen führen darüber hinaus zu immunologischen Reaktionen humoraler und zellulärer Natur.

Funktionsstörungen im Kausystem und bei Allgemeinerkrankungen (z. B. Diabetes, vasomotorische Erkrankungen, Erkrankungen des Magen- und Darmkanals) können den Krankheitsverlauf beschleunigen. Im Verlauf einer chronischen und fortgeschrittenen Gingivitis wird schließlich das knöcherne Parodontalgewebe in Mitleidenschaft gezogen. Schwund der Alveolarknochen mit Zahnlockerung und Zahnausfall (Parodontose, engl. Periodontosis) sind die Folge.

3. Die Pathogenese der marginalen Parodontitis

Bei den chronischen marginalen Gingivitiden dringen die Plaqueorganismen primär nicht in das Zahnfleisch ein. Es kommt jedoch zu einer Destruktion des gingivalen Gewebes durch mikrobielle Plaqueprodukte, unter denen sich Enzyme, Toxine und chemotaktische Faktoren identifizieren lassen. Sie sind für die Entzündungsreaktion des Zahnfleisches verantwortlich. Alle mikrobiellen Sekretionsprodukte, Stoffwechselprodukte oder Bestandteile von Zellwänden und Kapseln von Bakterien und anderen Mikroorganismen können zudem als Antigene immunologische Reaktionen auslösen (Schema).

Als Reaktion auf die mikrobiellen Plaqueprodukte reagiert die gesunde Gingiva mit gesteigerter Durchlässigkeit der Gefäße, Volumenvergrößerung, Vermehrung der Sulcusflüssigkeit und einer Zunahme der Zahl der Zellen in der Sulcusflüssigkeit.

Mikrobielle Enzyme. Die mikrobiellen Enzyme beeinträchtigen die Integrität des marginalen Parodonts und sind in der Lage, das epitheliale und bindegewebige Gefüge zerstörend aufzulockern. Bakterielle **Proteasen** (S. 112) vermögen den epithelialen Zellverband durch Lösen der Desmosomen und Abbau der Zellmembran-assoziierten Proteine anzugreifen. Einige Bakterienarten produzieren eine **Kollagenase,** die bezüglich Spezifität und Wirkungsweise nicht mit der Säugetierkollagenase identisch ist (S. 29) und das Kollagen des gingivalen Bindegewebes hydrolytisch zu niedermolekularen Bruchstücken spaltet.

DURCH DIE MIKROBIELLE PLAQUE AUSGELÖSTE ENTZÜNDUNGSREAKTION
DER GINGIVA UND FOLGEPROZESSE

PLAQUE   GINGIVA

Von Mikroorganismen   Akute Entzündungsreaktion

gebildete   infolge

Enzyme   ──────────▶   Gewebsdesintegration

Toxine   ──────────▶   Zell- und Gewebsschädigung

Chemotaktische ──────────▶   Anlocken von Granulozyten,
Stoffe   Makrophagen u. a.

Antigene   ──────────▶   Antigen-Antikörperreaktion
                                   Zelluläre Antikörpersynthese

                                              │ Exsudation │
                                              ▼

Spezifische und   SULCUSFLÜSSIGKEIT
unspezifische,
zelluläre und   Blutplasmaproteine
humorale Abwehr
                                       Niedermolekulare
                                       Blutplasmabestandteile

                                       Granulozyten
                                       Makrophagen
                                       Lymphozyten

Die Polysaccharide der Proteoglykane und das Hyaluronat der Extrazellulär-substanz werden durch **Hyaluronatlyasen** und **Chondroitinsulfatlyasen** nach folgendem Mechanismus zu Disacchariden abgebaut:

ABBAU VON HYALURONAT UND CHONDROITIN-4-SULFAT DURCH BAKTERIELLE ENZYME

$$\left[\beta\,GlcUA\,(1\text{-}3)\,\beta\,GlcNAc\,(1\text{-}4)\right]_n \xrightarrow{\text{Hyaluronat-Lyase}} n\,\Delta^{4,5}\,GlcUA\,(1\text{-}3)\,GlcNAc$$

Hyaluronat   Ungesättigtes Disaccharid

$$\left[\beta\,GlcUA\,(1\text{-}3)\,\beta\,GalNAc\text{-}4\text{-}sulfat\,(1\text{-}4)\right]_n \xrightarrow{\text{Chondroitinsulfat-Lyase}} n\,\Delta^{4,5}\,GlcUA\,(1\text{-}3)\,GalNAc\text{-}4\text{-}sulfat$$

Chondroitin-4-sulfat   Ungesättigtes sulfatiertes Disaccharid

Die Zellmembranlipide sind Substrate der Phospholipasen und Lipasen. Die Zerstörung der Zellmembran löst sekundär Abbauvorgänge durch zelleigene Hydrolasen (vorwiegend lysosomale Enzyme) aus.

Mikrobielle Toxine. Die Stärke der entzündlichen Gewebsreaktionen wird nicht nur durch Aktivität der gewebszerstörenden Enzyme, sondern auch durch das Ausmaß der Freisetzung mikrobieller Toxine bestimmt.

Die Abgabe zellschädigender Toxine durch Mikroorganismen unterstützt den Prozeß der Zerstörung des marginalen Parodonts. Neben allgemeinschädigenden Stoffwechselprodukten (organischen Säuren, Ammoniak, Schwefelwasserstoff) produzieren Mikroorganismen **Ektotoxine,** die nach der Synthese an das Nährmedium abgegeben werden. Aus absterbenden Mikroorganismen können **Endotoxine** freigesetzt werden.

Aus der Zellwand gramnegativer Bakterien stammen komplexe **Lipopolysaccharide,** deren toxische Wirkung nicht nur lokal begrenzt, d. h. im Entzündungsgebiet nachweisbar ist, sondern die auch von starken Allgemeinreaktionen (Fieber, Leukozytose, Aktivierung der Fibrinolyse) begleitet sein kann. Die Zahl der bakteriellen Toxine umfaßt eine reiche Skala von Substanzen der verschiedensten chemischen Strukturen, unter denen sich niedermolekulare Verbindungen aber auch Proteine befinden.

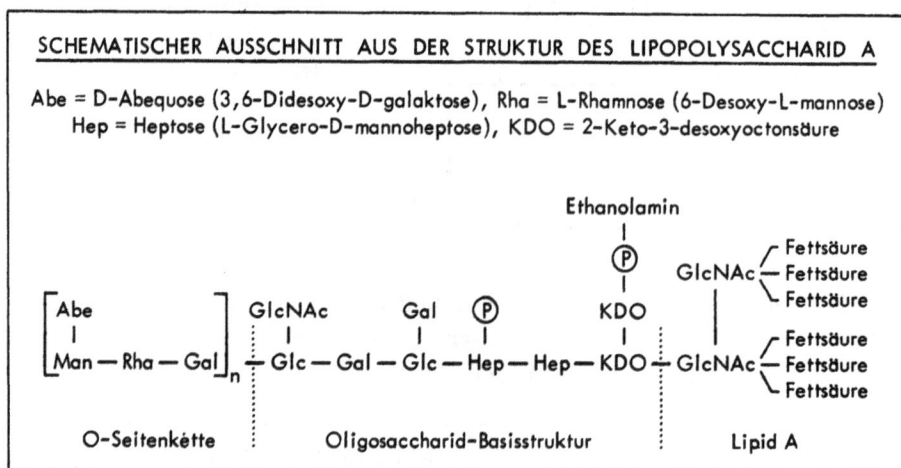

SCHEMATISCHER AUSSCHNITT AUS DER STRUKTUR DES LIPOPOLYSACCHARID A

Abe = D–Abequose (3,6–Didesoxy–D–galaktose), Rha = L–Rhamnose (6–Desoxy–L–mannose)
Hep = Heptose (L–Glycero–D–mannoheptose), KDO = 2–Keto–3–desoxyoctonsäure

Ethanolamin
|
P
|
GlcNAc — Fettsäure / Fettsäure / Fettsäure

[Abe]   GlcNAc   Gal P KDO
[|] | | | |
[Man — Rha — Gal]$_n$ -- Glc — Gal — Glc — Hep — Hep — KDO -- GlcNAc — Fettsäure / Fettsäure / Fettsäure

O–Seitenkette   Oligosaccharid–Basisstruktur   Lipid A

Chemotaktische Faktoren. Als Chemotaxis bezeichnet man die gerichtete Bewegung von Zellen als Antwort auf die Bildung und Anhäufung von „Lockstoffen". Eine chemotaktische Wirkung besitzen u. a. bakterielle Enzyme, Abbauprodukte geschädigter Zellen und zerfallener polymorphkerniger Leukozyten sowie die unter der Wirkung des Komplementsystems (S. 159) entstehenden Spaltprodukte.

Unter der Wirkung chemotaktischer Faktoren wandern polymorphkernige Granulozyten und Makrophagen in das gingivale Entzündungsgebiet. Ihre Aufgabe ist die Phagozytose und Beseitigung bzw. Vernichtung zelltoter Gewebebestandteile und Mikroorganismen. Phagozytoseeigenschaften haben nicht nur die polymorphkernigen Granulozyten, die unter dem chemotaktischen Reiz das Blutgefäßsystem verlassen und in das angrenzende Bindegewebe einwandern (Mikrophagen), sondern auch Zellen, die sich aus ortsständigen Zellen differenzieren können (Makrophagen).

Der Prozeß der Phagozytose gliedert sich in verschiedene Phasen:

• Während der chemotaktischen 1. Phase führt der Phagozyt eine gerichtete Bewegung auf das zu phagozytierende Objekt aus.

• In der 2. Phase erfolgt die Erkennung des phagozytierenden Objektes. Dabei nutzt der Phagozyt seine Fähigkeit zur spezifischen Unterscheidung von Oberflächen aus. Ist z. B. ein Bakterium mit Antikörpern vom Typ IgG oder mit dem C3-Fragment des Komplementsystems besetzt, so wird die Phagozytose gefördert.

• Die 3. Phase stellt die Aufnahme des zunächst an die Zelloberfläche des Phagozyten-gebundenen und dann von der Zellmembran eingehüllten Partikels in die Zelle dar. Das phagozytierte Partikel ist in der Zelle als Endozytosevesikel (Phagosom) nachweisbar, das seinerseits mit einem Lysosom fusioniert und einem enzymatischen Abbau durch lysosomale Enzyme bzw. der chemischen Veränderung durch Peroxide unterworfen wird.

Die Phagozytose ist mit einer Steigerung des Zellstoffwechsels u. a. mit Intensivierung der Glykolyse, des Glykogenabbaus, der oxidativen Prozesse und einer vermehrten Bildung und dem Verbrauch von ATP verbunden.

Die Granulozyten verfügen über subzelluläre Partikel mit besonderem Reichtum an Enzymen, die H_2O_2 bilden und verbrauchen und deshalb auch als **Peroxisomen** bezeichnet werden. Die Konzentration des in den Peroxisomen entstehenden H_2O_2 liegt in einer Größenordnung, die bakterizide Wirkung erwarten läßt. Dies ist von Bedeutung bei der Phagozytose von Bakterien, die durch lysosomale Enzyme der Makrophagen bzw. Mikrophagen nicht angegriffen werden und sich daher intrazellulär vermehren können.

Antigene und Antigen-Antikörperreaktionen. Die von Mikroorganismen gebildeten extrazellulären oder zellulären Enzyme, Inhaltsstoffe oder Toxine können unabhängig von ihren zellschädigenden Eigenschaften als **Antigene** wirksam werden und im Makroorganismus die Produktion von Antikörpern auslösen. Die reiche Skala mikrobieller Antigene läßt sich am Beispiel des Streptokokkus demonstrieren.

Beispiele für Streptokokken-Antigene
(Streptokokken der Gruppe A)

Antigentyp	Eigenschaften bzw. Wirkung
Extrazelluläre Antigene	
Streptolysin O	Hämolytisch, cardiotoxisch
Erythrogenes Toxin	Hämolytisch
Streptokinase	Protease, aktiviert fibrinolytisches System
	(Plasminogen → Plasmin)
DNA-ase, RNA-ase	Nucleinsäure spaltende Enzyme
Hyaluronatlyase	Hyaluronat → ungesättigte Disaccharide
Proteinasen	Hydrolyse von Proteinen
α-Amylase	$\alpha(1-4)$ Endoglucosidase
Zellwandantigene	
M-, T-, R-Proteine	Antigene Proteine
A-Polysaccharid	Bausteine: Glc, Fuc, Man, GlcUA
Hyaluronat	Struktur: $[GlcUA\beta(1-3)\,\beta GlcNAc)\,1-4)]_n$
Intrazelluläre Antigene	
Nucleoproteine	Komplexe aus Nucleinsäuren und Proteinen

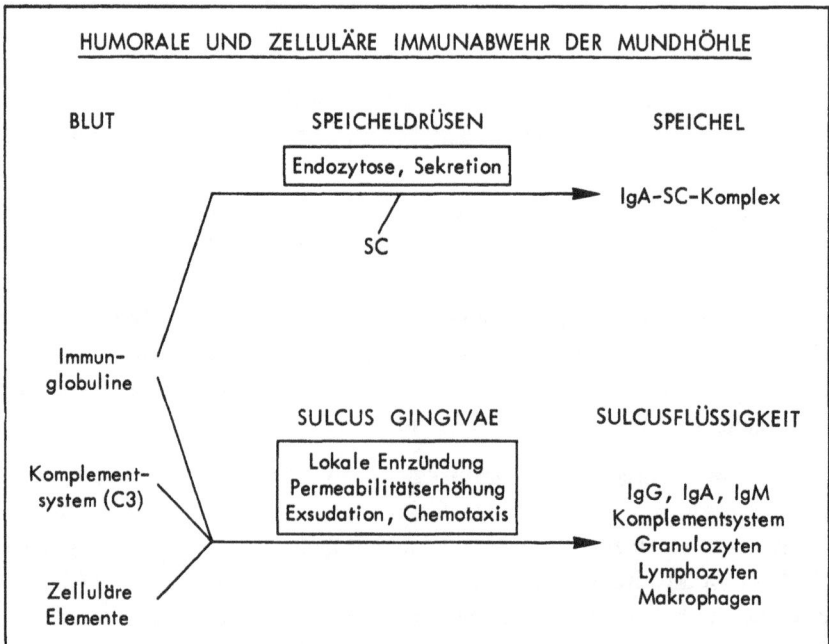

HUMORALE UND ZELLULÄRE IMMUNABWEHR DER MUNDHÖHLE

Die durch das Epithel in das parodontale Bindegewebe diffundierenden bakteriellen Antigene reagieren mit Antikörpern der Gingiva bzw. Sulcusflüssigkeit. Die Antikörper können entweder aus dem Serum stammen oder von lokalen Plasmazellen unter dem antigenen Reiz bakterieller Inhaltsstoffe gebildet werden. Die entstehenden Antigen-Antikörperkomplexe aktivieren das Komplementsystem und fördern damit Chemotaxis und Phagozytose.

Das Komplementsystem ist ein aus neun Blutplasmaproteinen (z. T. mit Untereinheiten) bestehendes Mehrkomponentensystem (C_1-C_9), das nach Aktivierung durch eine Antigen-Antikörperreaktion oder nach unspezifischer Aktivierung in einer Serie hintereinandergeschalteter Reaktionen verschiedene Zwischen- bzw. Endprodukte liefert, die insgesamt eine Entzündungsreaktion des Gewebes auslösen (Schema).

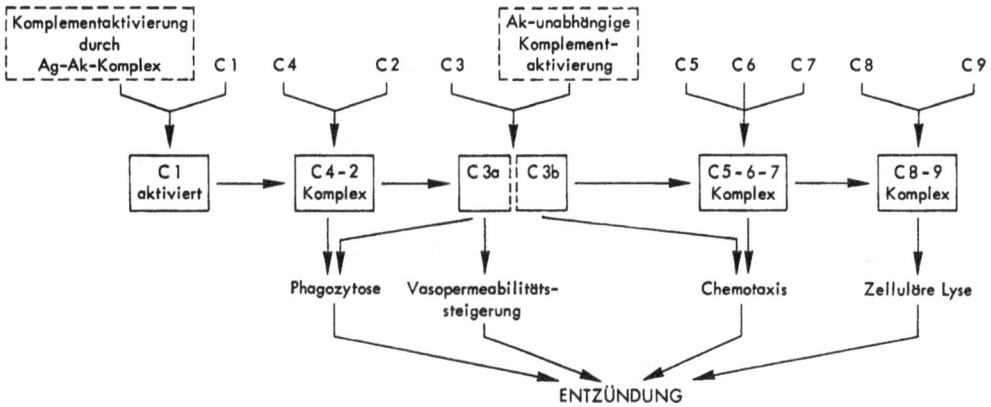

4. Entzündungsstoffwechsel

In den Zellen des entzündeten Gewebes treten Stoffwechselveränderungen ein, die durch verstärkte Glykogenolyse, erhöhte Glykolyserate und vermehrte Lactatbildung mit entsprechender pH-Absenkung und Abfall der intrazellulären ATP-Konzentration gekennzeichnet sind. Gleichzeitig kommt es zu einer Reduktion der Proteinbiosynthese und Steigerung der intra- und extrazellulären Proteolyse.

Der Zusammenbruch des Stoffwechsels wird durch eine Membranschädigung der Zellen eingeleitet, die an der Freisetzung und dem Austritt von zellulären Elektrolyten (K^+) sowie zytoplasmatischen und lysosomalen Enzymen erkennbar ist. Die zellulären Enzyme greifen makromolekulare Substrate des extrazellulären

Raums an und leiten damit die Gewebszerstörung ein. Membranschädigung und Zusammenbruch des Stoffwechsels führen schließlich zum Zelltod.

Aus den geschädigten Zellen, aber auch aus den durch Chemotaxis angelockten Makro- und Mikrophagen, werden Kinine, Histamin, Serotonin, ADP und Polypeptide freigesetzt, die zum Teil schmerzauslösend, zum Teil gefäßlähmend und hyperämieinduzierend, zum Teil Kapillarpermeabilitäts-fördernd wirken und damit den Einstrom von Blutplasma und Thrombozyten (Blutgerinnung), entzündliche Exsudation und die weitere Einwanderung polymorphkerniger Granulozyten (zelluläre Infiltration) fördern.

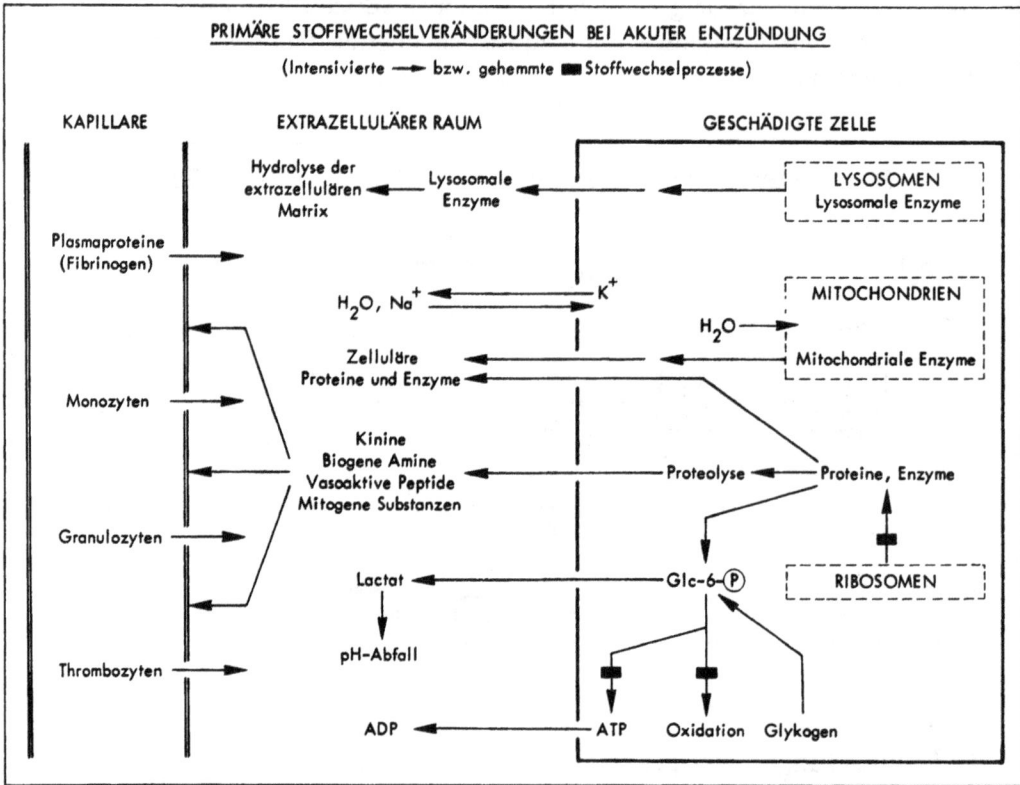

PRIMÄRE STOFFWECHSELVERÄNDERUNGEN BEI AKUTER ENTZÜNDUNG

(Intensivierte ⟶ bzw. gehemmte ■ Stoffwechselprozesse)

Im Rahmen entzündlicher Prozesse entstehen als Produkte von Entzündungszellen auch **Prostaglandine.** Unter den vielfältigen Wirkungen der Prostaglandine ist ihre Fähigkeit, die Kollagenbildung zu hemmen und die Knochenresorption zu fördern, von besonderer Bedeutung, da sie mit diesen Wirkungen die Destruktion des parodontalen Gewebes fördern und damit das Gleichgewicht zwischen Knochenan- und -abbau zugunsten der Destruktion verschieben können.

Die bei einer akuten Entzündung in der geschädigten Zelle im Extrazellulärraum und benachbarten Kapillargebiet ablaufenden Veränderungen gibt die vorstehende Abbildung in schematischer Form wieder.

Die in der Gingiva ablaufende Entzündung und die Bildung einer zellreichen Sulcusflüssigkeit ist Teil einer Abwehrreaktion des Organismus gegenüber den Plaquebakterien. Die durch Granulozyten und Monozyten phagozytiert, durch die Antikörper und unspezifischen Abwehrsysteme (Komplementsystem, Properdin-system) vernichtet werden können. Andererseits stellt die Sulcusflüssigkeit ein substratreiches Medium für die Plaquebakterien dar.

Nach Beseitigung der Entzündungsursache setzen Reparations- und Restitu-tionsprozesse ein. Die durch Chemotaxis eingewanderten Granulozyten und Mono-zyten sorgen für eine Trümmerbeseitigung und führen durch Anregung der Zell-teilung im Wundgebiet schließlich zur Gewebsneubildung.

XIII. Chemische Zusammensetzung von Mund- und Zahnpflegemitteln

1. Mundhygiene

Eine systematische Mund- und Zahnpflege dient in erster Linie der mechanischen Reinigung der Mundhöhle, insbesondere der Zahnoberfläche von Speiseresten und Bakterienkolonien mit dem Ziel einer Gesunderhaltung der Zähne, des Zahnfleisches und der Mundschleimhaut. Eine Beeinträchtigung der physiologischen Keimbesiedlung der Mundhöhle ist damit nicht beabsichtigt, doch kann unterstellt werden, daß durch eine regelmäßige Zahn- und Mundpflege das Eindringen pathogener Mikroorganismen in den menschlichen Organismus über die Mundhöhle erschwert oder verhindert wird.

Zahn- und Mundpflegemittel enthalten häufig Zusätze, die eine prophylaktische oder therapeutische Wirkung auf die Entwicklung oder Behandlung einer Karies bzw. Parodontose ausüben sollen, doch läßt sich deren Wert nur schwer abschätzen. Die Zahn- und Mundpflege ist als Teil einer allgemeinen Körperhygiene anzusehen. Es ist erwiesen, daß Völker früherer Kulturepochen bereits Wert auf die Erhaltung und Verschönerung der Zähne legten.

Von den Mund- und Zahnpflegemitteln

- Mundwasser (alkoholische Lösungen etherischer Öle mit Wirk- und Farbstoffen)
- Zahnpulver (trockene Schleifmittel mit schäumenden und aromatischen Zusätzen)
- Zahnseifen (milde Seife in Mischung mit Schleifstoffen) und
- Zahnpasten (s. u.)

haben lediglich die **Zahnpasten** praktische Bedeutung.

2. Zahnpastarezepturen

Zahnpasten sind cremeartige Suspensionen von Substanzen, die primär die reinigende Wirkung von Zahnbürsten unterstützen sollen. Wesentlicher Bestandteil von Zahnpasten sind daher Putzkörper, die eine mechanische Reinigung im Sinne einer abradierenden Wirkung ausüben, und oberflächenaktive Substanzen, die durch ihre physikalisch-chemische Eigenschaften einen Reinigungseffekt herbeiführen.

Grundstoffe für die Herstellung von Zahnpflegemitteln
(Zahnpastenrezepturen)

Funktion	Bestandteil (Beispiele)	Anteil Gew. %
Putz- bzw. Poliermittel*	Calciumhydrogenphosphat Tricalciumphosphat Natriummetaphosphat Calciumcarbonat Aluminiumhydroxid Kieselsäure	20–55
Binde- u. Verdickungsmittel (Konsistenzmittel)	Cellulosederivate (Carboxymethyl-, Hydroxyethyl- oder Methylcellulose) Alginat Pektin Agar	1
Feuchthaltemittel	Glycerin Sorbit (70% wäßrige Lösung) 1,2-Propandiol Polyethylenglykol (MW 400–600)	5–50
Oberflächenaktive Substanzen (Emulgatoren)	Natriumlaurylsulfat Natriumlaurylsarkosinat	1.2–2
Aromastoffe, Süßstoffe (Geschmackskorrigentien)	Menthol Pfefferminzöl Saccharin	0.8–1.3
Fluoride	Natriummonofluorphosphat Natriumfluorid Hexadecylamin-hydrofluorid	0.1**
Zusatzstoffe	Bakteriostatische bzw. bakterizide Wirkstoffe Kariesprophylaktische Zusätze Wirkstoffe gegen entzündliche Parodontopathien Zahnsteinlösende Verbindungen	< 0.1

* Teilchengröße 3–12 μm Ø
** Fluorkonzentration

Aus zahlreichen Gründen enthalten Zahnpasten aber eine Reihe weiterer Nebenbestandteile. Für die Grundrezeptur der im Handel befindlichen Zahnpasten, die in vorstehender Tabelle zusammengestellt ist, gelten folgende Anforderungen:

- Gute **Reinigungswirkung,** keine Irritation der Mundschleimhaut oder Abrieb des Zahnhartgewebes auch bei regelmäßigem und wiederholtem Gebrauch.

- Erhöhung der natürlichen **Spülwirkung** des Speichels durch Anregung der Speichelsekretion und durch Herabsetzung der Viskosität des Speichels.

- Zusatz von **baktericiden Substanzen** in einer Konzentration, die die Mikroflora der Mundhöhle nicht beeinträchtigt.

- Der **Geschmack** darf die ständige Benutzung nicht erschweren, sondern soll einen Anreiz für die Anwendung geben.

- **Lagerstabilität,** die dadurch gekennzeichnet ist, daß auch innerhalb längerer Zeiträume keine chemische Umsetzung der Inhaltsbestandteile oder Zersetzung der Pastenmasse eintritt.

Die Grundlagen für die Zusammensetzung von Zahnpasten sind durch Gesetze und Verordnungen geregelt:

- Lebensmittel- und Bedarfsgegenständegesetz vom 15. 8. 1974 (Bundesgesetzblatt I, S. 1946, Änderungen 1976)

- Zusatzstoffzulassungsverordnung vom 20. 12. 1977 (Bundesgesetzblatt I, S. 2711, Änderungen 1980)

- Kosmetikverordnung vom 16. 12. 1977 (Bundesgesetzblatt I, S. 2589, Änderungen 1980)

3. Putz-, Schleif- bzw. Poliermittel

Schleif- und Scheuermittel polieren und glätten die Zahnoberfläche. Ihr Härtegrad muß unter dem des Zahnschmelzes liegen. Dafür geeignet sind u. a. Carbonate, Phosphate, Aluminiumhydroxid, Kieselsäure und Aluminiumsilikat.

Die Härte fester Körper ist definiert durch den Widerstand, den ein Festkörper dem Eindringen eines anderen Körpers entgegensetzt. Dieser Widerstand wird bei Mineralien z. B. nach der **Mohs'schen-Härteskala** bestimmt. Danach hat ein Mineral eine geringere Härte als eines von dem es geritzt wird und umgekehrt. Die Mohs'sche Härteskala führt 10 Härtegrade auf (Tab.). Ein gewisser Abrieb wird natürlich auch zwischen Körpern gleicher Härte beobachtet.

Neben dem Härtegrad der Scheuermittel spielt die Korngröße (Teilchengröße) eine Rolle, die zwischen 3 und 12 μm liegt. Die Auswahl eines Putzmittel sollte unter dem Gesichtspunkt eines maximalen Reinigungseffektes bei gleichzeitiger minimaler Abrasionswirkung auf die Zahnoberfläche erfolgen.

Härte fester Körper
Härteskala nach F. Mohs

1	Talk	$Mg_3[(OH)_2(Si_4O_{10})]$
2	Steinsalz	NaCl
	Gips	$CaSO_4$
3	Kalkspat	$CaCO_3$
4	Flußspat	CaF_2
5	Apatit	$Ca_{10}(PO_4)_6F_2$
6	Feldspat (Orthoklas)	$K[AlSi_3O_8]$
7	Quarz	SiO_2
8	Topas	$Al_2[(F_2)(SiO_4)]$
9	Korund	Al-Oxide
10	Diamant	Krist. Modifikation des Kohlenstoffs

4. Binde- und Verdickungsmittel

Binde- und Verdickungsmittel verleihen der Zahnpasta eine gleichmäßig breiige
Konsistenz. Diese Anforderungen erfüllen u. a. Cellulosederivate und andere
Polysaccharide pflanzlicher Herkunft. Die chemische Derivatisierung der **Cellulose**
führt zu wasserlöslichen und gelbildenden Verbindungen (Carboxymethyl-,
Hydroxymethyl- und Methyl-Cellulose).

Alginsäure ist ein Polysaccharid (Molekulargewicht $100\,000-240\,000$), das aus
1,4 glykosidisch verknüpften D-Mannuronsäureeinheiten mit gelegentlichen Ein-
schüben von L-Gulonuronsäureresten besteht. Es wird von Braunalgen z. B.
Laminaria digitata gebildet und macht bis zu 40% der Trockensubstanz aus. Alginsäure bzw. ihre Salze werden u. a. als Schutzkolloide in der Lebensmittelindustrie
(Speiseeis, Fruchtgelees) und in Form von Alginatfaserstoffen (z. B. als eßbare
Wursthüllen) verwendet. Alginsäureester bewirken als Emulgatoren eine Schaum-
stabilisierung. Ein 0,01%iger Zusatz zum Bier kann die Lebensdauer der „Schaum-
krone" von $2-3$ Minuten auf 4 Stunden verlängern. Ähnliche Eigenschaften wie
die Alginsäure bzw. die Alginate (Na^+-, Mg^{2+}-, Ca^{2+}-Salze) haben **Pektin** und
Agar (Abb.).

Bei der Herstellung wasserarmer alkoholhaltiger Pasten (s. u.) wird **kolloidale
Kieselsäure** mit Korngrößen von $4-20$ μm und $35-40$ μm eingesetzt.

BINDE- UND VERDICKUNGSMITTEL

Cellulose

(Molekulargewicht bis $1,5 \times 10^6$, durch chemische Derivatisierung können Carboxymethyl-, Hydroxymethyl- oder Methylgruppen in das Molekül eingeführt werden)

Polymannuronsäure

(Molekulargewicht $1-2,5 \times 10^5$, in der Alginsäure liegt ein Teil der Hydroxylgruppen als Essigsäureester, ein Teil der Carboxylgruppen als Methylester vor)

Polygalakturonsäure

(Molekulargewicht $3-50 \times 10^4$, im Pektin liegen 20-60 % der Carboxylgruppen als Methylester vor)

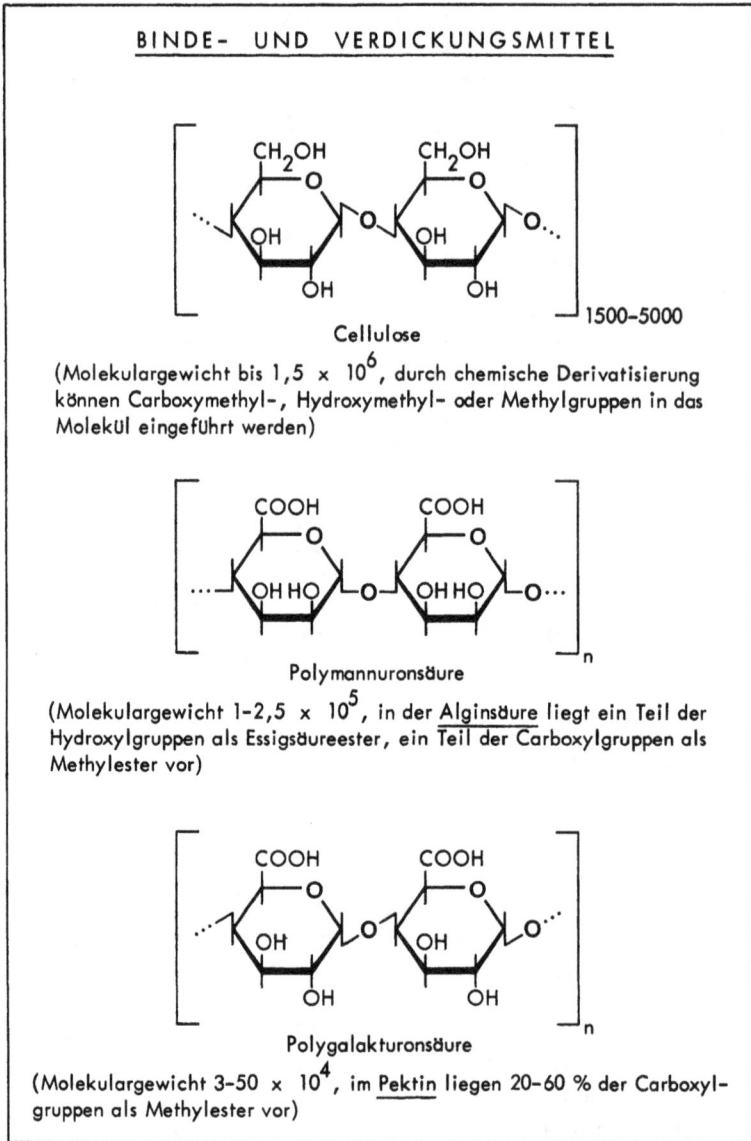

5. Feuchthaltemittel

Die Funktion der Feuchthaltemittel besteht in dem Schutz der Zahnpasta vor Austrocknung, wenn sie der Luft ausgesetzt wird. Glycerin, Sorbit (in 70%iger wässriger Lösung) und Propylenglykol sind häufig verwendete Feuchthaltemittel. Da die wässrige Lösung dieser Substanzen jedoch einen Nährboden für Pilz- oder Bakterienwachstum darstellt, müssen sie in Verbindung mit einem Konservierungsmittel (s. u.) verwendet werden.

6. Oberflächenaktive Substanzen
(Emulgatoren, Tenside, Schaumstoffe, Detergentien)

Emulgatoren bzw. Schaumstoffe bewirken eine Benetzung und Reinigung der Zahnoberfläche. Der Reinigungseffekt kommt dadurch zustande, daß bei der mechanischen Wirkung von Zahnbürsten abgelöste unlösliche Partikel, bei denen es sich um Speisereste, Bakterienkolonien, aber auch die in der Zahnpasta enthaltenen partikulären Putzkörper handelt, in eine stabile Emulsion überführt und entfernt werden.

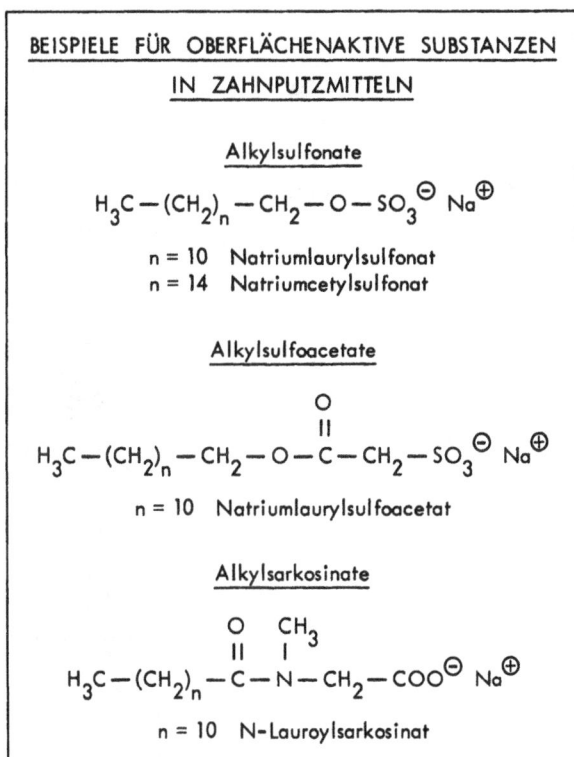

BEISPIELE FÜR OBERFLÄCHENAKTIVE SUBSTANZEN
IN ZAHNPUTZMITTELN

Alkylsulfonate

$$H_3C - (CH_2)_n - CH_2 - O - SO_3^{\ominus} \; Na^{\oplus}$$

n = 10 Natriumlaurylsulfonat
n = 14 Natriumcetylsulfonat

Alkylsulfoacetate

$$H_3C - (CH_2)_n - CH_2 - O - \overset{\overset{\textstyle O}{\|}}{C} - CH_2 - SO_3^{\ominus} \; Na^{\oplus}$$

n = 10 Natriumlaurylsulfoacetat

Alkylsarkosinate

$$H_3C - (CH_2)_n - \overset{\overset{\textstyle O}{\|}}{C} - \overset{\overset{\textstyle CH_3}{|}}{N} - CH_2 - COO^{\ominus} \; Na^{\oplus}$$

n = 10 N-Lauroylsarkosinat

Häufig verwendet werden Alkylsulfonate, die als Natriumsalze (z. B. Natriumlaurylsulfat) in Lösung neutral reagieren, über einen weiteren pH-Bereich schaumbildend wirken und keine Präzipitate mit hartem Wasser oder Speichel bilden. Weitere verwendete Detergentien s. Formeln.

Natriumlaurylsulfat ergab bei längerer Anwendung in 2%iger Lösung keine Reizungen oder histologische Veränderungen der Mundschleimhaut, Natriumlaurylsarkosinat hat neben seiner Detergenzeigenschaft auch eine Hemmwirkung auf Bakterienenzyme.

Die Reinigungswirkung einer Zahnpasta kann durch Ethanol, das in Konzentrationen bis 30 Gewichtsprozent in der Pastenmasse enthalten ist, unterstützt werden. Da Ethanol auch die Speichelsekretion anregt, wird dadurch die natürliche Spülwirkung des Speichels unterstützt. Alkoholhaltige Zahnpasten garantieren ferner durch ihren geringen Wassergehalt (bis 10%) eine höhere Lagerstabilität für Peroxide (s. u.) und werden auch dann verwendet, wenn durch Zusatz von Carbonaten (z. B. Magnesiumcarbonat) und sauren Salzen organischer Säuren (z. B. Äpfelsäure) eine zusätzliche Schaumwirkung erreicht werden soll. Diese tritt ein, wenn die Pastenmasse mit Speichel in Kontakt kommt, da in wäßriger Lösung aus dem Carbonat unter Wirkung organischer Säuren CO_2 freigesetzt wird.

7. Geschmacks-, Duft- und Aromastoffe

Der Zusatz von Aroma- und Süßstoffen soll den „staubigen Geschmack" der Putzkörper und den bitter-kratzigen Geschmack der Schaummittel korrigieren und den Wohlgeschmack der Zahnpasta heraufsetzen. Als Süßstoffe werden Saccharin

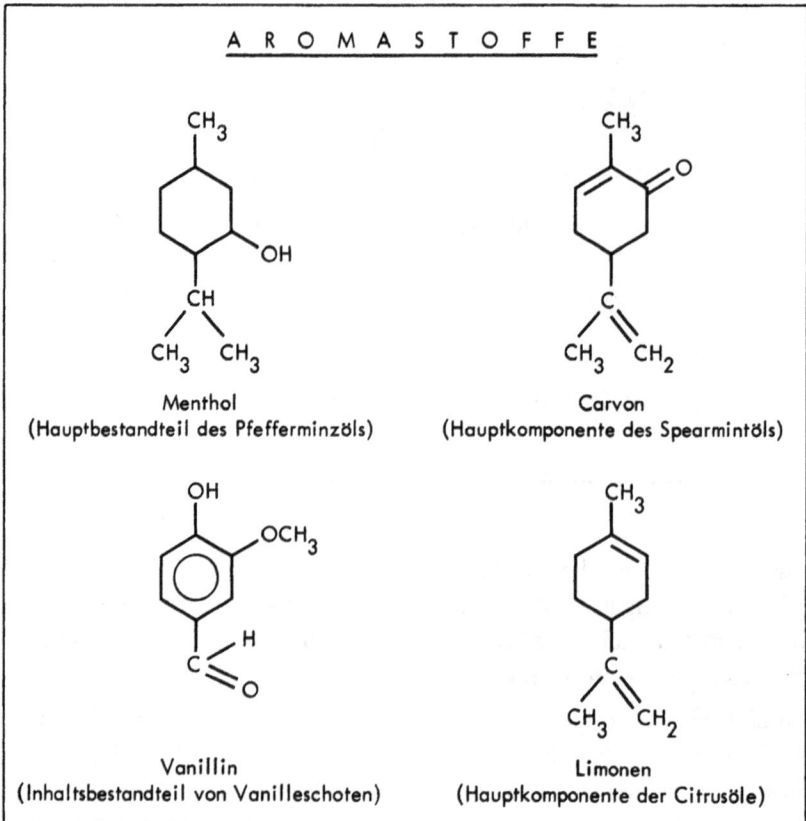

AROMASTOFFE

Menthol
(Hauptbestandteil des Pfefferminzöls)

Carvon
(Hauptkomponente des Spearmintöls)

Vanillin
(Inhaltsbestandteil von Vanilleschoten)

Limonen
(Hauptkomponente der Citrusöle)

oder Natriumcyclamat (s. S. 151) verwendet. Menthol (aus Pfefferminzöl), Carvon u. a. besitzen nicht nur eine „erfrischende Kühlwirkung", sondern zum Teil auch schwach bakteriostatische Wirkung.

8. Fluoride

80% der im Handel erhältlichen Zahnpasten sind fluoridiert. Da die Mehrzahl der fluoridhaltigen Zahnpasten etwa 1 g Fluorid/kg enthalten und bei jedem Zähneputzen etwa 0,7 g Zahnpaste verwendet werden, beträgt unter einer Annahme einer 20%igen Retention im Zahnschmelz die mögliche Fluoridaufnahme pro Anwendung 0,14 mg − eine Menge, die bei mehrmaliger täglicher und konsequenter Anwendung zu einer wirkungsvollen Prävention der Zahnkaries beitragen kann (s. Tab. S. 142). Zur Chemie der kariesprophylaktischen Fluoride und deren lokaler Anwendung s. auch S. 147.

9. Zusatzstoffe

Neben den (in den Abschnitten 3.−8. dieses Kapitels beschriebenen) Grundstoffen enthalten Zahnpasten meist verschiedene Zusatzstoffe, die den Ursachen und/oder Folgen von Zahn- und Zahnfleischerkrankungen entgegenwirken sollen. Regelmäßig oder häufig verwendete Zusätze − oft in patentierter Kombination − sind

* Bakteriostatische bzw. bakterizide (antibakterielle) Wirkstoffe
* Spezielle kariesprophylaktische Zusätze
* Wirkstoffe gegen entzündliche Parodontopathien
* Zahnsteinlösende Verbindungen

10. Bakteriostatische bzw. bakterizide Wirkstoffe

Substanzen, die das Wachstum und die Teilung von Bakterien verhindern, sind Bestandteil jeder Zahncreme. Sie schützen die Zahncreme vor Zersetzung bei Lagerung und entfalten einen desinfizierenden Effekt auf die Mundschleimhaut und die Oberfläche der Zähne. Eine „Sterilisierung der Mundhöhle", d. h. die Abtötung der bakteriellen Mundflora ist damit jedoch weder möglich noch erwünscht.

Als bakteriostatische Zusätze werden verwendet: 1%ige Benzoesäure, Borsäure oder Chinosol, 0,1%iges Chlorthymol, Chloramin, 0,8%iges Formaldehyd, 5%iges

Kaliumchlorat, 0,5%iger p-Hydroxybenzoesäureethylester (Nipagin), 0,5%ige Salicylsäure, 0,5%iges Thymol.

11. Kariesprophylaktische Zusätze

Unter den bakteriziden Substanzen hat **Chlorhexidin** (1,1-Hexamethylen-bis[5-] p-chlorophenylbiguanid) besondere Aufmerksamkeit gefunden, nachdem sich herausstellte, daß es eine hohe Affinität zur Zahnoberfläche und zur Mundschleimhaut besitzt und im Gegensatz zu anderen bakteriziden Substanzen nicht leicht durch den Speichel abgewaschen wird. So läßt sich beim Menschen eine vollständige Hemmung der Plaque-Bildung durch $2 \times$ tägl. Spülung mit einer 0,2%igen Lösung von Chlorhexidin erreichen. Chlorhexidin ist ein Biguanid (Formel), das auf grampositive und in geringerem Maße auch auf gramnegative Mikroorganismen bakteriostatisch und bakterizid wirkt. Da andere antibakterielle Mittel zwar ebenfalls eine bakterizide Wirkung gegenüber Speichelbakterien, aber nur geringe oder keine plaquehemmende Wirkung besitzen, müssen neben der antibakteriellen Wirkung noch andere Eigenschaften für die plaquehemmende Wirkung des Chlorhexidins wichtig sein. Es ist anzunehmen, daß Chlorhexidin aufgrund seiner basischen Eigenschaften mit den anionischen Gruppen, der die Mundschleimhaut und die Zähne überziehenden Glykoproteine reagiert, dadurch in der Mundhöhle retiniert wird und damit eine Depotwirkung entfaltet. Die allmähliche Freigabe des gebundenen Wirkstoffs läßt sich mit ^{14}C-markiertem Chlorhexidin noch 24 Stunden nach einer einzigen Spülung nachweisen. Bei einer Spülung mit 10 ml einer 0,2%igen Chlorhexidinlösung wird etwa $1/3$ (7 mg) in der Mundhöhle retiniert. Als antikariogene Substanz ist Chlorhexidin bei Laboratoriumstieren wirksam, hat jedoch bei Verabreichung als Mundwasser oder als Inhaltsbestandteil von Zahnpasten die Erwartungen nicht voll erfüllt. Bei prolongierter Anwendung kommt es zudem zu einer (reversiblen) Verfärbung der Zähne und zu einer Beeinträchtigung des Geschmacksempfindens.

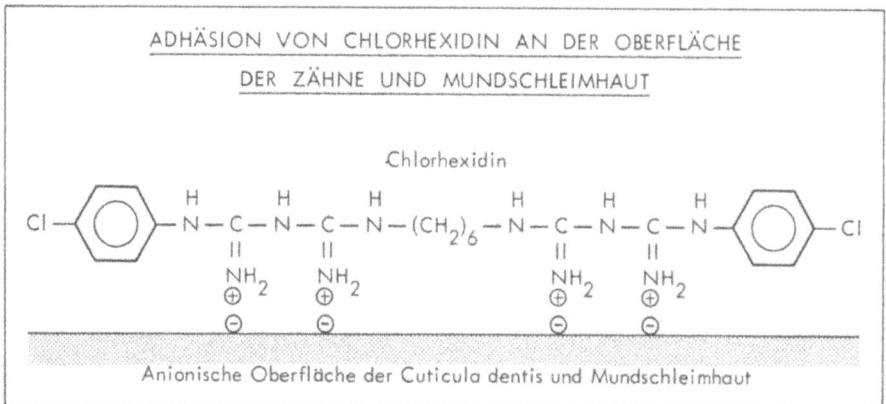

ADHÄSION VON CHLORHEXIDIN AN DER OBERFLÄCHE DER ZÄHNE UND MUNDSCHLEIMHAUT

Chlorhexidin

Anionische Oberfläche der Cuticula dentis und Mundschleimhaut

Wasserstoffperoxid-bildende Verbindungen. Auf die Bedeutung der Wasser-stoffperoxidkonzentration in der Mundflüssigkeit für die Aufrechterhaltung des biologischen Gleichgewichtes zwischen der bakteriellen Besiedlung der Mund-höhle einerseits und dem Abwehrsystem des Makroorganismus andererseits wurde im Kap. VIII (Speichel) hingewiesen. Der Zusatz Wasserstoffperoxid-bildender Verbindungen zu Zahnpasten soll nicht nur die mikrobielle Abwehr unterstützen, sondern der freiwerdende aktive Sauerstoff soll auch dazu beitragen, die in Zahn-taschen vorhandenen nekrotischen Gewebsteile, Nahrungsmittelreste oder Sekrete zu lösen und dadurch die Mundhöhle hygienisch zu reinigen. Beispiele sind Natriumperborat − eine Additionsverbindung aus Wasserstoffperoxid und Borat − oder Magnesiumperoxid. Aus beiden Verbindungen wird H_2O_2 in wäßriger Lösung langsam freigesetzt. Unter der Wirkung der in allen Zellen der Mundschleimhaut vorhandenen Katalase wird aus dem H_2O_2 augenblicklich nach der Gleichung

$$2\,H_2O_2 \rightarrow 2\,H_2O + O_2$$

Sauerstoff freigesetzt.

Enzyme. Im Tierversuch hatte die lokale Anwendung von **Amyloglucosidase** und **Glucoseoxidase** eine karioprotektive Wirkung. Die Amyloglucosidase ist eine Exoglucosidase, die 1,4- und 1,6-glukosidische Bindungen des Dextrans spaltet, also die von Streptococcus mutans gebildeten Plaquedextrane angreift und auflöst. Glucoseoxidase katalysiert die oxidative Umwandlung der Glucose unter Bildung von Gluconsäurelacton und H_2O_2.

Farbstoffe. Einige Zahncremes werden durch Farbstoffzusatz, z. B. Carmin-säure, Eosin) rötlich gefärbt. Farbstoffe können bakteriostatische Wirkungen haben. Carminsäure (ein von der Cochenille-Laus produzierter Farbstoff) wird wegen seiner Lipidlöslichkeit als Bakterienfarbstoff, aber auch als Lebensmittel-farbstoff verwendet. Carmin ist das Aluminium-Calciumsalz der Carminsäure.

FARBSTOFFE

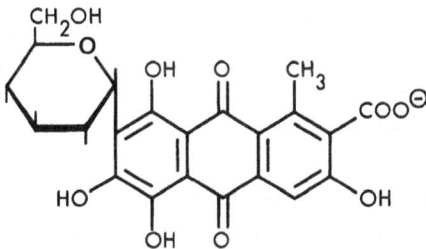

Carminsäure

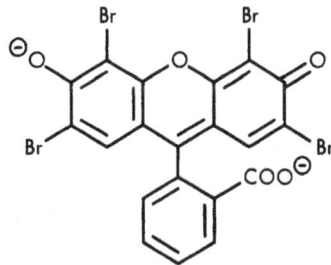

Eosin

Eosin ist als wasserlöslicher „Kernfarbstoff" in der Bakteriologie im Gebrauch und Farbstoff für Kosmetika (Nagellack, Lippenstifte).

Remineralisierende Substanzen. Die bei der Karies entstehenden lokalen Entmineralisierungszonen können durch die Ca^{2+}- und Phosphat-Ionen des Speichels unter bestimmten Voraussetzungen remineralisiert werden.

Dieser Prozeß soll − in Verbindung mit Fluoridionen − durch Zusatz von **Calciumphosphat** (z. T. Calciumpyrophosphat oder $CaHPO_4$) zur Zahnpasta unterstützt werden. Dabei soll auch die Sensibilität des Dentins gegenüber Berührung und Temperaturwechsel herabgesetzt werden. Dieser Effekt kann von Bedeutung werden, wenn im Verlauf einer Parodontitis durch Atrophie der Gingiva die am Zahnhals bestehende zement- und schmelzfreie Dentinoberfläche exponiert wird.

Lokalanästhetika. Die Empfindlichkeit der freien Dentinoberfläche gegen chemische (süß-sauer), thermische (heiß-kalt) und mechanische (Berührung) Reize wird mit offenliegenden Dentinkanälchen in Verbindung gebracht, vermag die Schmerzempfindlichkeit der Dentinoberfläche jedoch nicht zu erklären, da in den peripheren Anteilen des circumpulpalen Dentins bisher keine Nervenfasern nachgewiesen worden sind und auch die an peripheren Nerven angreifenden Lokalanästhetika (z. B. Cocain) wirkungslos bleiben.

12. Wirkstoffe gegen entzündliche Parodontopathien

Ziel der Prophylaxe der marginalen Parodontitis (S. 154) ist der Schutz des gingivalen Schleimhautepithels durch optimale Versorgung mit Vitamin A (Retinol). Die Behandlungsprinzipien einer manifesten Parodontitis bestehen in einer Unterdrückung der entzündlichen Reaktion der Gingiva, in Entwässerung und Straffung des ödematös aufgelockerten Gewebes durch Adstringentien und Anregung der Mikrozirkulation.

Retinol (Vitamin A). Retinol kann als lipidlösliches Vitamin bei lokaler Applikation eine direkte Wirkung auf Haut und Schleimhäute entfalten, da es von den ortsständigen Zellen aufgenommen werden kann. Vitamin A ist ein Schutzstoff für das gesamte Ektoderm. Seine Wirkung hängt − zumindest teilweise − mit der Coenzymfunktion des Vitamin A als Retinylphosphat zusammen, das mit dem Transfer von Galaktose- und Mannoseresten in die Glykoproteinsynthese eingreift. Glykoproteine sind u. a. am Aufbau von Desmosomen und Halbdesmosomen beteiligt, die wiederum für den Zusammenhalt von Epithelzellen und die Integrität von Haut und Schleimhaut verantwortlich sind, aber auch die Haftung des oralen Saumepithels an der Zahnoberfläche vermitteln (S. 153). Vitamin A-Mangel führt zu einer Hyperkeratose der Schleimhäute, die als Ausdruck eines teilweisen und vorzeitigen Verlustes der Verbindung der Epithelzellen untereinander anzusehen ist. Eine ausreichende lokale Vitamin A-Versorgung kann daher eine protektive Wirkung auf das marginale Parodont entfalten, die Epithelisierung des mehrschichtigen Gingivaepithels positiv beeinflussen und der durch mangelnde Funktion von Halbdesmosomen bedingten Bildung von Zahnfleischtaschen entgegenwirken.

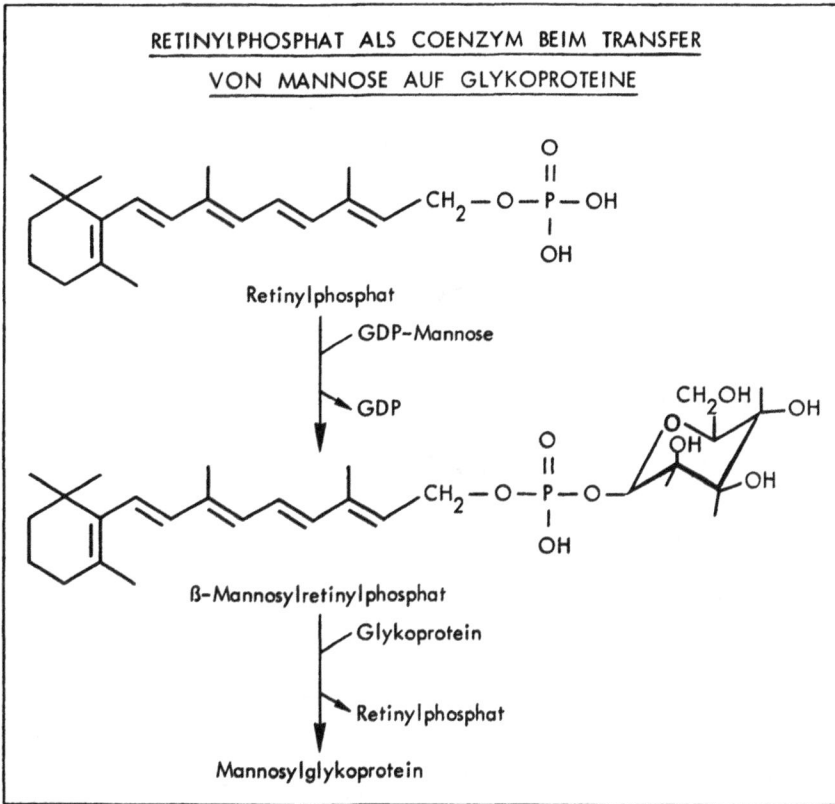

Adstringierende Substanzen. Die Wirkung adstringierender Substanzen beruht auf ihrer Fähigkeit zur Präzipitation von Proteinen. Dazu gehören die große Gruppe der pflanzlichen Polyphenole, ferner Aluminium- und Schwermetallverbindungen (Aluminiumlactat, Silbereiweißverbindungen).

Durch die proteinfällenden Eigenschaften der Adstringentien kann eine entzündlich aufgelockerte Schleimhaut „gestrafft" und gegen Bakterien widerstandsfähig gemacht werden (fäulnishemmende Wirkung der Gerbstoffe in der Lederverarbeitung).

Gerbsäuren sind Polyphenole, die mit Proteinen über multiple Wasserstoffbrückenbindungen (zwischen den phenolischen Hydroxylgruppen und Peptidketten) reagieren (Abb.).

PROTEIN-FÄLLENDE WIRKUNG DER GERBSÄURE

(Ausbildung von Wasserstoffbrückenbindungen zwischen phenolischen Hydroxylgruppen der Gerbsäure und Peptid- (oder Amid-) Bindungen des Proteins)

Gerbsäure
1,3,6-Tris(Trihydroxybenzoyl)glucose

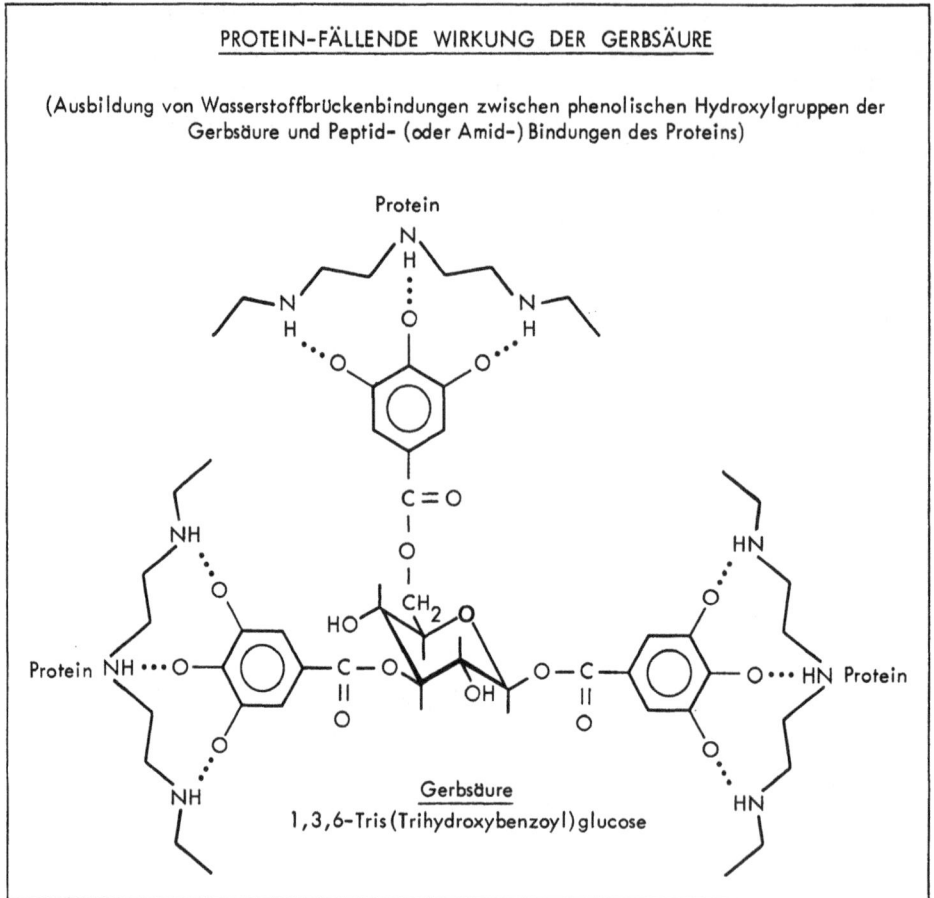

Die adstringierende Wirkung von Aluminiumverbindungen erklärt sich aus dem amphoteren Verhalten von Aluminiumhydroxid, das sowohl mit Säuren (Bildung von Aluminiumsalzen) als auch mit Basen (Bildung von Aluminaten) reagieren kann nach den Gleichungen

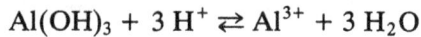

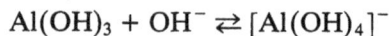

$$Al(OH)_3 + 3\,H^+ \rightleftarrows Al^{3+} + 3\,H_2O$$
$$Al(OH)_3 + OH^- \rightleftarrows [Al(OH)_4]^-$$

In wäßriger Lösung sind die Salze des Aluminiumhydroxyds mit schwachen Säuren z. B. Lactat unbeständig und unterliegen einer Hydrolyse (Abb.). In Gegenwart von Proteinen bilden sich wasserunlösliche Aluminium-Proteinat-Komplexe.

Das eine marginale Parodontitis begleitende Ödem der Gingiva läßt sich durch lokale Einwirkung **hyperosmolarer Salzlösungen** zur Rückbildung bringen. Unter der osmotischen Wirkung der in einigen Zahncremes enthaltenden Mineralienmischung (vorzugsweise NaCl) kommt es zu einem Flüssigkeitsentzug des Gewebes

ALUMINIUMLACTAT

$$(Al(OH)_3 \ + \ 3 \ CH_3-CHOH-COOH \ \rightleftarrows \ Al(Lactat)_3 \ + \ 3 \ H_2O)$$

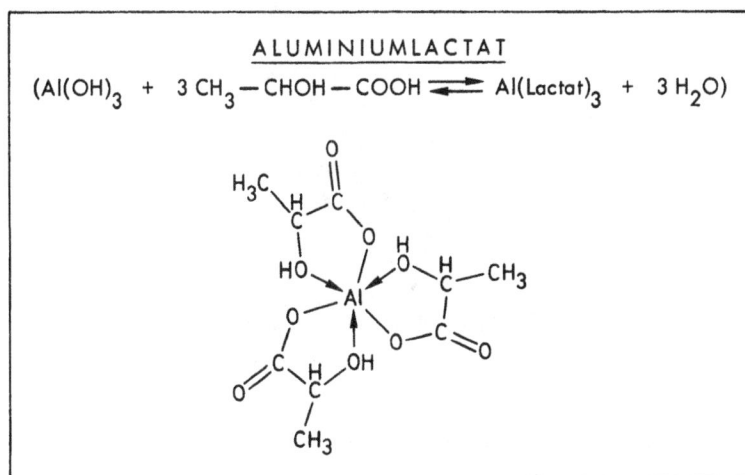

und Anregung der Speichelsekretion, die wiederum die biologische Mundreinigung (S. 86) intensiviert.

Pflanzliche Wirkstoffe aus Kamille, Myrrhe oder Salbei bedingen eine zirkulationssteigernde Wirkung auf die Kapillaren der Schleimhaut und des marginalen Parodonts. Dies ist von Bedeutung, da kapillare Durchblutungsstörungen mit der Entstehung von Parodontopathien (S. 153) in Zusammenhang gebracht werden.

13. Zahnsteinlösende Verbindungen

Eine Mineralisierung von mikrobiellen Plaques bzw. Zahnbelägen führt zur Bildung von **Zahnstein.** Neben organischem Material (20–25%), das durch Mikroorganismen, mikrobielle Polysaccharide und Speichelproteine bzw. Glykoproteine repräsentiert wird, besteht Zahnstein vorwiegend aus anorganischen Bestandteilen, wobei **Hydroxylapatit** die Hauptmenge (60–70%) ausmacht. Geringere Anteile stellen **Calciumcarbonat** (etwa 10%) und Eisenphosphat (etwa 7%). Da kariogene Lactobazillen Zahnstein für ihre Ansiedlung bevorzugen, kann der Zahnstein durch appositionelles Wachstum eine erhebliche Größe erreichen.

Zahnsteinlösende Wirkungen lassen sich mit Verbindungen erzielen, die aufgrund ihrer hohen Calciumaffinität mit Calcium lösliche Salze oder Komplexe bilden.

Die **Calciumphosphatkomponente** von Zahnstein wird durch Natriumphosphat (Calgon®), durch Polyphosphate oder durch Salze organischer Säuren, z. B. Tartrate, Citrate oder Lactate aufgelöst. Als Reaktionsprodukte entstehen lösliches Calciummetaphosphat, Calciumpolyphosphat bzw. die löslichen Calciumsalze der Weinsäure, der Citronensäure oder der Milchsäure (Abb.).

Calciumcitrat
(löslicher Calciumkomplex der Citronensäure)

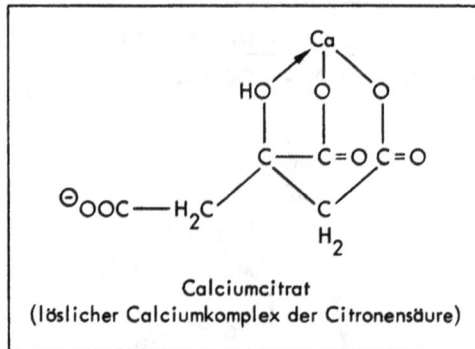

Ammonium- und Magnesiumsalze lösen das im Zahnstein enthaltene **Calcium-carbonat** nach den Gleichungen

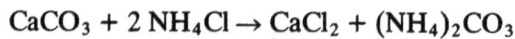

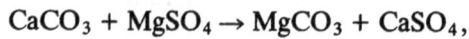

$$CaCO_3 + 2\,NH_4Cl \rightarrow CaCl_2 + (NH_4)_2CO_3$$

$$CaCO_3 + MgSO_4 \rightarrow MgCO_3 + CaSO_4,$$

wobei die entstehenden Reaktionsprodukte eine entscheidend bessere Löslichkeit als Calciumcarbonat aufweisen.

Bei längerer lokaler Einwirkung haben jedoch alle zahnsteinlösenden Verbindungen den Nachteil, daß sie auch die Zahnhartsubstanz angreifen können.

XIV. Mundhöhle und Allgemeinstoffwechsel

Allgemeine Stoffwechselstörungen, hormonelle Dysregulationen (S. 55), Blutkrankheiten, Mangelernährung und Vitaminmangelzustände (S. 61) können die Reaktion des Parodontalgewebes auf mikrobielle Reize beeinflussen und die Progredienz einer marginalen Parodontopathie beschleunigen. Für sich allein können sie jedoch im allgemeinen keine Parodontopathie verursachen.

1. Hormonelle Störungen

Diabetes mellitus. Der Diabetes mellitus ist Folge eines absoluten oder relativen Insulinmangels. Er kann zu akuten Stoffwechselentgleisungen führen, die primär durch Störungen des Kohlenhydrat- und Lipidstoffwechsels ausgelöst werden und sekundär zu Entgleisungen des Wasser-, Elektrolyt- und Säure-Basen-Haushalts führen.

Ein zeitweilig oder dauernd erhöhter Blutzucker schränkt nicht nur die Phagozytoseaktivität der Granulozyten ein und verschiebt damit das mikrobielle Ökosystem im Sulcus gingivalis, sondern begünstigt durch die erhöhte Glucosekonzentration der Sulcusflüssigkeit auch das Bakterienwachstum und fördert damit entzündliche Reaktionen.

Hyperparathyreoidismus. Hormonelle Störungen des Calcium- und Phosphathaushaltes, die zur Demineralisaton (Osteoporose) und Abbau der organischen Matrix des Skelettsystems führen, können auch den Alveolarknochen betreffen. Dies ist u. a. bei einer Überproduktion von Parathormon (s. S. 58) der Fall.

Steroidhormone. Osteoporotische Prozesse können u. a. Folge einer Überproduktion von Glucocorticoiden (Cushing'sche Erkrankung) sein. Hohe Glucocorticoid-Dosen bewirken einen verstärkten Abbau der Proteine des Skelettsystems, machen die beim Abbau frei werdenden Aminosäuren für eine Gluconeogenese nutzbar und verursachen dadurch sekundär eine Osteoporose (S. 85).

Ebenso kann ein Mangel an Östrogenen, der nach Eintritt der Menopause manifest wird, eine Demineralisation des Skelettsystems auslösen.

Östrogene haben ferner einen direkten Einfluß auf die Schleimhautauskleidung der Mundhöhle. Das Schleimhautepithel zeigt unter Östrogenen eine stärkere Hydratation und Vermehrung des Glykogengehaltes. Dies kann − z. B. bei Einnahme östrogenbetonter Kontrazeptiva − einen stimulierenden Effekt auf das Wachstum von Pilzen haben und zur Entwicklung von Mykosen (Pilzerkrankungen) der Mundhöhle führen.

Bei einem generellen Ausfall der **Nebennierenrindenhormone** (Addison'sche Erkrankung) kommt es zu einer fleckigen Pigmentierung der Schleimhäute.

2. Mangelernährung

Das Saumepithel der Gingiva und das Epithel der Mundschleimhaut weisen einen hohen Stoffumsatz auf und werden regelmäßig innerhalb weniger Tage erneuert. Dies verlangt hohe Syntheseraten im Nucleinsäure- und Proteinstoffwechsel bei gleichzeitig ausreichender Versorgung mit Substraten (Aminosäuren, essentiellen Fettsäuren, Glucose) und Vitaminen (Coenzymen). Eine Mangelernährung schränkt diese Prozesse ein, begünstigt den Ablauf von Entzündungsprozessen, schwächt die Immunglobulinsynthese und zelluläre Immunantwort und vermindert die Phagozytoseaktivität der polymorphkernigen Leukozyten.

Unter **Ascorbinsäuremangel** (S. 61) kommt es bei erhöhter Kapillarfragilität zu Spontanblutungen der Gingiva, die ihre Ursache in einer gestörten Synthese der Basalmembrankollagene haben. Gleichzeitig ist die Synthese des desmodontalen Faserapparates reduziert. Wird der Zustand nicht behoben, fallen die Zähne aus.

Obgleich schwere Ascorbinsäuremangelzustände (Scorbut) selten sind, spielt der latente Vitamin C-Mangel (Hypovitaminose) bei Störungen der Parodontalstruktur eine wichtige Rolle.

Vitamin A (Retinol) ist in seiner Coenzymform als Retinylphosphat an der Synthese von Glykoproteinen beteiligt (S. 173). Dies erklärt – wenigstens teilweise – seine Funktion als „Epithelschutzvitamin", da Glykoproteine an der Verbindung der Epithelzellen untereinander, vermutlich an der Ausbildung von Desmosomen beteiligt sind. Die perizellulären Glykoproteine können weiterhin den Differenzierungszustand einer Zelle beeinflussen. Vitamin A-Mangel wirkt sich auf Struktur und Stoffwechsel der Gingiva aus. Das Sulcusepithel ist kaum verhornt, sondern hyperplastisch im ganzen jedoch in seiner Dicke reduziert. Die Funktion der Epithelbarriere ist beeinträchtigt.

Tetrahydrofolsäure und **Cobalamin** (Vitamin B_{12}) greifen als Coenzyme in die DNA- und RNA-Synthese ein. Ein Mangel wirkt sich vorzugsweise auf die Gewebe mit hoher Zellteilungsrate (hämopoetisches System, Mundschleimhaut) aus, so daß bei Folsäure- und Cobalaminmangel neben der megalozytären Anämie auch eine gerötete, entzündete und blutende Gingiva und die charakteristische „Lackzunge" (Atrophie des Papillarkörpers) beobachtet werden.

Über den Einfluß des **Vitamin D** (Calciferol, D-Hormon) und der **Schilddrüsenhormone** auf Zähne und Zahnhalteapparat ist auf Seite 60 berichtet.

Trotz einer möglichen negativen Wirkung von Vitaminmangelzuständen auf die Entwicklung und Erhaltung der Zähne und des Zahnhalteapparates, gibt es jedoch keinen Anhalt für eine kariesprotektive Wirkung hoher Dosen an Retinol (Vit. A), Calciferol (Vit. D) oder Ascorbinsäure (Vit. C).

3. Allgemeinerkrankungen

Schwere Allgemeinerkrankungen (Erkrankungen des hämo- und leukopoetischen Systems), Arzneimittelnebenwirkungen (z. B. bei aggressiver Malignombehandlung mit Zytostatika) gehen häufig mit einer erheblichen Beeinträchtigung der humoralen und zellulären Immunabwehr einher. Entzündungen der Mundschleimhaut (Stomatitis), des Zahnfleisches (Gingivitis) und Begünstigung des Pilzwachstums, wobei Candida albicans-Infektionen häufig sind (Soor), kennzeichnen die Folgezustände.

4. Zahnfleischgranulome und Autoimmunerkrankungen

Im Verlauf einer Parodontitis können bakterielle Erreger in den desmodontalen Raum, den Wurzelkanal und die Pulpa des Zahnes eindringen und einen chronischen Entzündungsprozeß initiieren und in Gang halten (apikale Parodontitis). Die persistierende antigene Stimulation, an der häufig hämolysierende Streptokokken beteiligt sind (S. 108), löst die Bildung von humoralen Antikörpern aus, die auf Grund einer biochemischen Verwandtschaft zwischen antigenen Strukturen der hämolysierenden Streptokokken und Antigenen der Muskulatur und der Synovia (Gelenkkapsel) den Charakter von kreuzreagierenden Antikörpern haben, die zu Autoimmunreaktionen und Schädigungen von Herzmuskel, Gelenkkapsel und Desmodont führen.

5. Chronische Schwermetallvergiftungen

Da Schwermetalle bevorzugt mit dem Speichel ausgeschieden werden, manifestieren sich die Symptome einer chronischen **Bleivergiftung** nicht nur in Allgemeinschäden (Porphyrie, Anämie, Encephalopathie), sondern lassen sich auch in einer vermehrten Bleiausscheidung mit dem Speichel nachweisen. Da das zweiwertige Blei mit dem von den Mundhöhlenbakterien im Sulcus gingivae gebildeten Schwefelwasserstoff (S. 122) nach der Reaktion

$$Pb^{2+} + H_2S \rightarrow PbS + 2\,H^+$$

reagiert, erscheint im Bereich der Zahnhälse ein charakteristischer dunkelgefärbter „Bleisaum".

Chronische **Quecksilbervergiftungen** sind neben den typischen neurologischen Symptomen durch eine vermehrte Speichelsekretion („Stomatitis mercurialis") gekennzeichnet. Das mit dem Speichel ausgeschiedene Quecksilber reagiert mit Schwefelwasserstoff unter Bildung von Quecksilbersulfid (HgS), das als grauschwärzliche Verfärbung am Zahnfleischrand sichtbar wird.

6. Zahnverfärbungen

Die normale gelblich-weiße Farbe der Zahnkrone kann durch Einlagerung von Farbstoffen verändert werden, die während der Zahnentwicklung in die Blutzirkulation gelangen und aufgrund ihrer Affinität zum Zahnmineral in der Zahnhartsubstanz abgelagert werden. Solche **odontogenen Farbstoffe** können körpereigener Herkunft oder exogener Natur (Medikament) sein.

Eine grünliche, bräunliche oder graue Verfärbung entsteht durch Einlagerung von **Biliverdin** in die Milchzähne. Pathologische Bilirubinkonzentrationen im Blut sind Folge einer massiven Hämolyse, die schon im Fetalleben oder unter der Geburt infolge einer meist durch den Rhesusfaktor bedingten Blutgruppeninkompatibilität zwischen Mutter und Kind auftreten. Das aus den Erythrozyten austretende Hämoglobin wird zu Bilirubin abgebaut und nach Reoxidation zu Biliverdin im Dentin abgelagert.

Bei den **kongenitalen Porphyrien** (z. B. bei der kongenitalen erythropoetischen Uroporphyrie) werden aufgrund eines Enzymdefekts Zwischen- oder Nebenprodukte der Porphyrinbiosynthese in großer Menge gebildet und z. T. im Knochen sowie in Schmelz und Dentin der Zähne abgelagert, z. T. mit dem Urin ausgeschieden (bis 0,6 g/24 h). Die durch die Porphyrine rötlich-dunkelbraun verfärbten Zähne zeigen im UV-Licht eine rote Fluoreszenz.

Unter den Breitbandantibiotika erzeugen **Tetrazyklin** (Formel), Terramycin und Achromycin eine gelb-braune, Aureomycin eine grau-bräunliche Verfärbung, die durch die Fähigkeit der Antibiotika zur Komplexbildung mit Ca^{2+} zustandekommt. Etwa $1/4$ der während der Zahnentwicklung mit Tetrazyklin Behandelten (Kinder bis zum 8. Lebensjahr) zeigt eine der Behandlungsdauer entsprechende gelbbraune Zone. Milchzähne werden intensiver gefärbt als bleibende Zähne.

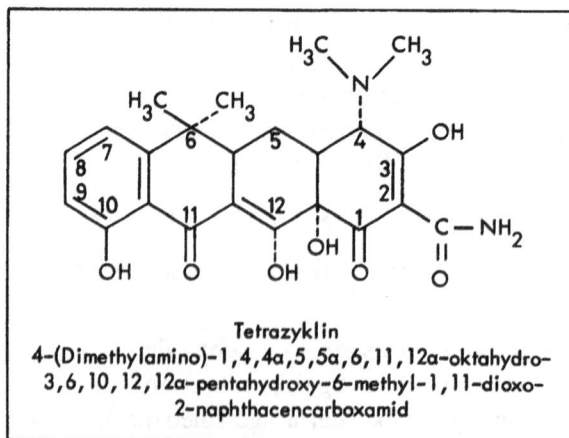

Tetrazyklin
4-(Dimethylamino)-1,4,4a,5,5a,6,11,12a-oktahydro-
3,6,10,12,12a-pentahydroxy-6-methyl-1,11-dioxo-
2-naphthacencarboxamid

Bibliographie

Die angegebene Literatur (alphabetische Reihenfolge der Erstautoren) umfaßt eine Auswahl von Monographien und Originalarbeiten, die sich für ein weiterführendes Studium eignen. Beim Nachweis einiger Abbildungen und Tabellen wird auf das vorliegende Verzeichnis Bezug genommen.

1. Monographien

Bibby, B. G. and R. J. Shern (Eds.), Methods of Caries Prediction. Proceedings of a Workshop on consideration of epidemiology, diet and oral biology as indicators of future caries; caries models and new detection techniques. 3–5 October 1977, IRL Press Ltd., London

Bowen, W. H., R. J. Genco and T. C. O'Brien (Eds.), Immunologic Aspects of Dental Caries. Proceedings of a Workshop on Selection of Immunogens for a Caries Vaccine and Cross Reactivity of Antisera to Oral Microorganismus with Mammalian Tissues. 8–9 January 1976, IRL Press Ltd., London

Borchardt-Ott, W., Kristallographie, Springer Verlag, Berlin–Heidelberg–New York, 1976

Bramstedt, F., Ernährung und Zähne, in H. D. Cremer, D. Hützel, I. Kühnau (Hrsg.), Biochemie und Physiologie der Ernährung Bd. I und II, Thieme, Stuttgart, 1980

Deutsche Forschungsgemeinschaft (Hrsg.), Forschungsberichte 14, Fluorwirkungen, Steiner, Wiesbaden, 1968

Deutsche Forschungsgemeinschaft-Sonderforschungsbereich 92, Biologie der Mundhöhle, Würzburg, Bericht 1978

Gerson, S. D. and M. Pader, Dentifices, in: M. S. Balsam und E. Sagarin (Eds.), Cosmetics, Science and Technology, Wiley Interscience, New York, London, Sydney, Toronto, 1972

Kleinberg, I., S. A. Ellison and I. D. Mandel (Eds.), Saliva and Dental Caries. Proceedings of a Workshop on Saliva and Dental Caries. 5–7 June 1978, IRL Press Ltd., London

Lang, K., Biochemie der Ernährung (4. Aufl.) Steinkopf, Darmstadt, 1974

Leach, S. A. (Ed.), Dental plaque and surface interactions in the oral cavity, IRL Press, Ltd., London, 1980

Naujoks, R. (Moderator), K. E. Bergmann, H. Newesely, A. Knappwust, W. Büttner, G. Ahrens, H. F. M. Schmidt, H. Büchs, H. J. Gülzow und T. M. Marthaler, Kariesprophylaxe und Fluorid – eine wissenschaftliche Standortbestimmung. Informationskreis Mundhygiene und Ernährungsverhalten, Frankfurt, 1979

Rateitschak, K. H., H. Renggli und H. R. Mühlemann, Parodontologie, 2. Aufl., Thieme, Stuttgart, 1978

Schroeder, H. E., Orale Strukturbiologie, Thieme, Stuttgart, 1976

Schumacher, G.H. und H. Schmidt, Anatomie und Biochemie der Zähne. 2. Aufl., G. Fischer, Stuttgart–New York, 1976

Shaw, I. H. and G. G. Roussos (Eds.), Sweeteners and Dental Caries. Proceedings of a Workshop on evaluation of available and potential new sweeteners, as sugar substitutes in development of noncariogenic foods and beverages. 24–26 October, 1977, IRL Press Ltd., London

McE Stiles, H., W. J. Loesche and T. C. O'Brien (Eds.), Microbial Aspects of Dental Caries. Proceedings of a Workshop held from 21–24 June 1976, IRL Press Ltd., London

Williams, R. A. D. and J. C. Elliott, Basic and Applied Dental Biochemistry, Churchill Livingstone, Edinburg–London and New York, 1979

2. Originalarbeiten

Bößmann, K. (1977), Bedeutung der Plaques für die Ätiologie der Karies und der marginalen Parodontopathien, Münch. med. Wschr. **119**, 397–402

Bramstedt, F. (1975), Teeth and Nutrition, Bibl. Nutr. Dieta **22**, 1–16

Cole, J. A. (1977), A Biochemical Approach to the Control of Dental Caries (Übersichtsreferat) Biochemical Society Transactions, **5**, 1232

Derezewski, G. and D. S. Howell (1978), The role of matrix vesicles in calcification, Trends Bioch. Sci. **3**, 151–153

Fullmer, H. M., I. H. Sheetz and A. J. Narkates (1974), Oxytalan connective tissue fibers: a review J. Oral Path. **3**, 291–316

Gehring, F. (1977), Immunologische Aspekte der Kariesprophylaxe, Münch. med. Wschr. **119**, 387

Höhling, H. J., R. H. Barckhaus and E. R. Krefting (1980), Hard tissue formation in collagen-rich systems: calcium phosphate nucleation and organic matrix. Trends Bioch. Sci. **5**, 8–11

Köster, K. und H. Heide (1978), Bioaktive Calciumphosphatkeramik für den Knochen- und Zahnersatz, Biotechnische Umschau **2**, 266–228

Sanders, H. J. (1980), Tooth decay, Chemical and Engineering News, Febr. **5.**, 30–42

Siebert, G. (1980), Wirkung von L-Sorbose auf die intakte Ratte. Infusiontherapie und klinische Ernährung **7**, 3–7

Weinstock, M. and C. P. Leblond (1974), Synthesis, migration and release of precursor collagen by odontoblasts as visualized by radioautography after [^{3}H]proline administration, J. Cell Biol. **60**, 92

Sachregister

Die Bezeichnung der Buchstabensymbole für Monomere in Makromolekülen, phosphorylierte Verbindungen und halbsystematische Namen ist der Tabelle der Abkürzungen (S. XIII) zu entnehmen.

Oberflächenaktive Substanzen 167
Octacalciumphosphat 46, 71, 81, 82, 143
Odontoblasten 61, 64
Odontoblasten, Kollagenbiosynthese 68
Odontoblastenatrophie 62
Odontogene Farbstoffe 180
Odontomyces viscosus 108
Ohrspeicheldrüse 86
Organische Matrix, Stoffwechsel 18
Organische Säuren 129, 156
Organische Substanz, Zahnhartgewebe 5
Organon dentale 3
Orthoklas 165
Orthophosphat 47
OSCN⁻ 103
Osteoblasten 47, 64
Osteocalcin 16, 39, 48, 50
Osteodystrophia fibrosa generalisata 58
Osteodystrophie, renale 51
Osteoid 59
Osteoklasten 62
Osteomalacie 59
Osteoposore 177
Osteoporosetherapie 85
Osteoprogenitorzellen 75
Osteozyten 62
Östrogen 177
Oxalacetat 119
Oxalat 57, 78
Oxidasen, mischfunktionelle 22
Oxidativer Glucoseabbau 115
Oxytalan 74

Palatinit 149
Palatinose 149
PAPS-Sulfotransferase 36
Pararosanilin 34
Parathormon 57, 58
Parodont 2, 72
Parodont, marginales 152
Parodontitis 153
Parodontitis, apikalis 179
Parodontitis, marginalis 29, 154
Parodontopathie 152, 153, 172
Parodontopathie-Wirkstoffe 163

Parodontose 105, 154
PAS-Reaktion 32, 67, 74
Pektin 111, 163
Pektinase 111
Pentaglycin 101
Pentosen 135
Pentosephosphatzyklus 115
Peptidase I, II 20
Peptidasen 30, 134
Petide 6
Peptide, vasoaktive 160
Peptidoglykan 100
Peptostreptokokken 108
Periodontosis 154
Periplasmatischer Raum 107
Perjodsäure-Schiff-Reaktion s. PAS-Reaktion
Peroxidase 83, 104
Peroxide 104, 157, 168
Peroxisomen 157
Pfefferminzöl 163
Pferdehuftyp 71
Pflanzliche Stärke 135
Phagosom 157
Phagozytose 157
Phosphat, anorganisches 10, 52, 57, 78
Phosphat, Plasma 47
Phosphat, Rückresorption 58
Phosphatase, alkalische 50, 58
Phosphatase, saure 83
Phosphatasen 49
Phosphatide, basische 49
Phosphatide, sauere 49
Phosphatidylserin 49
Phosphationen 8
Phosphogluconat 115
Phosphoketolase 115
Phospholipase C 113
Phospholipasen 83, 113, 156
Phospholipide 107
Phospholipidmembranen 40
Phosphopentoxid 55
Phosphoprotein 16, 50
Phosphor, anorganischer 89
Phosphorhaltige Glykoproteine 93, 98
Phosphorwolframsäure 26
Phosphotransacetylase 118
Photosynthese 114
Phyllochinon 39
Phyllochinonepoxid 39
Pilocarpin 88
Pilze 106
Pinozytose 38, 63
Plaque, kariogene 105

Plaque, mikrobielle 128, 142
Plaque, Proteinmatrix 128
Plaquebildung 126
Plaquebiomasse 127
Plaqueindex 128
Plaquemineralisierung 135
Plaqueoberfläche, Sauerstoffpartialdruck 127
Plaquepolysaccharid 131, 149
Plasma, Calciumkonzentration 47
Plasma, Fluoridkonzentration 79, 146
Plasma, Phosphatkonzentration 47
Plasmaproteine 153
Polyethylenglykol 163
Polyfructosane 134
Polygalakturonsäure 166
Polymannuronsäure 166
Polymethylmetacrylat 56
Polypeptide 160
Polypeptide, glycinreiche 6
Polyphenole 173
Polyphosphate 175
Polyphyodontie 1
Polysaccharide 127, 129
Polysaccharide, Plaque 131, 149
Porphyrie 179
Porphyrie, erythropoetische 180
Porphyrien, kongenitale 180
Porphyrienämie 13
Porphyrinbiosynthese 13, 109
Posteruptive Reifung, Zahnschmelz 71, 82
Posttranslationale Modifikation, Prokollagen 25
Pulpa dentis 2
Pulpahöhle 2
Punktkeim 42
Prädentin 59
Prädentin, altes, junges 66
Prädentinbildung 18
Präeruptive Mineralisation 81
Präeruptive Schmelzreifung 82
Primäres Lysosom 38
Prismenachse 70
Prokaryonten 109
Pro-α-Ketten 19
Prokollagen 20, 63
Prokollagen, Disulfibrücken 25

Über den Autor

Eckhart Buddecke war nach Studium der Humanmedizin und Chemie an der Medizinischen Forschungsanstalt der Max-Planck-Gesellschaft in Göttingen und – mit Unterbrechungen durch Studienaufenthalte in Schweden und den USA – an den Instituten für Physiologische Chemie der Universitäten Gießen und Tübingen tätig. Seit 1966 ist er o. Professor für Physiologische Chemie und Direktor des Instituts für Physiologische Chemie an der Universität Münster in Westfalen.

Postanschrift: Institut für Physiologische Chemie der Universität, Waldeyerstr. 15, 4400 Münster

Manuskript: Carola Böhnke

Graphik: Horst Bauer

W DE G

Walter de Gruyter
Berlin · New York

E. Buddecke

Grundriß der Biochemie

**Für Studierende der Medizin, Zahnmedizin und
Naturwissenschaften**
6., neubearbeitete Auflage

Mit ausgewählten Prüfungsaufgaben für das Sach-
gebiet „Physiologische Chemie" und Korrelationsregister zum Gegenstandskatalog „Physiologische
Chemie" für die Ärztliche Vorprüfung (GK 1)

17 cm x 24 cm. XXXV, 583 Seiten. 400 Formeln,
Tabellen und Diagramme. 1980. Flexibler Einband.
DM 43,– ISBN 3 11 008388 4

Die progressive Zunahme des biochemischen
Fachwissens erfordert eine überschaubare und
zusammenfassende Darstellung der Biochemie als
Hilfsmittel für den Unterricht. Der Wissensstoff ist
gegliedert in die Kapitel „Stoffe und Stoffwechsel,
Stoffwechselregulation und Funktionelle Biochemie der Organe und Gewebe" mit dem Ziel,
durch knappe Darstellung, gesicherte Fakten und
gezielte Stoffauswahl dem Leser einerseits eine
rasche Information zu bieten, andererseits jedoch
auf die vielfältigen Beziehungen und Anwen-
dungsmöglichkeiten der Biochemie zur Klinischen
Chemie und Molekularpathologie hinzuweisen.
Bei der Bearbeitung der 6. Auflage wurden alle
Kapitel kritisch redigiert und einzelne Abschnitte
entsprechend dem Wissenschaftsfortschritt neu-
gefaßt oder eingefügt. Ebenso wurde der Gegenstandskatalog für die Ärztliche Vorprüfung im
Fach Physiologische Chemie bei der Bearbeitung
eingehend berücksichtigt.

W DE G

Walter de Gruyter
Berlin · New York

E. Buddecke

Pathobiochemie

Ein Lehrbuch für Studierende und Ärzte

17 cm x 24 cm. XXXVI, 446 Seiten.
Mit 247 Abbildungen und zahlreichen Tabellen.
1978. Flexibler Einband. DM 34,–
ISBN 3 11 0075261

Das Lehrbuch **Pathobiochemie** beschreibt die biochemischen Grundlagen genetischer und erworbener Störungen des Stoffwechsels, Abweichungen in der chemischen Struktur der Bausteine des menschlichen Körpers, fehlerhafte biochemische Prozesse, soweit sie sich als Symptome mit Krankheitswert manifestieren.

Die **Pathobiochemie** umfaßt die Hauptabschnitte: Stoffwechsel, Stoffwechselregulation, Zellen, Gewebe und Organe und Dynamische Systeme.

Die **Pathobiochemie** liefert der Medizin neue theoretische Grundlagen, zeigt, in welchen Bereichen ein erfolgreicher Vorstoß bis zu einer „molekularen Krankheitslehre" möglich ist, und vermittelt als fachgebietsübergreifende Wissenschaft auch Beziehungen zu zahlreichen Nachbargebieten wie z. B. zur Pathologie, Immunologie, Pharmakologie, Klinischen Chemie und Inneren Medizin.

Bei der Auswahl des Stoffes wurde die revidierte und neugegliederte **2. Auflage (1978) des Gegenstandskataloges „Pathophysiologie und Pathobiochemie"** eingehend berücksichtigt.

Ein entsprechendes **Korrelationsregister** zum **GK** ist dem Buch beigefügt.

Walter de Gruyter
Berlin · New York

T. G. Cooper

Biochemische Arbeitsmethoden

Übersetzt und bearbeitet von Reinhard Neumeier und H. Rainer Maurer

17 cm x 24 cm. XVI, 424 Seiten. 200 Abbildungen. 1980. Fester Einband. DM 68,– ISBN 3 11 007806 6

Trotz zunehmender Automatisierung vieler Methoden dank verfeinerter Elektronik entscheiden auch heute noch gewisse „handwerkliche" Fähigkeiten über den Erfolg biochemischer Arbeiten. Dabei kommt es oft auf kleine „Tricks" an, die neben den wichtigen, theoretischen Kenntnissen ausschlaggebend sind. Viele Werke über experimentelle, biochemische Methoden beschreiben zwar ausführlich die theoretischen Grundlagen mit viel Mathematik, verzichten aber auf praktische Hinweise und Ratschläge zur Lösung öfter vorkommender gleichartiger Probleme. Gerade der Anfänger empfindet dies als Nachteil. Und auch dem fortgeschrittenen Praktiker bleibt oft der Gang in die Bibliothek und stundenlanges Studium der Originalliteratur nicht erspart, wenn er eine neue Methode erlernen möchte.

Das Buch von Cooper versucht in dieser Hinsicht eine Lücke zu schließen. Es stützt sich auf vielfältige, praktische Erfahrungen des Autors, die sich in zahlreichen Hinweisen und praktischen Arbeitsbeispielen (am Ende eines jeden Kapitels) niederschlagen. Trotzdem kommen die theoretischen Grundlagen nicht zu kurz. Methoden mit zunehmender Bedeutung (z. B. Isoelektrofokussierung) wurden in der deutschen Bearbeitung entsprechend berücksichtigt. Ferner wurde ein Verzeichnis von deutschen Geräteherstellern beigefügt.